DAS AUTISTISCH=UNDISZIPLINIERTE DENKEN IN DER MEDIZIN UND SEINE ÜBERWINDUNG

VON

E. BLEULER

PROFESSOR DER PSYCHIATRIE IN ZÜRICH

DRITTE AUFLAGE
(MANULDRUCK)

Springer-Verlag Berlin Heidelberg GmbH

1922

ISBN 978-3-662-27739-3   ISBN 978-3-662-29229-7 (eBook)
DOI 10.1007/978-3-662-29229-7

© Springer-Verlag Berlin Heidelberg 1922
Ursprünglich erschienen bei Julius Springer in Berlin 1922

Vorwort zur ersten Auflage.

Das Bedürfnis, diese Arbeit zu schreiben, stammt aus der Studienzeit, da ich mich ärgerte über manche unnütz oder gar schädlich scheinende, jedenfalls ungenügend begründete ärztliche Vorschrift in Praxis und Unterricht, und da ich u. a. versuchen wollte, den üblichen unkontrollierten und deswegen ganz bedeutungslosen Statistiken über die Heredität bei Geisteskrankheiten eine Untersuchung über das Vorkommen von Nerven- und Geisteskrankheiten in den Familien geistig Gesunder an die Seite zu stellen. Ich hielt mich aber viele Jahre lang nicht kompetent zur lauten Kritik und hoffte, daß Erfahrenere die Sache anpacken würden. Leider geschah das nicht, und vielleicht geben mir nun vierzig Jahre weiterer Beobachtung der nämlichen Unvollkommenheiten das Recht oder gar die Pflicht, etwas davon zu sagen. Ich vermute, es sei nicht ungünstig, daß gerade ein Psychiater sich an die Aufgabe macht, weil er außer der praktischen Konkurrenz steht, und nicht zum wenigsten, weil er das Bestehende nicht nur negativ kritisieren mag, sondern es wie jede andere Naturerscheinung zu verstehen und zu erklären sucht. Natürlich hoffe ich mit einer Kritik unserer Fehler etwas zu nützen, wenn ich auch weiß, daß man solche Dinge nicht von heute auf morgen gründlich ändern kann, und daß Taten besser wären als Worte. Jedenfalls aber kann es ohne bewußte Unzufriedenheit mit den jetzigen Zuständen nicht besser kommen. Es ist deshalb nötig, die Fehler hervorzuheben; mit all dem Guten in der Medizin kann sich die Arbeit nicht beschäftigen. Dabei weiß ich, daß wir nicht nur mit der allgemein menschlichen Unvollkommenheit einer Wissenschaft zu tun haben, sondern daß eben die Forderungen, die an die Medizin gestellt werden, zum Teil unmögliche sind. Es ist mir auch bewußt, daß ich vielen nur Selbstverständliches sage. Ich konstatiere ferner, daß ich nicht der Erste bin, der die zu rügenden Mängel empfindet[1]), ja daß auf einzelnen Gebieten sehr schöne Anfänge gemacht worden sind, um wissenschaftlicher zu werden, und daß recht viele Arbeiten nichts zu wünschen übrig lassen. Aber ich muß hinzufügen, daß die selbstverständlichen

---

[1]) Bei der Korrektur werde ich auf ein hübsches Büchlein von Bourget aufmerksam gemacht, das die jetzigen Verhältnisse in der Therapie ausgezeichnet beleuchtet. (Quelques erreurs et tromperies de la science med moderne. 4. Éd. 1915. Paris. Payot.)

Forderungen nach möglichster Exaktheit bis jetzt trotzdem einen
ungenügenden Einfluß auf das Denken und namentlich das Handeln
der Ärzte haben. Natürlich hatte es keinen Sinn, etwas Erschöpfen-
des zu schreiben; es war auch gleichgültig, aus welchen Kapiteln
mir die Beispiele einfielen. Immerhin betrifft unser Aberglaube am
meisten die Therapie, und diese ist denn auch zu einem viel zu
großen Teil noch eine autistische, d. h. sie gründet sich zu sehr noch
auf den uralten Boden der Wünsche und Einbildungen statt auf
den der Wirklichkeit und strenger logischer Schlußfolgerung (s. Abschnitt A).

Wenn ich einige Aussprüche von Ärzten anführe, so sind sie
nicht immer gleich nachstenographiert worden; aber in jedem
Falle habe ich gute Gründe, das in meinem Gedächtnis Gebliebene
oder mir Referierte für wahr zu halten, namentlich deshalb, weil
jeder der Aussprüche ein Typus ist, für den man beliebig viele
andere Beispiele geben könnte. Mit dem Ton bin ich selber nicht
recht zufrieden; aber die menschliche Natur erlaubt nicht, solche
Mißbräuche ohne Satire und Ironie zu behandeln. Und vielleicht
hat die Natur hier recht; denn auf dem Gebiete des autistischen
Denkens sind die schärfsten wissenschaftlichen Beweise unverdau-
liche Fremdkörper, während ein bißchen Hohn die Sekretion der
psychischen Verdauungssäfte anregt und dadurch liebe Vorurteile
und eingeübte falsche Denkformen zu zersetzen vermag und Besseres
an deren Stelle treten lassen kann. Viel freundliches Entgegenkommen erwarte ich nicht, und ich weiß auch, daß es leicht ist,
meine Forderungen durch Übertreibung lächerlich zu machen.
So wie sie gestellt sind, enthalten sie zwar manches Unbequeme,
aber nichts Unmögliches, und deshalb erscheint es mir strenge
Pflicht, alles zu tun, um sie zu erfüllen, soweit es die Umstände
erlauben; und die würden einen hübschen Fortschritt gestatten,
wenn sich nicht die psychische Inertie der Gewohnheit allzusehr
dagegen stemmt.

Daß ich auch die Ursachen der Fehler in der Physiologie
unseres Denkens aufzudecken suchte, geschah nicht nur aus wissenschaftlichem Interesse. Nur wenn man einsieht, woher die Fehler
kommen, kann man sie verstehen, und nur dann weiß man, was
und in wiefern und wie man bessern kann, und wo man sich mit
den Schwierigkeiten auf andere Weise abzufinden hat.

Im Hinblick auf möglichen Mißbrauch und Verdrehungen
wäre es wohl angebracht gewesen, Latein zu schreiben. Es geht
aber heutzutage nicht mehr. Vielleicht ist es auch besser so. Es
kann ja dem Ansehen der Medizin nur nützen, wenn man sieht,
daß sie ihre eigenen Fehler zu erkennen und zu verbessern trachtet,
und nicht so lange fortwurstelt, bis ihre Rückständigkeit auch
von außen auffällt.

Zürich, Juli 1919.

Vorwort zur zweiten Auflage.

Aus den Rezensionen konnte ich leider weniger lernen, als ich erhofft. Wertvoller als die gedruckten Besprechungen waren mir eine Anzahl persönlicher Urteile, für die ich hier bestens danke. Im ganzen fehlte die Übereinstimmung in den Ansichten der Kritiker vollständig. Was der eine verurteilt, findet häufig ein anderer besonders gut.

Einige Einwände sind schöne Beispiele des autistischen Denkens und der Erfahrung, daß man den Autismus mit Logik nicht direkt bekämpfen kann. Eine nicht kleine Zahl anderer hätte am einfachsten dadurch erledigt werden können, daß der Autor das Büchlein genauer gelesen hätte. Mehrfach habe ich z. B. meine Achtung vor der Ethik der Kollegen hervorgehoben und auch geschrieben von dem „sonst ethisch so hoch stehenden Ärztestand". Ein Kritiker aber will gefunden haben, daß ich „auf die Moral der meisten Ärzte nicht gut zu sprechen sei". Ich glaube, ich kann sogar erklären, warum der Ärztestand relativ hoch stehen muß: schon das Maß von Arbeit, das vom Medizin Studierenden und nachher wieder vom Arzt verlangt wird, gewährt einen gewissen Schutz gegen das Eindringen von mancherlei unerwünschten Charakteren. Außerdem wird das Bedürfnis zu helfen doch bei einem großen Teil der Ärzte mitbestimmend bei der Wahl des Berufes gewesen sein, und die beständige Richtung des Denkens in Studium und Praxis auf das gleiche Ziel hin, muß einen gewissen heilsamen Einfluß ausüben. — Man wirft mir vor, ich übersähe, daß die Ärzte oft zwar wissenschaftlich denken, aber trotzdem notgedrungen autistisch handeln müssen, was ich doch selber gesagt habe; oder ähnlich, ich vergesse, daß die Medizin nicht bloße Wissenschaft, sondern auch eine Kunst sei. Auch daß, und in wie fern das letztere der Fall ist, glaube ich selber deutlich, wenn auch kurz, gesagt zu haben. Wenn man aber aus diesem Kunstbegriff ableiten will, daß das ärztliche Handeln sich weitgehend der logischen Nachprüfung entziehe, dann möchte ich energisch protestieren. Ebenso scharf möchte ich der Meinung entgegentreten, daß „nun jeder Faulpelz Udenotherapie nach Bleuler treiben werde". Ich führe ja im Gegenteil aus, wie sie daran scheitern könnte, daß sie dem Arzt zu viel zu beobachten und zu überwachen gäbe. Es ist auch nicht richtig, daß auf meiner „Einteilung" des Denkens der größte Teil meiner Argumente basiere. Man könnte diese „Einteilung" ganz weglassen, ohne dem, was ich sagen will, den geringsten Halt zu entziehen. Ich stütze mich rein auf die Tatsachen. Das Kapitel über die Denkformen hat keine begründende Bedeutung, sondern erklärende.

Betrüblich ist mir, daß der Ausdruck „autistisch" auch hier mißdeutet worden ist. Ich werde in Zukunft statt dessen von **dereierendem Denken** reden (reor, ratio, res). In dieser Broschüre, deren Titel einmal gegeben ist, wird der alte Name bleiben müssen. Vielleicht genügt es, an dieser Stelle darauf aufmerksam zu machen, daß ich damit nichts meine, als das, was ich sage, und daß vor allem „autistisch" auch gar nichts mit „egoistisch" zu tun hat.

Im übrigen haben mir die Angriffe noch mehr als die Zustimmungen, obschon letztere zahlreicher und gewichtiger waren, als ich erwartete, gezeigt, daß ich nicht auf falschem Wege bin. Und wenn das Büchlein auch da und dort jemanden ungewollterweise ärgert, ich habe jetzt noch mehr Hoffnung, als da ich es schrieb, daß es doch etwas nützen könnte.

Zürich, März 1921,

Vorwort zur dritten Auflage.

Die Auflage ist im wesentlichen unverändert geblieben. Sie enthält einige wenige Antworten auf kritische Bemerkungen. An dieser Stelle sei nur die Behauptung korrigiert, ich kenne bloß zwei Arten von Denken, das disziplinierte und das undisziplinierte, und mein Ziel sei der Nachweis, daß das autistisch-undisziplinierte Denken nicht etwa vielfach unrichtig, sondern daß es krankhaft sei.

Da diese Auflage durch Manuldruck reproduziert wird, finden sich die Zusätze auf Seite VIII zusammengestellt.

Zürich, Mai 1922.

Inhaltsverzeichnis.

Seite

Vorwort zur ersten Auflage III

Vorwort zur zweiten Auflage V

Vorwort zur dritten Auflage VI

Zusätze VIII

   A. Worum es sich handelt 1

   B. Vom Autismus in Behandlung und Vorbeugung 7

   C. Vom Autismus in Begriffsbildung, Ätiologie und Pathologie . . . 52

   D. Vom medizinischen Autismus in der Alkoholfrage 70

   E. Von verschiedenen Arten des Denkens 77

   F. Forderungen für die Zukunft 104

   G. Von den Wahrscheinlichkeiten der psychologischen Erkenntnis . 132

   H. Mediziner und Quacksalber 149

   I. Die Präzision in der Praxis 154

   K. Von den Schwierigkeiten der ausschließlichen Anwendung des disziplinierten Denkens 159

   L. Vom disziplinierten Denken im medizinischen Unterricht 168

   M. Von der Denkdisziplin in den wissenschaftlichen Publikationen . 179

Zusammenfassung 185

Zusätze.

Zu Seite 2. a) Mehrere Kollegen anderer Fakultäten meinten, es wäre in ihrer Spezialdisziplin noch schlimmer.

Zu Seite 24. b) „Antiseptische Pinselungen wandten wir (bei Diphtheritis) anfangs häufig an; wir überzeugten uns aber, daß sie nicht nur nutzlos waren, sondern auch die bazillenpositive Zeit der Rekonvaleszenz bedeutend verlängerten." Bericht der Zürcher Heilstätte in Wald. 1920. S. 5.

Zu Seite 34. c) Ein Rezensent behauptet, das sei geprüft und stehe in den Lehrbüchern der letzten 20 Jahre. Ich bin so unbescheiden, mit diesen Untersuchungen g a r n i c h t zufrieden zu sein und konstatiere, daß Eier heute noch allgemein ohne genügende Indikation verschrieben werden wie früher.

Zu Seite 34. d) So sehr die Kenntnis der V i t a m i n e in den letzten Jahren Fortschritte gemacht hat, für die allgemeine Diätik ist sie noch nicht zu verwenden.

Zu Seite 62. e) Seit der letzten Auflage hat sich die Bedeutung der als Vitamine bezeichneten Fermente (H e ß) als unangreifbar erwiesen.

Zu Seite 169. f) Nach meiner Erfahrung an kleinem Material möchte ich allerdings einen Einwand, der, wie mir scheint, bis jetzt ganz ungenügend berücksichtigt worden ist, als besonders wichtig herausheben. Ein großer Teil wenigstens der schweizerischen allgemeinen und Realgymnasien haben den Lateinunterricht so beschränkt, daß er diese Aufgabe in keiner Weise erfüllen kann. Noch wichtiger ist die Stellung, die der moderne Lehrer der römischen Frühgeschichte gegenüber einnimmt: Die markantesten Einzelheiten sollten Begeisterung für die virtus der Väter erwecken, und sie sind so bearbeitet, daß zu diesem Zwecke der Glaube an ihre Realität nicht entbehrt werden kann. Der Lehrer berichtet aber jetzt seinen Schülern, sie seien bloß erfunden und stempelt sie damit zu wertlosen Prahlereien des römischen Volkes oder seiner Schriftsteller.

A. Worum es sich handelt.

Der Wissens- und Verständnistrieb des Menschen hat sich seit den ältesten Zeiten Theorien über die Entstehung der Welt, den Zweck des menschlichen Daseins, die Entstehung der kosmischen Erscheinungen, die Bedeutung des Bösen und über tausend andere für ihn wichtige Dinge gemacht, Theorien, die keinen Realitätswert haben. Die Menschheit hat in Zauber und Gebet das Schicksal zu wenden gesucht, sie hat mit Mitteln, denen keine Wirkung zukommt, Krankheiten bekämpft und auf viele andre Weise ihre Kräfte unnütz und schädlich angewendet. Die Primitiven haben Tabuvorschriften ausgeheckt, die für unser Empfinden unerträgliche Ansprüche an ihre geistige und körperliche Energie, ihre Zeit und ihre Bequemlichkeit stellen, und die nicht nur unnütz, sondern oft auch geradezu schädlich sind.

All das ist Resultat eines Denkens, das keine Rücksicht nimmt auf die Grenzen der Erfahrung, und das auf eine Kontrolle der Resultate an der Wirklichkeit und eine logische Kritik verzichtet, d. h. analog und in gewissem Sinne geradezu identisch ist mit dem Denken im Traume und dem des autistischen Schizophrenen, der, sich um die Wirklichkeit möglichst wenig kümmernd, im Größenwahn seine Wünsche erfüllt und im Verfolgungswahn seine eigene Unfähigkeit in die Umgebung projiziert. Es ist deshalb das autistische Denken genannt worden. Dieses hat seine besonderen von der (realistischen) Logik abweichenden Gesetze, es sucht nicht Wahrheit, sondern Erfüllung von Wünschen; zufällige Ideenverbindungen, vage Analogien, vor allem aber affektive Bedürfnisse ersetzen ihm an vielen Orten die im strengen realistisch-logischen Denken zu verwendenden Erfahrungsassoziationen[1]), und wo diese zugezogen werden, geschieht es doch in ungenügender, nachlässiger Weise.

Je mehr sich unsere Kenntnisse erweitern, um so kleiner wird beim Gesunden ganz von selbst das Gebiet des autistischen Denkens; unsere heutigen Vorstellungen vom Weltall, seiner Geschichte und seiner Einrichtungen sind, wenn auch noch vielfach hypothetisch,

---

[1]) B l e u l e r , Autist. Denken. Jahrbuch für psychoanalytische und psychopathologische Forschungen. Band IV. 1912.

so doch nicht mehr autistisch: wir ziehen nur aus dem, was wir
sehen, in logischer Weise Schlüsse und sind uns bewußt, welcher
Teil dieser Schlüsse nur Wahrscheinlichkeitswert hat. Umgekehrt
habe ich über den Zweck der Menschheit oder unseres Daseins
auch jetzt noch nichts als autistische Mythologie gehört (weil
diese Frage eine falsche Voraussetzung enthält, kann man gar
nicht realistisch darauf antworten).

In den Gebieten, die zwischen den ganz unbekannten und den
ganz übersehbaren liegen, gehen unsere Wünsche nach Erkenntnis
und Eingreifen kaum irgendwo so weit über unser Können hinaus,
wie auf dem der Abwendung von körperlichen und seelischen
Leiden, von Krankheit und Tod, wo man direkt Unmögliches
verlangt, denn niemals werden sich alle Krankheiten verhüten oder
heilen lassen, und dem Tod kann man nur vorübergehend ausweichen. Kein Naturwunder, daß die Medizin, zum Unterschied von
allen anderen Wissenschaften noch am meisten autistisches Denken
enthält[a]). Und dabei kommen nicht nur die Bedürfnisse des Wissen-
schafters selbst, sondern noch viel mehr die seines Patienten in
Betracht. Der Chemiker, der Techniker geniert sich nicht, einem
Laien, der an ihn unmögliche Ansprüche stellt, der z. B. eine Maschine mit einem hundertprozentigen Nutzeffekt haben möchte,
zu erklären, er verlange Unmögliches; er setzt im Gegenteil einen
gewissen Stolz hinein, ihm zu sagen, da habe der Frager zu naive
Vorstellungen von den Möglichkeiten, als daß man darauf eingehen könne; und die Erfahrung zeigt sogar, daß er hier gerne
etwas zu weit geht, indem manches, was seine Wissenschaft lange
Zeit für unmöglich hielt, nachher doch möglich geworden ist.
Der Techniker hat es allerdings, abgesehen vom Mathematiker,
von allen Menschen am leichtesten, sein Denken streng in den
Gleisen der logischen Deduktion zu halten. Er arbeitet ja nur da,
wo er die Bedingungen ganz oder doch zum größten Teil übersehen
kann, oder wo er sich dieselben gar selbst geschaffen hat, und niemand stellt ihm im Ernst unlösbare Aufgaben; denn auf diesen
Gebieten hat auch der Laie das Bedürfnis, sich klar zu machen,
was möglich ist und was nicht.

Ganz anders stellt sich der Mediziner zu seiner Klientel, die
ungefähr aus der ganzen Menschheit, ihn selber eingeschlossen,
besteht. Ihm wird — ins Technische übersetzt — die Aufgabe gestellt, eine Flugmaschine zu bauen, mit der man beliebige Di-
stanzen und Höhen und Stürme ohne Anstrengung und Gefahr
überwinden kann. Ob die Aufgabe überhaupt oder unter den gegebenen Umständen lösbar ist, frägt der Laie gar nicht und der
Arzt selbst viel zu wenig. Nun würde das nicht viel ausmachen,
wenn der Apparat vor dem Gebrauch erprobt würde; aber das ist
selten möglich.

So bequem wie der Techniker der sich in seinen Apparat hin-
einsetzt und daran verbessert, bis er läuft, oder bis die Unlösbar-
keit der Aufgabe erwiesen ist, hat es der Arzt nicht; er kann sich
nicht eine beliebige Zahl von Lungenentzündungen zuziehen, um

ein Mittel dagegen zu erfinden; er kann sich nicht eine Hand ab-
schneiden, um eine künstliche auszuprobieren. Und vor allem
hat der Auftraggeber keine Zeit zu warten; er bekommt also in
den paar Augenblicken, die nötig sind, ein Rezept zu schreiben,
seinen Apparat; dieser dient denn auch häufig zum Trost, aber
selten anders zum Fliegen als mit dem Wind, und da der Wind
meist dahin weht, wohin der Kranke möchte, so merkt er nicht,
daß er auch mit seinem gewöhnlichen Regenschirm an den nämlichen Ort gekommen wäre. Die seltenen Male, wo er den Hals
oder einige Knochen bricht, werden leicht übersehen, denn auf
dieser Welt geht nichts ganz glatt.

Das dringende momentane Bedürfnis des Auftraggebers macht
es ferner dem Mediziner schwer, zu sagen, hier vermöge seine
Wissenschaft nichts, und es sei am besten, wenn man für unmögliche Ziele weder Zeit noch Geld verschwende. Und der Wunsch
zu helfen, läßt ihn auch da gewöhnlich noch etwas „versuchen"
oder gestützt auf eine mögliche, aber gar nicht zwingende Überlegung anwenden, wo eigentlich nichts zu helfen ist; und dabei
hat er zum Unterschied von dem Techniker erst noch den moralischen und oft zwingenden Beweggrund, daß der Patient eines
Trostes bedürfe, und daß auch da, wo man nichts heilen kann,
doch oft auf irgend einem Wege symptomatisch gebessert, die
Situation erträglicher gestaltet werde; und dazu sei es am wichtigsten, dem Patienten die Vorstellung nicht zu nehmen, daß er noch
etwas gegen sein Übel tun könne. Natürlich sind die praktischen
Bedürfnisse nicht der einzige Grund, warum man sich in der Medizin,
ohne es zu wissen, so gerne mit dem autistischen Denken begnügt.
Auch da, wo wir richtige Fragestellungen haben, ist die Kompliziertheit und Unübersehbarkeit mancher Probleme oft
so groß, daß ihr das realistische Denken unmöglich gerecht werden
kann; und die Grenzen zwischen ungenügend begründeter Hypothese und autistischer Scheinerklärung verschwinden. Deshalb
bestand und besteht auch jetzt noch sogar in den theoretischen
Disziplinen der Medizin eine gewisse Neigung zu autistischem
Denken die einem modernen Techniker fremd wäre.

Wie die beiden Ursachen zusammenspielen, wie sowohl der
Mangel genügender Kenntnisse, als auch die Triebkraft der weit
über das Können hinausgehenden instinktiven Bedürfnisse gerade
das medizinische Denken besonders auf Abwege führen, das zeigt
ein Vergleich mit denjenigen Naturwissenschaften, die nahezu so
kompliziert sind wie die Medizin, z. B. die Botanik und Zoologie,
aber unser Wohl und Wehe weniger direkt berühren. Hier macht
man auch Hypothesen, und sucht man trotz aller Komplikationen
und anderer Schwierigkeiten zu verstehen und zu erklären; aber
so weit ab von der Realität läßt man sich doch durch sein Bedürfnis
nach Verstehen lange nicht führen[1]. Es ist eben unmöglich, den

---

[1] Es gibt Wissenschaften, die ihre Schlüsse ziehen müssen aus noch
spärlicherem Material und unter kaum weniger komplizierten Verhältnissen

medizinischen Bedürfnissen gerecht zu werden, ohne sich ein bißchen aufs Raten und Annehmen und Glauben zu verlegen.

So sind die verfrühten Versuche zu beurteilen, den Mendelismus, über den in Zoologie und Botanik eine große Summe prachtvoller Arbeiten existiert, auf die menschliche Pathologie zu übertragen. Die klaren Mendelschen Begriffe und die ebenso klare Methodik sind in der Medizin sofort zu einem sinnlosen Gefasel geworden, dem in statistischer Hinsicht hoffentlich Rüdins[1]) Arbeit ein Ende bereitet hat, während die klinische Seite so schwierig ist, daß man sich vorläufig auf die negative Kritik beschränken muß[2]). Eine hübsche Parallele bieten die hypochondrischen, die Gesundheit betreffenden Wahnideen, die auch bei nicht verblödeten und besonnenen Patienten leicht unsinnig werden, während sonst unsinnige Wahnideen sicheres Zeichen einer tieferen Denkstörung sind. Auch des Laien Gedanken werden eben gewöhnlich autistisch, sobald sie sich in medizinische Gebiete hineinwagen. Noch frappanter ist vielleicht der Gegensatz, daß da, wo es sich um Geld handelt, z. B. in der Versicherungstechnik, schon längst tadellose Methoden der Statistik ausgearbeitet sind, während da, wo nur Menschenleben und Gesundheit in Betracht kommen, die am häufigsten angewandte Methodik etwa auf der Stufe der Alchymie steht, die einmal die Chemie vertrat.

Man kann also mit dem besten Willen eine strenge Denkdisziplin, wie sie in manchen andern Wissenschaften selbstverständlich ist, in der Medizin nicht konsequent durchführen. Die unausbleibliche Folge ist, daß nicht nur autistisches Denken sich dem wissenschaftlichen beimengt, sondern auch nachlässige Denkformen überhaupt, wie sie dem intelligenten Durchschnittsmenschen genügen müssen, sich länger in dieser Wissenschaft erhalten, als gut ist. Man operiert immer noch mit zahlreichen Begriffen, die, aus ungenügenden Voraussetzungen abgeleitet, ungenügend abgegrenzt sind und vom Einen so, vom Andern anders gefaßt werden, ohne daß man sich dessen bewußt ist, und darum auch ohne ein Bedürfnis nach Verbesserung so fundamentaler Fehler. Man überläßt die Beobachtung und ihre Kritik dem angeborenen Geschick und Ungeschick, die Bewertung der zeitlichen und räumlichen Zusammenhänge als kausale oder zufällige dem gesunden Menschenverstand mit seiner gesunden Sorglosigkeit; man hat in Ätiologie und Therapie ein

---

als Medizin, Zoologie und Botanik. So die Linguistik, die vergleichende und erklärende Mythologie, deren Hypothesen manchen zunächst ziemlich in der Luft zu hängen scheinen. Und doch kommen auch diese Wissenschaften ganz hübsch vorwärts.

[1]) Rüdin, Zur Vererbung und Neuentstehung der Dementia praecox. Monographien aus dem Gesamtgebiete der Neurologie und Psychiatrie. Heft 12. Springer, Berlin 1916.

[2]) Bleuler, Mendelismus bei Psychosen, speziell bei der Schizophrenie. Schweizer Archiv f. Neurol. u. Psychiatrie. 1917. S. 19.

gewisses Gefühl, daß allein etwas wie Statistik in den meisten
Fällen die einzelnen Zusammenhänge aus dem Chaos der natürlichen Verwickelungen herausheben könne, aber von tausend
Arbeiten entspricht nur zuweilen eine den notwendigsten Anforderungen statistischer Methodik, manchmal aus Zufall, manchmal weil des Verfassers natürliche Begabung die Mängel der Schulung bis zu einem gewissen Grad aufhebt.

Natürlich bin ich nicht blind gegenüber dem wirklichen Wissen und Können der Medizin, gegenüber ihren
Fortschritten, die in so manchen Beziehungen in den
letzten hundert Jahren größer waren als in allen den Jahr-
tausenden zusammen, die uns vorangegangen, und ich
habe mit Stolz beobachtet, nicht nur, welch ungeahnte
Errungenschaften in dem Zeitabschnitt, den ich über-
sehe, gemacht worden sind, sondern auch wie die Denkmethodik trotz der wachsenden Menge der wissenschaftlichen Arbeiten zwar langsam, aber stetig schär-
ter und umsichtiger geworden ist. Aber es sind in der Hauptsache einzelne Arbeiten und vielleicht auch einzelne Forscher,
die weniger oder gar nicht sündigen; von einer bewußten und
prinzipiellen allgemeinen Vermeidung vulgärer Denkfehler ist keine
Rede. Ich konstatiere auch, daß einzelne medizinische Disziplinen
in dieser Beziehung nicht mehr so viel zu wünschen übrig lassen;
ich bewundere, was z. B. die Hygiene in systematischer Arbeit in
bezug auf die Infektionskrankheiten geleistet hat. Sogar während
des Weltkrieges ist man einer ganzen Anzahl der schlimmsten
Seuchen Meister geworden, und die Sanierung von Panama durch
die Amerikaner ist eines der bewunderungswürdigsten Werke
moderner Wissenschaft, ungleich größer als der berühmte Kanal
selbst, dessen Bau schließlich nach der Zugänglichmachung des
Landes bloß noch eine Geldfrage war. Aber ich weiß auch, daß (mehr
von den Praktikern als den Lehrern), neben dieser Hygiene noch
eine andere ganz erbärmliche geübt wird, die wild gewachsen und
prinzipiell nicht besser ist als die Tabuvorschriften eines Südsee-
insulaners; ich weiß, daß je mehr man sich der Therapie nähert,
die wissenschaftliche Schärfe um so mehr dem Vulgärdenken
eines bald ausgezeichneten, bald mittelmäßigen Menschenver-
standes Platz macht, und ich muß mit Bedauern daran denken,
was für Fortschritte man hätte machen und was für Irrwege man
hätte vermeiden können, wenn man schon vor einem Menschen-
alter mit einem geschulten Denken geforscht hätte. Deshalb
liegt mir daran, jetzt einmal nicht das Errungene,
sondern die Unzulänglichkeiten hervorzuheben und
zum Aufsehen zu mahnen, damit eine der wichtigsten
wissenschaftlichen Disziplinen endlich auf die Höhe
der andern Naturwissenschaften gebracht werde; denn
ich kenne nur noch die popularisierende Landwirtschaft, die, früher
wenigstens, in ihren Zeitschriften auf einem ähnlich niedrigen
Niveau stand und allen Ernstes Räte gab, die den therapeutischen

und hygienischen Vorschriften am Ende der Familienzeitungen gleichwertig waren.

Aufs lebhafteste möchte ich betonen, daß ich mich selbst sehr bewußt als Kind meiner auf Durchführung des disziplinierten Denkens noch nicht eingerichteten Zeit fühle. Ich stecke selbst in den Fehlern, die ich rüge, mitten drin; aber ich empfinde sie und gucke aus denselben hinaus und suche, wie man mit vereinten Kräften ins Klare komme. Ich weiß auch, wenn ich Ansichten äußere, die von den geläufigen abweichen daß ich mich meist ebenso wenig wie die Gegner auf diejenige Art der Untersuchung stützen kann, die ich verlange. Ich behaupte also nicht in diesen Einzelheiten mit Sicherheit recht zu haben; aber ich möchte zeigen, daß man mit wenigstens ebenso guter Begründung das Gegenteil von dem sagen kann, was man so landläufig annimmt, und das genügt zu dem zwingenden Beweis, daß den landläufigen Ansichten eine genügende Begründung fehlt. Allerdings versuche ich, wo ich nicht bloß verneine und bezweifle, nicht beliebige „andere", sondern etwas besser begründete Ansichten den alten gegenüberzustellen, und ich muß auf die Gefahr hin, mich herabzusetzen, sagen, daß ich meine Ketzereien für wahrscheinlicher halte als die bisherigen Anschauungen, und daß, wenn die Seligkeit von der richtigen Wahl abhinge, ich keinen Augenblick zögern würde, zu den meinen zu stehen.

Daß ich bei der Anführung von Beispielen die Autorennamen meist weglasse, wird man verstehen; ich zitiere gerne Aussprüche gerade von Leuten, die ich hochschätze; denn daß ein Ignorant Dummheiten sagt, ist nichts Unerwartetes, wohl aber beweist es den Fehler der Schulung, wenn die Spitzen der Wissenschaft oder ganze Generationen sich vergreifen. Ich brauche auch nicht ungern Beispiele aus der Vergangenheit; denn was von den jetzigen Ansichten falsch ist, ist ja noch streitig, und ich bin froh, wenn die Zeit bereits entschieden hat und mir erspart, mich zum Schiedsrichter aufzuwerfen. Einen allfälligen Einwurf aber, ich kämpfe gegen überwundene Fehler, möchte ich sehr bestimmt ablehnen mit dem Hinweis darauf, daß die Methodik der Forschung im letzten Jahrhundert *prinzipiell* durchaus dieselbe geblieben ist.

B. Vom Autismus in Behandlung und Vorbeugung.

Sieht man in beliebigen Lehrbüchern die Behandlung der Krankheiten durch, so fällt gleich auf, wie häufig die empfohlenen Mittel einfach aufgezählt werden, ohne spezielle Indikation, warum und in welchem Falle das eine, in welchem Falle das andere Mittel zu wählen sei, und namentlich ohne vergleichende Indikation, was das eine Mittel vor dem andern voraus habe oder was für Nachteile ihm anhaften, die beim andern fehlen oder geringer sind.

Gegen die Pneumonie kann man das oder das machen; „auch die Hydrotherapie ist kaum zu entbehren" (bei Tetanus); „viel verordnet wird eine mixtura acida" (Typhus). Allerdings werden regelmäßig gegen einzelne Symptome, den Husten, das Seitenstechen, das Fieber, noch besondere Mittel aufgezählt; aber hier fehlt dann das, was ich soeben die vergleichende Indikation genannt habe, noch häufiger. Man ignoriert viel zu sehr das Bedürfnis zu wissen, welche Vorschrift die wirksamste, die ohne Gegengrund in erster Linie zu wählende sei, oder — wenn es auf begleitende Umstände ankommt — wann jede zu wählen sei. Dies darzustellen (resp. vorher zu ergründen) sollte doch einen besonders wichtigen Teil der Behandlungslehre ausmachen. Bloße Aufzählungen mögen bei den Rezepten eines Kochbuches gar nicht schlecht angebracht sein, weil dort Abwechslung und nicht möglichst sichere Wirkung verlangt wird, und weil man annehmen kann, der Koch wisse ungefähr, was bei den verschiedenen Zubereitungsweisen und Zutaten herauskommt, und was dem speziellen Geschmack seines Auftraggebers entspricht. Aber schon in der mikroskopischen Technik würde man sich heutzutage mit einer solchen Anführung nicht begnügen, während ich allerdings Grund habe, dem zu meiner Studienzeit verbreitetsten Buch über Färbetechnik jetzt noch zu fluchen, weil es durch den Mangel an Angaben über die Leistungsfähigkeit der möglichst vollständig aufgezählten einzelnen Verfahren mich veranlaßt hatte, die verfügbare Zeit einiger Jahre mit Ausprobieren veralteter, unnützer oder unbrauchbarer Vorschriften nutzlos zu verbringen. Später hatte icn als Anstaltsarzt an drei verschiedenen Orten zufällig eine ganze Reihe von Hausepidemien an Typhus zu behandeln, und fühlte mich einmal gedrungen, zu sehen, was man denn eigentlich auf

diesem Gebiete für Fortschritte gemacht hätte, ließ mir die neueste
Auflage eines mehrbändigen Lehrbuches kommen, fand über die
Wasserbehandlung, die damals wie wohl jetzt noch die wichtigste
war, einige ganz ungenügende Notizen, aber keine genaueren
Indikationen der Anwendung, und namentlich keine über das
Wie, auf das doch recht vieles ankommt; dafür unter anderem
Ballast eine längere Abhandlung über die Anwendung des Thallins,
das zu jener Zeit bereits wieder als schädlich verlassen war.

Schon hier wird mir mancher Leser einwerfen: kritisieren ist
leicht; aber wie besser machen? Und ich habe diese besonders
angreifbaren Bemerkungen an den Anfang gesetzt, um noch einmal eindringlich darauf aufmerksam zu machen, daß das, was ich
glaube rügen zu müssen, nicht den Einzelnen trifft, sondern die
allgemeinen Gebräuche, die in scheinbar unüberwindlichen Schwierigkeiten ihre sehr guten Gründe — ich möchte fast sagen ihre
Existenzberechtigung — hatten. Es ist mir natürlich klar, daß der
einzelne Arzt eine Auswahl von Mitteln zur Verfügung haben muß,
um je nach äußern Umständen und der Natur des Patienten und
des Falles überhaupt wählen zu können, und man darf voraussetzen, daß der Unterricht versucht habe, ihm einigermaßen die
Fähigkeit beizubringen, nach solchen Gesichtspunkten zu wählen.
Man weiß auch, daß sogar chemische und physikalische Maßnahmen
in der Hand des einen Arztes nicht den nämlichen Wert haben,
wie wenn ein anderer sie anwendet, und daß da, wo der psychische
Einfluß das Wesentliche ist, geradezu die Individualität des Arztes
das allein Maßgebende bei der Wahl des Mittels sein muß. Die Koch-
buchform hat also nicht nur deshalb eine Art Berechtigung, weil wir
zu wenig wissen, sondern auch deshalb, weil bei der Auswahl Momente mitsprechen, die nur der Leser, nicht aber der Schreiber in
Betracht ziehen kann.

Aber so, wie es nötig wäre, um nach klaren Indikationen unter
dem Dargebotenen auszuwählen, ist doch in Wirklichkeit kein
Arzt erzogen; nicht nur wäre eine solche Erziehung ganz unmöglich,
sondern die Handhaben, die die Lehrbücher bieten, sind für alle
Fälle ganz ungenügend und müssen es sein, weil die Mittel in
ihren Wirkungen auf den komplizierten, in abnormen Verhältnissen arbeitenden Organismus des Kranken nur ausnahmsweise
allseitig erforscht sind; viel häufiger handelt es sich um irgend
eine Maßnahme, die einmal jemandem eingefallen ist, die aber nach
tausendfältiger Analogie später wieder vergessen und durch eine
andere ebenso wenig begründete ersetzt werden wird. Und das
Schlimmste ist, daß der Autor viel zu wenig — meistens gar nicht —
merken läßt, wie ungenügend die Vorschriften sind, und damit die
eigene Zufriedenheit auch auf den Ratsuchenden übergehen läßt.
Man denke sich aber einmal ein Lehrbuch über Brückenbau oder
Stahldarstellung, das in diesem Stil schreiben würde.

Indirekt allerdings beweist die wahllose Aufzählung vieler
Mittel das Bestehen einer bedenklichen Lücke in unserem Wissen,
und auf Seite des Schreibers das mehr oder weniger bewußte, aber

jedenfalls sehr bedauerliche Gefühl, daß es gar nicht so sehr darauf ankomme, was man im einzelnen Falle anwende. Etwas, was man für wichtig hält, könnte man nicht so übergehen, wie hier die Differentialindikation. Eine solche Art der Darstellung ist ja auch nur deshalb möglich, weil man überhaupt von dem relativen Wert der einzelnen Vorschriften ungeheuer wenig und auch vom absoluten Wert der meisten angeführten Mittel nichts Genügendes weiß; denn sonst könnte ein verständiger Mensch unmöglich so vielerlei einfach nebeneinander stellen.

Es ist eine alte und selbstverständliche Konstatierung, daß je mehr Mittel gegen eine Krankheit empfohlen werden, um so gewisser keines wirkt; wenn man eines hätte, das mit einiger Sicherheit heilt, so wären die andern von selbst verlassen. Da liegt bei allen den zahlreichen Krankheiten, wo viele Mittel empfohlen werden, die Frage sehr nahe: wäre es nicht am besten oder wenigstens gleich gut, gar nichts zu machen? Sie wird indes merkwürdig selten gestellt, und beantwortet hat sie noch niemand. Sie wäre aber doch die Grundfrage für unser therapeutisches Handeln wie für das weitere Studium.

Unsere gewöhnlichen Untersuchungen vergleichen nur verschiedene Behandlungsmethoden miteinander. Wenn also ein Nutzen eines neuen Mittels erwiesen wird, so ist es nur ein relativer. Hat die zur Vergleichung herangezogene Therapie schon etwas genützt, so ist alles gut. Setzen wir aber einmal voraus, daß sie schädlich gewesen wäre, was ja nicht ganz unmöglich ist, so beweist ein relativer Erfolg des neuen Mittels noch nicht sicher den Nutzen, sondern bloß den geringeren Schaden.

Zur Beantwortung der Frage nach dem absoluten Nutzen einer Behandlung steht uns bei manchen Krankheiten bis jetzt nur das Material der Gesundbeter zur Verfügung, die therapeutische Maßregeln verabscheuen, dann das der Homöopathen, deren Mittel wir zum Teil als wirkungslos belächeln, und schließlich die nicht seltenen Patienten, die zu keinem Arzte gehen, und nur indifferente oder gar keine Mittel anwenden. Dieses Material hat uns bis jetzt bei den Krankheiten, wo überhaupt das Nichtstun in Frage kommt, nichts von einem Schaden merken lassen, ist aber nicht gründlich genug studiert worden, um einen bindenden Schluß zu erlauben. Jedenfalls könnten solche Nichtbehandlungsmethoden nicht in so ausgedehntem Maße mit der wissenschaftlichen Medizin konkurrieren, wie es der Fall ist, wenn der Unterschied ein sehr deutlicher wäre.

Da ich selbst in den vielen hierher gehörigen Fällen das Nichtsanwenden 15 Jahre lang an einer Anstaltsbevölkerung von über 800 Personen und in meiner Familie erprobt habe, glaube ich zu wissen, daß wirklich für eine ziemliche Zahl der gewöhnlichen Krankheiten — numerisch genommen die Mehrzahl, denn die andern sind seltenere Formen — das Nichtmachen oder wenigstens das Nichtmedizinieren gar nicht unzuträglich ist. Natürlich ist das mit Verstand zu verstehen. Man kann ja, wenn man selbst

Arzt ist, bei bloßem Anginafieber über 40° noch seine Anstaltspraxis besorgen, man kann bei der gleichen Krankheit mit einer
Temperatur zwischen 39 und 40° ohne Schaden 10 Stunden in den
Bergen den Patienten nachkraxeln, aber seinen Kranken und
Angestellten wird man gerade solche Zumutungen nicht machen;
man wird jeden Typhus ins Bett legen, und, wenn er hohes Fieber
hat, z. B. baden. Man wird auch gelegentlich besondere Indikationen finden, etwas zu verordnen, z. B. bei Husten, kurz, man
wird Arzt sein; aber von hundert Anwendungen, die man so gewöhnlich macht, kann man vielleicht neunzig sparen. Und wenn
man es kann, ohne einen Nachteil zu sehen, so sollte
man es doch wohl? Wir wissen dann, wie die Krankheit verläuft, wenn man nichts macht. Das ist schon ein Gewinn. Aber
wir wissen auch, daß wir nichts schaden, und das ist ein viel größerer.
Denn wenn auch der Beweis, daß die gewöhnlichen Anwendungen
direkt schaden, ebenso wenig geleistet ist, wie der, daß sie nützen,
und wenn, wie ich ruhig annehme, weder ein nasses, noch ein
trockenes Tuch um den Hals eine Angina verschlimmert, so kann
man dem Dilemma nicht entgehen: entweder wirkt die Prozedur
gar nicht, oder sie hat eine Wirkung. Letzteres nimmt man an,
sonst würde man sie nicht anwenden. Da aber der Nutzen nicht
nachgewiesen ist, und überhaupt der Wege zu schaden viel mehr
sind als der zu nützen, ist es wahrscheinlicher, daß sie schadet.

Ich bin auf der Klinik gelehrt worden, wie bei jeder schweren
Pneumonie die Lebensgefahr mit so und so viel Alkohol und verschiedenen andern Mitteln behandelt werden müßte, und wie man
den einen oder andern Fall, der sonst ganz sicher verloren gewesen
wäre, durch recht energisches Eingreifen durchgebracht habe usw.
Dann übernahm ich die Abteilung einer Irrenanstalt und hatte
gleich in den ersten Tagen ein schmächtiges über 80 Jahre altes
Mütterchen an einer Lungenentzündung zu behandeln, die sich
auf der ganzen einen Seite von der Spitze bis zum Zwerchfell durch
absolut gedämpften Lungenschall bemerkbar machte. Ich wußte
damals noch nicht, daß die gefährlichsten Greisenpneumonien
gerade die Tendenz haben, keine ausgesprochene Dämpfung zu
machen, und nach dem, was ich gelernt hatte, wäre die „über
50 Jahre alte" schwächlich aussehende Patientin aller Wahrscheinlichkeit nach verloren gewesen. So fand ich für gut, meinen Chef
um Rat zu fragen, der mir sagte, ich sollte die Kranke sterben
lassen, ohne sie zu plagen, und ihr nur der leichteren Expektoration
wegen etwas Antimon geben. Da das Antimon nichts nützte und
auch gar nicht nötig war, fand ich für gut, sie wirklich nicht zu
plagen und ihr auch nicht den Magen mit Antimon zu belästigen.
Die Frau war in vier Wochen wieder hergestellt und ist über 90 Jahre
alt geworden. Seitdem hat sich mein Glauben an die Lebensrettung
der Pneumoniker recht kleinlaut verhalten, und ich kann nicht
sagen, daß die Fälle, bei denen einer meiner Ärzte eingriff, besser
verlaufen wären als diejenigen, da man nicht eingriff. Damit will
ich nicht sagen, daß ich nicht unter Umständen Digalen gäbe und

vielleicht auch noch irgend etwas anderes machen würde, wie einen Wickel oder sogar ein Bad; aber die heroischen Kuren, die ich gesehen, habe ich selber nie mehr unternommen; und in Rheinau, wo wir Zeit hatten, auch alle unsere körperlich Kranken gemeinsam zu verfolgen, hat schließlich jeder meiner Assistenzärzte mir recht gegeben, obschon alle mit ganz anderen Prinzipien zu mir gekommen sind. Meine Überzeugung, die ich allerdings nicht mit Zahlen belegen kann, ist die, daß man mit den Alkoholicis auch bei der Pneumonie nichts nützt, aber manchmal schadet[1]). Es war auch einmal Mode, Moschus zu geben. Dabei sah ich aber neben Heilungen eine Art Somnolenz, die ich sonst nicht kannte, und die, abgesehen von einem Falle bei einem Kinde, das starb, schon vor der Besserung der Pneumonie wieder verschwand, wenn man das Mittel aussetzte So vermute ich, daß man auch mit Moschus Leute umbringen kann.

Weil der Chirurg nicht genügend wußte, wie oft Gelenktuberkulose spontan heilen kann, hat er noch vor fünfzig Jahren viele unnötige verstümmelnde Operationen gemacht. Zu der Zeit, da ich Unterassistent in unserem Absonderungshaus war, und solange ich nachher noch als Student die Sache verfolgen konnte, glaubte man bei Typhus durch Herabsetzung der Temperatur mit Salizyl das Fieber und damit die Krankheit zu bekämpfen und durch Alkohol die Kräfte erhalten zu müssen. Daß dabei sich jemals irgend etwas gebessert hätte, habe ich nie gesehen — ob das vorübergehende Sinken der Temperatur eine Besserung sei, war ja ebenso fraglich, wie ob eine Chloroformnarkose ein Schlaf ist. Dagegen habe ich gesehen, daß nach dem Salizyl der Magen und das, was man bei solchen Kranken als Überrest des Appetites bezeichnen mag, schlechter wurde, daß das Allgemeinbefinden nicht nur wegen des Ohrensausens rasch ungünstigen Eindruck machte, und daß nach den Alkoholgaben die Patienten geistig weniger frisch waren und mehr auf dem Rücken liegen blieben. Ich habe denn auch manchen Decubitus gesehen und Todesfälle, die man der klinisch und autoptisch gefundenen Lungenhypostase zuschrieb. Als ich dann mich bei der Pflege eines schmierenden Patienten selbst infizierte, fand ich deshalb für gut, meinen Eintritt ins Spital davon abhängig zu machen, daß man mir versprach, weder Salizyl noch Alkohol zu geben (die Abstinenz war damals in unseren Kreisen noch eine amerikanische Anekdotensammlung über hysterische Betschwestern). Die Typhen, die ich vorher z. B. in meiner Familie und anderswo unter indifferenter Behandlung gesehen hatte, waren besser verlaufen als die im Spital. Als ich später meine Anstaltsepidemien zu behandeln hatte, hütete ich mich vor solchen Verschreibungen. In einem Falle, der meinem Chef besonders am Herzen lag, spendete er ein paar Flaschen Sekt, ließ aber die weiteren ungetrunken, nachdem der Zustand nach den ersten beiden dem oben geschilderten zu gleichen anfing, und mir redete er von

---

[1]) Ein hervorragender Kliniker schreibt mir bei diesem Anlaß, er halte Alkoholverschreibung bei Pneumonie für einen Kunstfehler.

da an nicht mehr in meine Maßnahmen hinein. An Hypostase
habe ich nie einen Typhus verloren. Da ich von Anfang an auf diese
Dinge achtete, wird mich meine Erinnerung nicht täuschen, die
mir sagt, daß nur drei gestorben sind, einer an Durchbruch eines
Typhusgeschwürs, das am Halse einer Hernie saß, die man, weil
verwachsen, manchmal durch Druck entleeren mußte, eine alte
Frau, die vorher schon wegen alter Bronchiektasien und eines Herz-
fehlers mit Anasarka auf dem Aussterbeetat war, und eine Phthi-
sica, deren Tuberkulose während des Typhus rasche Fortschritte
machte, so daß sie ihr — allerdings Wochen nach der Entfieberung —
erlag. Jedenfalls ist mir nie ein Typhus chne eine derartige Komplikation, d. h. bloß am Typhus, gestorben. Ich bin zu skeptisch,
um ohne genauere Untersuchungen, die ich jetzt nicht mehr machen
kann, bestimmt anzunehmen: propter hoc, aber jedenfalls habe
ich keinen Anlaß, von meiner Behandlung abzugehen, dafür aber
guten Grund zu „vermuten", Salizyl und Alkohol haben den Spital-
kranken geschadet.

Nun sagt man mir, Dinge wie das Salizyl, die einmal zur Zeit
tastender Versuche als Fiebermittel gebraucht worden seien, werden
schon längst nicht mehr angewandt[1]); erhalten könne sich nur
Nützliches oder doch Unschädliches, und das letztere nütze wenigstens dadurch, daß es den Patienten beruhige, daß es ihn abhalte,
etwas wirklich Schädliches zu machen, und daß der Arzt bei allen
solchen Behandlungen, und nur so, Gelegenheit habe, die Leute
zu hygienischem Verhalten zu erziehen. Das scheinen mir keine
genügenden Gründe. Die Gewöhnung des Publikums an unnützes
Medizinieren, an falsche Vorstellungen, ist keine Hygiene, sondern
fahrlässige Gefährdung. Sie hat eine Arzneimittelindustrie geschaffen, die zum großen Teil vom autistischen Denken der Patienten
und der Ärzte lebt und, weil sehr kapitalkräftig und prosperierend,
unter Laien ebenso wohl wie unter Ärzten eine Propaganda macht,
die notwendig zu Mißbräuchen führt. Wie das Heilmittel eine
Krankheit geradezu züchten kann, zeigt die Dipsomanie (siehe
später). Ein anderer sehr häufiger Typus ist folgender: ein kleines
Kind, dessen Darm bis jetzt nur die genaue Regel kannte, erkrankt
an einer nicht näher zu definierenden fieberhaften Krankheit von
zwei oder drei Tagen. Der Arzt findet es für nötig, seinen Darm
von den „infektiösen" Stoffen zu befreien, und macht ihm ein oder
zwei Glyzerinklistire. Von da an wollte der Kleine nicht mehr
ohne Mittel aufs Töpfchen, und es brauchte mehrere Monate, bis er
wieder auf die frühere Regelmäßigkeit gebracht worden war.
Ich glaube auch mit vielen andern, daß die wenigsten der vielen
chronischen Verstopfungen bei Erwachsenen existierten, wenn
nicht die leichte Zugänglichkeit so vieler stuhlfördernder Mittel
dazu verführte, in die natürliche Darmtätigkeit einzugreifen und
damit diese nicht nur zu stören, sondern auf assoziativem Wege

---

[1]) Nachdem das geschrieben, sehe ich wieder Salizyl gegen Grippe gegeben.

von den künstlichen Eingriffen abhängig zu machen. Und das ganze Heer der nervösen Krankheiten in direktem Zusammenhang mit dem ewigen Aufpassen auf die eigene Gesundheit, dem Trieb, immer etwas dafür zu tun, und alle die körperlichen kleinen Übel, die sonst ganz gleichgültig wären, werden auf diesem Wege zu Lebenslust und Leistung hindernden Krankheiten. Die Menstruationsbeschwerden und sogar die Geburtsschwierigkeiten sind zum größten Teil Folge des Eingreifens unserer Psyche und unserer Ratgeber in unsere Physiologie, wie das konstante Fehlen solcher Störungen bei Geisteskranken, die sich darum nicht kümmern, beweist [1]).

Außerdem kosten die meisten Eingriffe Zeit und Mühe und Geld, Dinge, die man nicht in den Tag hinein verschwenden sollte. Gruhle erzählt von einem Unfallneurotiker, dem innerhalb kurzer Zeit symbolische Mittel im Betrage von 150 M. verschrieben wurden; der Fall ist leider keine Ausnahme. Und wenn jetzt bei der Grippeepidemie alle die Anstrengungen für Tees und Aspirin [2]) und Antipyrin und Gurgel- und Nasenwasser und vieles andere, von dem man ebensowenig weiß, daß es nützt, auf richtige Pflege, auf Beschaffung besserer Unterkunft konzentriert worden wären, es wäre gewiß manche der Unzukömmlichkeiten, die unser Volk gegen die ungenügenden medizinischen Anordnungen und gegen die Anordner aufregen, vermindert oder vermieden worden.

Unnütze Anwendungen sind aber vor allem für Patient und Arzt und Wissenschaft dadurch schädlich, daß sie am falschen Ort beruhigen, daß sie den Ansporn ertöten und direkt verhindern, zu Heilung, Milderung oder Verhütung Nützliches zu suchen und zu tun. daß sie von der Hauptsache ablenken. Wenn Neger Maßnahmen gegen die eintretende Sonnenfinsternis treffen, so ist weder die Arbeitsverschwendung noch die Ablenkung allzu hoch einzuschätzen, schon weil solche Vorgänge viel seltener sind als die Krankheiten, die wir gleich wirksam bekämpfen. Schlimmer ist es, wenn die Primitiven bei einer Dürre sich auf den Regenzauber verlassen, statt für Aufsparung des Wassers oder für Bewässerungsanlagen zu sorgen. Wieder um eine Stufe schädlicher ist es, wenn der Süditaliener die Bekämpfung einer Epidemie seinem Heiligen überläßt, und dafür den Arzt zwingt, seine Karbolsäure zu trinken. Und am Ende der Skala wird die Mutter sein, die Angst bekommt, der Arzt, der ihr ekzematöses Kind durch Reinlichkeit in wenigen Tagen weitgehend gebessert hat, bringe es um, weil ihm dann „der Fluß auf ein inneres Organ schlage", und die es nach Hause nimmt, um

---

[1]) Vgl. B l e u l e r, Physisch und Psychisch in der Pathologie. J. Springer, Berlin 1916 und: Zeit. f. d. ges. Neur. u. Psych. **80**, 426.
[2]) Ein Kliniker fürchtet von Aspirin bei Grippe auch in kleinster Dosis Collaps. Dagegen legt er großes Gewicht auf Überwachung der drohenden Vasomotorenlähmung, die gegebenenfalls zu bekämpfen ist. Ich halte diese letztere Ansicht für selbstverständlich richtig und lege Wert darauf, nicht anders verstanden zu sein.

es mit irgend einem Dreck zu beschmieren. Gerade solche Auffassungen sind jetzt bei den Ärzten überwunden; aber prinzipiell
Ähnliches könnte man doch wohl noch nicht zu selten finden. Weil
man hundert oder mehr Jahre lang die meisten Nahrungsmittel-
vergiftungen auf den relativ unschuldigen Grünspan zurück-
führte, suchte man nicht nach der wirklichen Ursache. Weil man
bei den Schizophrenien und Neurosen Wasser und Wein und Elektrizität und Luft und Stärkung und Vegetarismus und Erholung
anwandte, ist man so spät auf das Einzige gekommen, was bis jetzt
die Schizophrenien bessern und die Neurosen heilen konnte: die
Erziehung zur Arbeit, die Einpflanzung eines Lebenszieles, die
Stärkung des Strebens gesund zu sein. Umgekehrt wird der Kranke
durch kein Mittel besser davon abgehalten, sich richtig einzustellen,
als wenn man sein psychogen schmerzendes Bein mit Einreibungen
oder gar seine schizophrene Hypochondrie mit Augensalbe und
Antipyrin und Laxantien und Arbeitsentzug behandelt. Man unter-
hält durch unnützes Eingreifen die Idee des Krankseins, während
bei Neurosen oft die Beseitigung dieser Vorstellung das erste Mittel
zur Heilung wäre; man verlegt den Sitz neurotischer Symptome
in einen Körperteil oder in die Umstände statt in etwas, was wir
in Ermangelung eines treffenderen Ausdrucks zunächst Charakter
oder, einseitig aufgefaßt, Gesundheitsgewissen nennen müssen.

Irrtümer, nicht Lücken, hindern die Wissenschaft am Fortschreiten. Zu den folgenschwersten Irrtümern gehört, daß man
meint, etwas zu wissen, was man nicht weiß; und wenn man sich
auch nur vor andern den Anschein gibt, etwas zu wissen, was in
Wirklichkeit unbekannt ist, so hat das auf die andern und schließlich auf sich selber die nämliche Wirkung. Ein Handeln am unrichtigen Ort hat aber noch eine weitere psychologische Folge:
Was Hänschen nicht lernt, kann er, wenn er will, dem Sprichwort
zum Trotz, meist noch nachlernen. Schwieriger und oft unmöglich
ist das Umlernen. Für die Engramme, die in unser Gehirn geschrieben werden, gibt es keinen Tintentod; einmal gewonnene
Assoziationen lassen sich höchstens übertönen, niemals mehr aus-
wischen, solange das Gehirn lebt; einem Pferd kann man leicht
beibringen, sich an einer bestimmten Stelle in Trab zu setzen;
ihm nach längerer Übung diese Tendenz zu nehmen, ist schwer
oder unmöglich. Das Kind deutscher Eltern, das in Frankreich
oder Italien aufgewachsen ist, wird niemals mehr einen reinen
deutschen Akzent erwerben können; es wird sehr viel größere Mühe
haben, ein h auszusprechen, als wenn es gar nicht sprechen gelernt
hätte. So wird der Patient die einmal erhaltene Suggestion, daß er
krank sei und so und so viele Mittel und Schonzeiten brauche,
meist behalten bis an sein Lebensende; ein einmaliges unnützes
Klistier kann Monate der Abgewöhnung notwendig machen, und
der Arzt selbst, der einmal in einen gedankenlosen therapeutischen
Trott hineingekommen ist, wird nach einer recht kurzen Zeit die
Fähigkeit bis zum Verschwinden abgeschwächt haben, sich in eine
andere Art der Behandlung hineinzudenken und in dieser Be-

ziehung vorurteilslos zu beobachten, so daß er nicht nur weiter trottet, sondern in der Verzweiflung auch zu schädlichen Anwendungen greifen könnte, oder gar zu verbrecherischen wie die Empfehlung des Koitus gegen Tripper[1]).

Ich meine also, man solle medizinieren, wo man weiß, daß es nötig oder nützlich ist, sonst aber nicht, und man sollte zu erforschen suchen, nicht nur welches Mittel besser ist als ein anderes — das muß in Wirklichkeit gelegentlich heißen: welches *weniger schadet* als ein anderes — sondern ob überhaupt die Anwendung eines Mittels besser ist, als die Natur machen zu lassen. Ich habe einen Freund, der Homöopath ist und mit den Spitzen seiner Gesinnungsgenossen in engem Kontakt steht. Er ist gar nicht das, was der Mediziner gewöhnlich unter einem Homöopathen versteht, er ist ebensowenig ein Schwindler wie ein Querkopf, er ist von seinen Theorien in gleicher Weise überzeugt, wie jeder von uns von den seinigen, und er kann gute praktische Resultate zu seinen Gunsten anführen. Aber mich kann er nicht überzeugen, weil er keinen direkten Vergleich bringen kann, nicht nur mit der Allopathie, sondern, was viel wichtiger, mit der Udenotherapie, wenn es erlaubt ist, den Ausdruck zu brauchen. Und wenn ich ihm immer wieder vergeblich beizubringen suche, seine Schule solle, statt aller schönen Redensarten und einzelner Fälle und statt ihrer Empfindlichkeiten gegen schlechte Behandlung von seiten der andern Ärzte diesen Beweis liefern, so muß ich mich schämen, weil ihn unsere Schule auch nicht liefert und sich ebensowenig bestrebt, es zu tun. Und wenn unser Standpunkt der richtige ist, daß die meisten homöopathischen Mittel in den angewendeten hohen „Potenzen" wirkungslos sind (was auch nicht streng bewiesen ist, trotz unserer fortgeschrittenen und exakten Pharmakologie), so hat der homöopathische Kollege wenigstens den Vorteil, daß er höchstens durch Unterlassungen schadet, was bei guter Diagnostik viel seltener vorkommen muß als Unheil durch Polypragmasie.

Zusammenfassend möchte ich sagen, daß wir viel zu wenig wissen, wie manche Krankheiten ohne ärztliche Eingriffe verlaufen, und daß wir, soweit wir es wissen, diese Kenntnis in autistischer Weise von unseren medizinischen Überlegungen absperren, statt sie zur Basis unserer therapeutischen Handlungen und Forschungen zu machen. Wir verschreiben den Patienten auf Rezepten und den Ärzten in unseren Lehrbüchern eine Menge Mittel, von denen wir nicht wissen, ob sie nötig oder nützlich, ja oft nicht recht, ob sie schädlich sind, und stellen sie häufig nebeneinander, ohne den relativen Wert derselben zu kennen. Und was das Schlimmste ist, wir tun nicht alles Erdenkliche, um aus diesem Zustande herauszukommen. Deshalb ist es keine Entschuldigung,

---

[1]) Man macht mich bei der Korrektur darauf aufmerksam, daß das nur noch ein laienhafter Rat sei. Ich bin im Jahre 1919 nicht ganz überzeugt davon. Jedenfalls habe ich die Zeiten noch erlebt, wo das oft vorkam.

wenn man sagen wollte, man könne nicht anders, oder wenn man
vom Verlangen des Patienten nach Trost redet; das ut aliquid fieri
videatur scheint mir höchstens entschuldbar als Notbehelf im
einzelnen Falle, als allgemeiner Grundsatz aber unwürdig der
Wissenschaft und ihrer Vertreter. Und wenn Nebenzwecke wie das
fiat aliquid und das solaminis causa und larvierte Suggestion oder
die Erziehung zur Hygiene schließlich das allein Wichtige an vielen
Mitteln wären, wenn wir nur Scheinmittel anwenden möchten,
so müßte man zunächst nach indifferenten Trägern der Suggestion
suchen, von denen man versichert ist, daß sie wenigstens nicht
schaden können, und es wäre geradezu verwerflich, mit ernster
Miene die Heilmittel aufzuzählen und darüber zu diskutieren, was
in jedem Falle und was Besonderes man für jede Krankheit geben
solle, und Sanatorien und Arzneimittelfabriken[1]) zu unterhalten,
wenn die Dreckapotheke oder das Amulett oder das homöopathische
Granulum oder das Mazdaznan-Klistier den gleichen Dienst
leisten kann.

Vor mehr als zwei Jahrhunderten hat Sydenham den Ausspruch getan, die Ankunft eines Hanswurstes in einem Städtchen
sei nützlicher für die Gesundheit als die Ankunft von zwanzig mit
Medikamenten beladenen Eseln. Sydenham war ein gescheiter
Mann und ein großer Arzt. Ich kann mich auf seine Autorität
berufen, denn ich lege keinen Wert auf wissenschaftliche Priori-
täten. Von unserer Medikamentengroßindustrie hat er noch nichts
gewußt, sonst hätte er vielleicht statt von Eseln von Fabriken
gesprochen.

Von einem unserer größten modernen Kliniker zirkuliert
der Ausspruch, eine Pneumonie gehe mit einem guten Arzt gewöhnlich 21 Tage, ohne Arzt 3 Wochen, und mit einem schlechten Arzt
könne sie erheblich länger dauern. Das ist ein Satz, der mehr wert
ist als zehn Bände der besten therapeutischen Zeitschrift; nur schade,
daß man ihn, wie ich sehe, nicht ernst genug nimmt oder doch nicht
in seiner ganzen Bedeutung und seinem ganzen Wahrheitswert
erfaßt hat.

Wie die Udenotherapie von der Seite des Patienten aussehen
mag, darüber später.

Daß man oft gar nicht weiß, was man therapeutisch tut, zeigt
am besten der Vergleich der Vorschriften zu verschiedenen Zeiten
und an verschiedenen Orten.

Massenhaft, jedenfalls in der großen Mehrzahl, sind die Anwendungen, die vor nicht zu langer Zeit empfohlen und oft als geradezu notwendig vorgeschrieben worden, jetzt aber vergessen
sind — und mit Recht vergessen. Es wäre eine verdienstvolle
Arbeit, nur etwa fünfzig Bände Therapie aus wenig zurückliegenden
Jahrzehnten durchzusehen und zu zeigen, wie wenige Prozent

---

[1]) Man hat eingeworfen, ohne die chemische Industrie müßte man auch
einige nützliche Medikamente entbehren. Ich wende mich nicht gegen sie,
sondern gegen die Art ihres Betriebes und ihrer Benutzung.

jeweiliger neuer Entdeckungen sich bewährt haben; dabei würde sich auch herausstellen, daß im großen und ganzen nicht die Fortschritte der Wissenschaft an die Stelle des Wirksamen etwas noch Wirksameres gesetzt haben, sondern daß das jeweilen Empfohlene vergessen wurde, weil es überhaupt nicht wirksam oder weil es schädlich war. Wir haben allen Grund anzunehmen, daß es morgen mit den meisten Vorschriften von heute ebenso sein werde; denn begründeter sind nur relativ wenige. Wie lange werden noch Schwefelbäder oder Strychnin gegen neuritische Lähmungen gut sein? oder die Gasfabrik gegen den Keuchhusten? oder Eierspeisen gegen Gonorrhöe? Auf was für einen Vernunftschluß stützt sich eine Behauptung wie: „auch vom Argentum nitr. sieht man hie und da bei degenerativen Spinalerkrankungen (Tabes) Erfolge"? Ich weiß die Zeit noch, wo die Ärzte bei Neigung zu Verstopfung alles „schwer Verdauliche", nicht voll Ausnutzbare verboten. Seitdem haben die Vegetarier uns gelehrt, daß gerade der Ballast die Darmtätigkeit anregt, man verschreibt den Verstopften Agarase, nur um das Volum der faeces zu vergrößern, und in einer Irrenanstalt hat man längere Zeit massenhaft gesiebten Kies als Abführmittel gegeben, wobei ich an dem Erfolg nicht zweifle, wohl aber an der Notwendigkeit, den Gedärmen der Geisteskranken so viel in ihre Tätigkeit hineinzureden. Unser Hausarzt hatte noch den hartgekochten Eiern eine stopfende, den weichen eine stuhlbefördernde Wirkung zugeschrieben. In einer Irrenanstalt, wo ich angestellt war, war es bei Diarrhöe das erste, daß man die Milch durch Kaffee ersetzte, und als ich nach Jahr und Tag wieder hinkam, war das Umgekehrte strikter Gebrauch. Lange Zeit mußte man bei jeder Angina unter anderem Priesnitzumschläge machen, die die Krankheit abkürzten; jetzt sind sie zwecklos. Bei Typhus mußte man hungern und war streng auf flüssige Diät gesetzt; dann hieß es, man müsse darauf sehen, daß der Kranke genügend Nahrung zu sich nehme, und eine ziemliche Menge von Cerealien war nicht nur erlaubt, sondern empfohlen. Bei Peritonitis war früher das erste, mit Opium „den Darm fest zu stellen"; dann klistierten manche Leute, einzelne gaben sogar Abführmittel. Mein Lehrer Rose erzählte uns, wie es in den Napoleonischen Kriegen auffällig gewesen sei, daß die Offiziere eine viel höhere Mortalität an Flecktyphus hatten als die Gemeinen. Wer die damalige Fieberbehandlung mit Hitze kennt, begreift das ohne weiteres. Ich selber durfte noch, als ich die Masern hatte, ja keine Hand unter der Decke hervorstrecken, sonst wäre der Ausschlag zurückgetreten und ich gestorben. Die 1813/14 in Frankreich in halbfertigen Schlachthäusern provisorisch eingerichteten Lazarette hatten nur die halbe Mortalität der lege artis eingerichteten Pariser Spitäler[1]). Bei gewissen Krankheiten durfte man ja nur weißes Fleisch essen — natürlich nur, wenn man reich war —, dann wurde einmal chemisch und im Stoffwechselversuch nachgewiesen, daß

---

[1]) Klasen, Grundrißvorbilder. Baumgärtner, Leipzig 1884. S. 315.

kein Unterschied bestehe. Ob man seitdem wieder einen Unterschied eingeführt hat, weiß ich nicht, jedenfalls keinen so großen
mehr. Daß das Stillen, das man endlich wieder einzuführen sich
große Mühe gibt, lange Zeit vernachlässigt oder gar verpönt war,
ist nicht nur die Schuld der Hebammen, sondern ist unter der ausdrücklichen oder stillschweigenden Billigung der Ärzte geschehen.
Bei einem Kindbett wurde ich gelehrt, daß man die Frau 12 Tage im
Bett halten müsse (einzelne wollten sie sogar während dieser Zeit
in Rückenlage festhalten), was mir sehr aufgefallen war, da ich
Frauen gekannt hatte, die nicht nur in den ersten 24 Stunden
wieder aufstanden, sondern auch in dieser Zeit an anstrengenden
Arbeiten, wie Aufstellen eines Karussells teilnahmen — ohne jeden
Schaden für das aktuelle und die späteren Wochenbetten. Vor
wenigen Jahren hatte die Vorsicht umgeschlagen; man empfahl
möglichst frühes Aufstehen. Für viele Geisteskrankheiten war es
in den achtziger Jahren ausgezeichnet, sie mit kalten Duschen
und allerhand anderem hydrotherapeutischen Hokuspokus zu behandeln; mit Stolz zeigten mir die Kollegen bei meinen Studienbesuchen in verschiedenen Ländern ihre schlau ausgedachten Einrichtungen. Heute sind diese verlassen. Und welcher Psychiater
will heute noch seine Paralytiker damit heilen, daß er ihnen die
Kopfhaut mit Pustelsalbe teilweise oder ganz nekrotisiert?

Das Wirtschaften mit Modemitteln, die keine tatsächliche
Begründung haben, zeigt uns noch eine negative Seite, an die man
selten denkt, und die vielleicht doch von einiger Bedeutung ist: Man
hat früher bei künstlicher Ernährung den Säuglingen keine Milch,
sondern Mehlbrei gegeben. Das war für die älteren Kinder gar nicht
so ungeschickt, wenn man auch den Grund nicht kannte; denn
durch das Kochen wurde das „Päppchen" sterilisiert, und außerdem konnten hineinfallende Keime sich nicht in der ganzen Masse
verteilen. Später wurde es Mode, Milch zu geben, und zwar bevor
man in der systematischen Sterilisierung nach Soxhlet einen
Ersatz gefunden hatte. Ob wir nicht noch manche andere gute
Übung, die aus unverstandener Erfahrung herausgewachsen ist,
in dieser Weise zu früh aufgegeben haben?

Manches allerdings schleppt sich als ewige Krankheit weiter.
Von einer früheren Ärztegeneration teils sanktioniert, teils inspiriert,
gab und gibt es noch eine Menge Vorschriften über die Speiseaufnahme. Zu fetten Speisen darf man ja kein Wasser trinken,
wohl aber Wein. Bei der Menstruation ist u. a. Salat sehr gefährlich,
„weil er kältet". Als ich von Zürich nach Bern kam, fand ich
daselbst unter gleichen Umständen ganz andere Dinge gefährlich, und bei den Geisteskranken allerorts sah ich, daß man sich
gerade dann ausgezeichnet befand, wenn man sich um alle solche
Vorschriften nicht kümmerte. Sauerkraut war in Zürich eine der
bei jeder Gelegenheit, wo man sich um die Nahrungsaufnahme
kümmern konnte, verpönten, weil schwer verdaulichen Speisen;
in Bern war es nicht nur an sich leicht verdaulich, sondern es half
noch andere Sachen verdauen (gestützt auf gelehrte chemische

Überlegungen, nicht etwa populären Vorstellungen folgend). Bei „Diarrhöe" — ein Sammelbegriff, der natürlich nicht nur ,in bezug auf Pathologie, sondern auch in bezug auf die Behandlung in viele scharf getrennte Unterabteilungen zerfallen sollte (nervöse Diarrhöe aus verschiedenen Ursachen, Infektionen, Vergiftungen, organische Darmerkrankungen usw.) —, bei Diarrhöe sind natürlich Bohnen verpönt, aber auch Gurkensalat. Nun hatte ich einmal als Assistenzarzt starke „Diarrhöe", und auf den Mittagstisch kamen Bohnen und Gurkensalat. Da letzterer von den andern Anwesenden nicht genommen wurde, machte ich das Experiment, nicht nur meine Portion Bohnen, sondern auch eine große Schüssel Gurkensalat allein auszuessen. Die Folge, wenn nicht der Erfolg, war sehr gut, und die weiteren Erfahrungen haben meinen Glauben an die Schädlichkeit der Gurken bei Diarrhöe ganz vernichtet. In meiner Jugend war die „Nachtluft" noch ungesund, und man mußte auch in Sommernächten die Fenster schließen. Noch in Kraft ist in einem Lehrbuch eine Vorschrift für Magenneurotiker, die anordnet, daß um 7, $9^1/_2$, 12, 2, $^1/_2 5$, $^1/_2 8$, $^1/_2 10$ Uhr bestimmte Sachen gegessen werden sollen, natürlich sehr angenehme, teure, oder auch solche, die nur des Namens wegen teuer sind, wie „Hafercacao", „Kraftchocolade", „Malzbier". Für einen Patienten, dem die Kasse eines andern das Zeug bezahlt, mag die Schlemmerei eine Zeitlang recht nett sein, so daß er an seiner Krankheit viel Freude erleben wird. Der Verfasser des Speisezettels aber sollte uns seine Entdeckungen über die psychophysischen Zusammenhänge zwischen Nahrungsmittelchemie und Seelenleben nicht länger vorbehalten. Er hat nämlich eine Seite vorher ganz richtig erklärt, daß die Krankheit eine psychische sei und nur sekundär Magenstörungen zeitige.

Um sich gegen Erkältungen zu schützen, hatte man in den letzten Jahrzehnten immer mehr auch die Korridore der Privathäuser geheizt; alles klagte aber, daß die „Erkältungskrankheiten", die Katarrhe, zunehmen (ob mit Recht oder nicht, sagt uns die Wissenschaft nicht); viele Anstaltsärzte jammerten über das ungesunde Leben bei den Gängen durch ihre Abteilungen. Die moderne Behandlung der Lungentuberkulose und der Katarrhe verlangt aber frische Luft in möglichst hohem Maße und kümmert sich recht wenig um so kleine Temperaturunterschiede. In der Anstalt, der ich seit mehr als 20 Jahren vorstehe, ist es auf einer der Unruhigenabteilungen von jeher der Brauch gewesen, daß man so viel als möglich, auch bei Temperaturen unter 8 Grad Celsius, im Freien war; ein ziemlich großer Teil dieser Patienten verschaffen sich ganz ungenügende Bewegung, viele dulden auch keine warme Kleidung; aber gerade auf dieser Abteilung sind Katarrhe äußerst selten, an Rheumatismus erinnere ich mich gar nicht. Und als man seit dem Kriege Kohlen sparen mußte, wurde ein großer Teil unserer Korridore nicht mehr geheizt; der Gesundheitszustand war in den ersten drei Wintern, soweit man ohne genaue Statistik sagen kann, besser als sonst, nur im vierten zwar nicht schlimm, aber doch weniger befriedigend. Während man früher — und jetzt noch an manchen

Orten — bei Neigung zu Katarrh wollene Halstücher und überhaupt warme Kleider in erster Linie verschrieb, gibt es jetzt viele Ärzte, die wenigstens Frauen gerade bei katarrhalischer Disposition den freien Hals nebst leichter Kleidung empfehlen — und mit Erfolg[1]).

Was sonst so an zwar nicht in Lehrbüchern grassierenden, aber nichtsdestoweniger verbreiteten und von Arzt und Patient ernst genommenen Vorschriften zur Verhütung von allen möglichen Übeln, zur „Stärkung" irgend eines Organes oder zu irgend einem andern mehr oder weniger zauberhaften Zweck unter dem Publikum verbreitet ist, ist Legion, und der Arzt, der davon hört, muß sich jeweilen für seinen Stand schämen, auch wenn er noch so sehr weiß, daß der Laie, der solche Vorschriften weitergibt, daraus gewöhnlich etwas anderes zu machen pflegt, als der gute Ratgeber beabsichtigt hatte. Denn Schuld daran sind doch die Ärzte, sei es ganz direkt für den vollen ·Wortlaut der Vorschrift, sei es, daß sie Ähnliches sagen, daß sie der Vorstellung, wir wissen und können mehr, als wir in Wirklichkeit vermögen, nicht entgegentreten wie der Ingenieur den unmöglichen Zumutungen, und vor allem dadurch, daß man positiv unter sich und nach außen bona fide, aber leichtfertig, solchen Glauben unterstützt, wenn wir auch uns rühmen können, recht viel skeptischer zu sein als das Publikum. Direkt von Ärzten stammen Vorschriften wie: man muß die Augen jeden Morgen mit kaltem Wasser waschen, um den Augennerv zu stärken, man darf Säuglingen ja nichts mit einem silbernen Löffel geben, viel Pfeffer essen ist gesund usw. usw. Wer denkt da nicht an das Purgieren und Aderlassen pour les maladies à venir oder an die Madrider Fakultät, die sich noch im 18. Jahrhundert gegen die Reinigung der Straßen der Hauptstadt wehrte, die als Ablagerplatz für die menschlichen Exkremente dienten, mit der Begründung, daß die rauhen Gebirgswinde unfehlbar Pneumonien hervorrufen würden, wenn nicht der Duft der Exkremente sie milderte, oder an ein süddeutsches Ärztekollegium, das den Bau von Eisenbahntunnels verbieten lassen wollte, weil die Fahrt durch dieselben das Leben in ernste Gefahr bringe.

All das sind nicht Irrtümer im gewöhnlichen Sinne, die. jedem Wissenschafter begegnen können, sondern es sind Fehler der Denkmethodik, denen die Medizin noch nicht genügend auszuweichen gelernt hat. Man ist noch allzu sehr gewohnt, auf reale Unterlagen in seinen Schlüssen zu verzichten, und deswegen sind die Fehler der modernen Medizin, wenn auch für unser jetziges Gefühl viel entschuldbarer und weniger komisch als die aus der früheren Zeit, prinzipiell in keiner Weise davon unterschieden.

Wie bescheiden man ist in dieser Beziehung, zeigt auf dem Gebiete der Behandlung sehr schön die Elektrotherapie. Die wunderbarsten Einrichtungen der Technik hat man ausstudiert, um den heilsamen Strom in allen Formen dem Kranken zuzuführen,

---

[1]) Eine hübsche, das Vorkommen von „Erkältungskatarrhen" beweisende Arbeit ist die „Untersuchung in der Erkältungsfrage" von Schade, Münch. med. Wochenschr. 1919. 1021.

ganze Tempel hat man ihr in Form von prächtigen Sanatorien errichtet, und jede sanitäre Anstalt muß ihr wenigstens ein kleines Kapellchen widmen; die ganze Weisheit des menschlichen Geistes ist aufgeboten worden, um eingehende Regeln über ihre Anwendungsweise in den einzelnen Fällen aufzustellen — nur eines fehlt: nützt die Anwendung der Elektrizität überhaupt etwas? — ich meine dem Patienten. — Diese Frage ist zwar dann und wann aufgestellt, aber noch nie in positivem Sinne wirklich, d. h. mit Beweisen, beantwortet worden (natürlich spreche ich hier nicht von der nur ausnahmsweise in Betracht kommenden Kataphorese, der Elektrolyse und ähnlichen Anwendungen, an die man selten denkt, wenn man von Elektrotherapie redet). Ich bin sehr geneigt, sie zu verneinen; ich habe zwei Lehrer gehabt, die viel elektrisierten, und auf unserer innern Klinik habe ich es als Unterassistent fleißig getan; von einem Nutzen habe ich nie etwas gesehen, und Größeren als ich bin, ist es auch so gegangen. Einen Kollegen, der mir mit Stolz sein neues Vierzellenbad zeigte, fragte ich etwas zu naiv: Und was nützt es nun? Natürlich war ich dadurch in seinen Augen moralisch und intellektuell gerichtet; aber beantwortet hat er meine Frage ebensowenig wie jemand anders.

Es gab Jahre, in denen ich viel Zeit verlor, mich über die Wirkungen der Hydrotherapie belehren zu lassen, und fast vier Jahrzehnte habe ich sie nie ganz aus den Augen verloren. Das Resultat kann ich nur dem meiner Studien in der Philosophie vergleichen. Ich weiß, daß nach Einführung der kalten Bäder bei Typhus und auch einigen andern Infektionskrankheiten nach der Statistik die Mortalität sehr stark gesunken ist; solange ich aber gerade diese Sache verfolgte, blieb mir unentschieden, ob nicht das Weglassen anderer — schädlicher — Maßnahmen das ausschlaggebende Moment war. Immerhin sieht man bei infektiösen Allgemeinvergiftungen häufig eine so deutliche Besserung des ganzen Befindens nach dem kühlen Bade, daß mir die Theorie der Förderung von Toxinausscheidung zwar noch gründlich zu beweisen, aber immerhin recht wahrscheinlich schien. Ich weiß auch, daß der Aufenthalt im Dauerbade für motorisch aufgeregte Geisteskranke ein sehr passender ist; ich vermute trotz sehr vieler Versager, daß das abendliche warme Bad in einzelnen Fällen nicht nur durch Suggestion Schlaf befördern kann; ich vermute, daß Bäder ähnlich wie ein Klimawechsel bei gewissen Schwächezuständen, z. B. nach einer Infektionskrankheit, etwas bewirken können, was man als umstimmende Anregung des Stoffwechsels bezeichnen kann: ich nehme ruhig an, daß die natürlichen Heilquellen irgend eine Heilkraft haben; ich habe Gründe zu dem Glauben, daß feuchte Umschläge bei gewissen nicht zu tiefen Entzündungen irgend etwas Gutes wirken und daß sie Resorptionen befördern können; ich anerkenne vor allem eine hohe erzieherische Wirkung[1]) von Kalt-

---

[1]) Natürlich bei Erwachsenen; bei Kindern, die nur gezwungen sich der Prozedur unterwerfen, fällt das Moment weg und mag der Schaden häufiger sein. Interessant ist nur, daß gerade von der Erziehung zur Energie durch das kalte Wasser fast nie die Rede ist.

wasserapplikationen, die in der Hand eines geschickten Arztes mehr ausrichten wird als die bloße Sindflut oder eine chemische Fabrik; ich weiß auch, daß man mit zu energischer Hydrotherapie die Patienten schwächen oder erst recht „nervös" machen kann, und ich setze voraus, daß der eine oder andere Kollege noch mehr weiß oder glaubt als ich. Aber ist das eine wissenschaftliche Basis für die Wasserbehandlung von hunderttausenden von Kranken und die Existenz von so vielen wunderbaren Wasserheilanstalten? Natürlich ist es ferne von mir, die Heilerfolge der letzteren zu bestreiten, es kommt ja vor, daß ich ihnen auch Patienten schicke; aber ich kann nicht auseinanderlesen, wie viel dem Wasser und wie viel der bewußten und unbewußten Psychotherapie des Arztes, der Suggestion des Ortes und ähnlichen wasserfreien Faktoren zuzuschreiben ist. Das von den Ärzten allerdings vorausgesehene Versanden der allheilenden Kneippmethode seit dem Tode ihres Schöpfers ist unter anderem ein deutliches Mene Tekel.

Besonders witzig sind diejenigen Kollegen, die die Bäder mit Chemotherapie kombinieren. Natürlich weiß ich, daß z. B. Bäder mit Ichthyolzusatz bei phlegmonösen Entzündungen gut wirken, ich weiß auch etwas von Wirkungen der Bäder mit Schwefelleber, Sauerstoff und ähnlichem — aber nicht viel. Aber wenn der Leiter eines Sanatoriums, in das eine Autorität mit Weltruf Patienten schickt, gegen eine verblödende Epilepsie Bäder mit allerlei Drogen in kleinen Dosen, Salzen und Alkaloiden usw. auf einem Rezept verschreibt, das — ich zitiere aus dem Gedächtnis — die Länge von etwa 10 cm ausnutzt, dann kann ich nicht mehr folgen. Nach meinem Wissen hatte überhaupt keines der Mittel in dieser Form eine Wirkung. — Magnan empfahl bei Dipsomanen nicht nur gegen Schwäche Schwefelbäder, sondern er läßt auch drucken: „Großen Erfolg hat man von Bädern in warmer mit Terpentindämpfen geschwängerter Luft mit nachfolgender Eintauchung in kaltes Wasser oder kalter Fächerdusche." Worin bestand wohl der Erfolg bei seinen Säufern? Oder was für eine Wirkung erwartete wohl jene Autorität, die einer Paranoiden gegen die Stimmen Salzbäder verordnete?

Prächtig ist das Kapitel, das Mackenzie[1]) den Bädern von Nauheim widmet. Der Autor weiß von vielen „Nauheimer Wracks", d. h. von Herzkranken, die ungeheilt oder verschlimmert aus Nauheim zurückgekommen sind. Er hat deshalb an Ort und Stelle die Erfolge der Behandlung studiert. Da ist ihm aufgefallen, daß keiner der dortigen Ärzte daran glaubte, daß in schweren Fällen die Quellen an und für sich genügend heilende Eigenschaften besitzen, sondern daß noch andere Hilfsmittel in Anspruch genommen werden mußten, wenn man ein gutes Resultat erzielen wollte. Der eine sagte, daß man Bewegungsübungen mit Zander-Apparaten machen müsse; der andere verlachte diese Apparate und hatte eine besondere Übungsmethode; ein dritter fügte den Bädern selbst noch etwas hinzu, z. B. den elektrischen Strom. Außerdem verordnete jeder, wenn der Erfolg nicht von diesen Dingen eintrat, Drogen der Digitalisgruppe.

---

[1]) Mackenzie, Lehrbuch der Herzkrankheiten. Übersetzt nach der 2. englischen Auflage. Berlin, Verlag von Julius Springer, 1910. S. 267.

Als vor 10—20 Jahren die Ansicht vorherrschte, daß zu einem gesunden Herzen auch ein gespannter Puls gehörte, erhöhten diese Bäder den Druck um 20 bis 40 mm Hg. Heute aber, wo die Mode herrscht, einen harten Puls weicher zu gestalten, hat die Quelle die Wirkung, den Druck herabzusetzen.

Außerdem macht Mackenzie immer wieder auf die Bedeutung der psychischen Faktoren aufmerksam, wie z. B. auch bei der Angina pectoris sich der Patient oft ohne Drogen nicht schlechter befindet als mit solchen (natürlich außerhalb des Anfalls).

Ein ähnliches Kapitel wäre den künstlichen Nährmitteln zu widmen, die allerdings den Vorteil haben, daß sie wenigstens so viel zu nützen pflegen wie die entsprechende Quantität von Eiweiß oder Zucker in einem gewöhnlichen Nahrungsmittel. Ich kenne aber keine Beweise, daß sie in dem Maße nützen, wie sie teurer sind als die gewöhnliche Nahrung; es hat noch niemand bewiesen, daß sie nicht in vielen Fällen, wo man sie anwendet, geradezu schaden können, z. B. weil sie den Verdauungsprozeß auf unnatürliche Bahnen bringen — soweit sie überhaupt für den Organismus in Menge und Form nicht ganz indifferent sind. Das letztere erwarte ich von den meisten. Von der besonderen Ausnutzung derselben haben wir ganz ungenügendes Wissen, wenn überhaupt eines, und ich bin sehr mißtrauisch gegenüber den Anpreisungen. Eine Nährmittelfabrik wollte einmal ein populäres Nahrungsmittel, das als schwer verdaulich galt, „aufschließen", war aber zum Unterschied von andern Fabrikanten medizinischer Nährmittel und den meisten Ärzten so vorbedacht, daß sie zunächst von einem in diesen Sachen bewanderten Gelehrten ganz genaue Verdauungsversuche anstellen ließ, wobei sich herausstellte, daß die Ausnutzung des Präparates nicht besser war als die des Rohmaterials. Die Fabrik hat sich dann auf einen andern Artikel geworfen, wobei der Geschmack der Führer sein konnte, und ist damit ausgezeichnet gefahren. Auch da, wo einzelne Versuche vorliegen, hat man noch keinen Grund, den Anpreisungen zu trauen; solche Untersuchungen sind sehr heikel und verlangen äußerste Umsicht; man denke an die Eiweißmengen, die man bis vor dem Kriege meinte fordern zu müssen, trotzdem so viele Erfahrungen nicht recht mit jenen Untersuchungsergebnissen stimmen wollten (ein Irländer sollte täglich 9 Pfund Kartoffeln essen, um sich den nötigen Eiweißbedarf zu verschaffen usw.).

Wäre aber auch irgend ein Nutzen der medizinischen Nährmittel anzunehmen, so fehlen uns doch alle Anhaltspunkte für die speziellen Indikationen. In welchen Zuständen nützt das Mittel? Wo nicht? Wo kann es eventuell schaden?

Heben wir noch die Haarwuchsmittel heraus, die manchmal auch unter dem Namen eines Arztes segeln und jedenfalls von keinem von uns in ihrer Wirkungslosigkeit charakterisiert werden; dann die Zahnpulver und desinfizierenden Mundwässer; wo ist der Beweis, daß eines von ihnen nützt und nicht schadet? Jedenfalls sind Zahnpulver und Zahnbürste gerade da am meisten zu Hause, wo die Zähne schlecht sind, und da am wenigsten, wo

sie gut sind. Man kann also ohne „Zahnpflege" dieser Art gute
Zähne haben und schlechte mit derselben. Wir wollen auch noch
annehmen, daß die schlechten Zähne die Ursache und nicht die
Folge der Zahnchemikalien seien — wir glauben auch zu wissen,
daß sauer werdende Speisereste auf den Zähnen die Ursache von
Karies sein können und vielleicht noch einiges mehr[1]) — aber genügt das zur Empfehlung aller der Zahnpflegechemikalien? Man
hat eine Zeitlang auch die Nase und die weiblichen Genitalien ohne
Not mit Desinfizientien behandelt; man ist aber davon wieder zurückgekommen, da man sah, man stifte durch Störung des natürlichen
Kampfes des Organismus gegen die Mikroben nur Unheil. Hat
man untersucht, ob es da nicht bei den Zähnen auch so sei, und
wenn nicht, unter welchen Umständen man mit solchen Desinfektionen etwas nützen könne? Bei der jetzigen Grippeepidemie werden
allerdings die Desinfektionen von Mund und Nase von autoritativer
Seite wieder empfohlen. Wenn noch hinzugefügt wäre: „unmittel-
bar nach jedem Kontakt mit einem Grippekranken", so könnte
man die Vorschrift einigermaßen verstehen, wenn auch dann noch
die Naivität bewundernswert ist, mit der man glaubt, Mikroben
ohne Hund und ohne Fährtenkenntnis in so komplizierten Jagd-
gründen erlegen zu können. Allerdings gibt es eine Anzahl schlau
ausgedachter, ärztlich empfohlener und verwendeter Pastillen, die
die Tonsillen sogar noch desinfizieren, wenn die Angina bereits ausgebrochen ist. Man braucht den Zauber bloß im Munde zer-
gehen zu lassen[b]). Man hat auch Jahre lang für gut gefunden, bei
Säuglingen den Mund auszuwischen, bis man endlich gesehen, daß
man nur geschadet und nichts genützt hat und hier durch den
mechanischen Insult gerade das beförderte, was man vermeiden
wollte. So sehr man sich freut, daß die kleinen Wesen die Quälerei
endlich los sind, so betrüblich ist es, daß man sie so lange und so
unnötiger und ganz verfrühter Weise diese Welt in ihrer fahrlässigen
Gedankenlosigkeit fühlen ließ[2]).

Man riet den Schwangeren, die Mamillen täglich mit Spiritus
zu gerben, um sie während der Stillzeit vor Rhagaden zu behüten;
hat es genützt? In manchen Fällen jedenfalls wurde die Haut dadurch erst recht spröde.

Es gab Zeiten, in denen man die Arzneimittel dadurch wirksamer zu machen glaubte, daß man in ganz unklarer Weise vielerlei

---

[1]) Als ich das schrieb, war es schon nicht mehr richtig. Jetzt ist es umgekehrt die Alkalinität in der Mundhöhle, die die Karies begünstigt, während
Säure davor schützt. Vgl. z. B. H e e r , Alkalibindungsvermögen des Mund-
speichels. Diss. Zürich 1918. — Ob alkalisch oder sauer wird übrigens praktisch nicht so wichtig sein; vorläufig hat man ja die Speichelreaktion doch
ungenügend in der Gewalt. Man behauptet aber auch, und zwar unter Anführung von Wahrscheinlichkeitsgründen, daß die Zähne durch Einreibung
des Speichels mit der Zunge vor Karies geschützt werden. Jedenfalls reinigen
die Säugetiere ihr Gebiß und die Mundhöhle überhaupt sehr sorgfältig mit
der Zunge. Wäre es nicht ebenso angezeigt, einmal Versuche in dieser Richtung zu machen, als ein tausend und erstes Mundwasser zu empfehlen?

[2]) Vgl. unten über Asepsis.

zusammenmischte. Es scheint, daß sie wiederkommen. Da sah ich u. a. vor kurzem ein Rezept gegen Appetitlosigkeit, das mich ganz beschämte, da ich seit meinem Examen nicht mehr imstande gewesen wäre, so viele Stomachica, wie es enthielt, aufzuzählen. Trösten konnte ich mich erst, als es zwar auch nichts nützte, der Appetit sich aber einige Zeit, nachdem man sich nicht mehr um ihn kümmerte, gehoben hatte. (Vergl. auch oben das Bad gegen Epilepsie.) Es wäre nun eine dankbare Aufgabe, wirklich nützliche Kombinationen von Arzneimitteln zu entdecken, wie sie z. B. die Bürgische Schule zur Potenzierung der Schlafmittel ausprobiert; aber Rezepte, wie das oben erwähnte, sehen beim jetzigen Stande der Wissenschaft der Einstellung der Patienten verzweifelt ähnlich, die keinem Arzt recht trauen, mehrere konsultieren und die Medizinen von allen verschlucken: hilft die eine nicht, mag die andere es tun.

Betrachtet man statt ganzer Klassen die einzelnen Mittel, so steht es nicht besser. Die moderne Industrie hat uns ja eine ganze Anzahl erprobter Arzneimittel in die Hand gegeben und viele alte unnütze in die Rumpelkammer schieben helfen; aber außerdem ist sie unermüdlich mit der Fabrikation neuer Drogen, und das ärztliche und nichtärztliche Publikum kauft sie gleich fleißig. Was man damit tut, ob Gutes oder Böses, weiß man bei den wenigsten; ja ganz abgesehen davon, daß sie die Leute an unnötiges Medizinieren gewöhnen, ist der Verdacht, daß viele direkt schaden, nicht zu unterdrücken. Phenolphthalein, ein Abführmittel, das manche Todesfälle verursacht, wird von den Fabriken in mindestens 72 Präparaten verkauft[1]). Ein großer Teil der neuen Medikamente sind Nervengifte, von denen wir noch gar nicht wissen, was für Wirkungen sie bei häufigem Gebrauch haben. Warum muß man bei jeder Angina einige Chemikalien schlucken? Hat denn ein Christenmensch nachgewiesen, daß das etwas nützt? Ich weiß, wie die Angina verläuft, wenn man gar nichts macht; ich habe auch früher selber von den einfachen Umschlägen bis zu den abgestuften Chiningaben und bis zum Ausräumen der Krypten mit der Hohlsonde andere Behandlungen geübt und 20 Jahre lang meine Assistenzärzte die Krankheit auf die verschiedensten Weisen behandeln sehen; ich habe selber Anginen gehabt und dabei einzelne Male mich bereden lassen, irgend etwas zu schlucken und den Hals nach bestimmten Vorschriften zu wickeln; ich habe aber niemals den leisesten Anhaltspunkt gefunden zu der Vermutung, daß die Behandlung irgend etwas nütze. Jedenfalls ist die Beweislast auf der andern Seite. Und jetzt wieder bei der Grippe, da gibt es schwere und leichte Fälle. Die letztern sind genau verlaufen wie die hunderte analoger, die ich in andern Epidemien, namentlich in der von 1891/92, ohne medikamentöse Eingriffe behandelt habe. Die Ärzte aber kommen und sagen: Ich habe ihm Aspirin gegeben; deshalb ist die Krankheit so leicht ge-

---

[1]) Schliep, Der Unfug mit Phenolphthalein. Münch. med. Wochenschr. 1919. 1294.

worden und schon in zwei Tagen im wesentlichen vorübergegangen.
(Ich möchte damit nicht behaupten, daß die jetzige Grippe identisch
sei mit der von 1889/90.)

Das ist es eben: man behandelt eine Krankheit, und man stellt
sich vor, ohne die Behandlung wäre weiß Gott was geworden; man
denkt nicht klar dabei; denn eigentlich weiß jeder Arzt und jeder
Laie, daß die Angina wie die leichtere Grippe nun einmal durchgemacht werden muß, aber von selbst heilt. Sobald man indessen
etwas angewendet hat, und es geht gut, so ist die Anwendung schuld,
und wenn es schlecht geht, so ist es trotz der Anwendung. Es könnte
aber auch umgekehrt sein oder, was glücklicherweise meist zu erwarten ist, es kann die Behandlung gleichgültig gewesen sein.

Charakteristisch für die falsche Auffassung ist,
daß die Medizin gar keinen richtigen prognostischen
Ausdruck für die große Mehrzahl der Krankheiten geschaffen hat. Sie unterscheidet nur heilbare und unheilbare
Krankheiten, das heißt der Form und der Idee nach Krankheiten,
die man heilen kann, und solche, die man nicht heilen kann. In
Wirklichkeit konnte man bis vor kurzem nur ganz wenige Krankheiten heilen; und auch jetzt noch nicht viele; die meisten heilen
entweder von selbst oder gar nicht. Allerdings kann auch bei diesen
der moderne Arzt manches Nützliche oder Angenehme tun; aber
im ganzen ist er bei richtiger Auffassung seines Berufes doch meist
nicht weit von der Stellung des modernen Geburtshelfers, der zu
sehen hat, ob es sich um einen gewöhnlichen Fall handelt, und wenn
dem so ist, hauptsächlich dabei ist, um dafür zu sorgen, daß man
nichts, namentlich nichts Dummes macht. Da man aber immer
mit oder ohne Arzt etwas zu machen pflegt, wissen die meisten
Leute, seien sie Ärzte oder Laien, gar nicht, wie eine Krankheit
aussieht, bei der man nichts macht; und soweit sie es vom Hören-
sagen wissen, assoziieren sie ihre Kenntnis gar nicht
an den einzelnen Fall.

Deshalb werden auch an sich nützliche oder notwendige Maßnahmen oft übertrieben oder übertrieben lange angewandt. Da
hatte ich im Anfang meiner Anstaltspraxis einen manischen Schwin-
ger zu behandeln, der sich einen Radius gebrochen hatte. Ich machte
ihm nach Richtigstellung der Deviation einen Gipsverband, der aber
wieder heruntergerissen war, als ich kaum in meinem Zimmer
angelangt war. So ging es einem zweiten und dritten Verband,
einer stärker als der andere. In Verzweiflung konsultierte ich den
Sekundararzt, der mir den für meine Schulung ganz ketzerischen
Rat gab, ich solle den Mann einmal machen lassen. Es gab glücklicherweise keine neue Deviation, obschon man mir nach einigen Tagen
melden konnte, daß der Patient mit dem gebrochenen Arm einem
Kameraden eine Ohrfeige gegeben hatte, die ihn zu Boden fliegen
ließ. Das war ein Fingerzeig zu der Erkenntnis, daß die Gipsver-
bände (unter Umständen) nicht nur unnütz sein, sondern die Heilung
verzögern und durch ungeschickte Kallusbildung gefährden können,
während die natürliche Funktion in den Fällen, wo keine andern

Gründe zur Fixation nötigen, die besten Bedingungen für eine gute Heilung bietet. Die Chirurgie weiß das nun auch; aber ich bin noch das Gegenteil gelehrt worden, weil man nicht wußte, wie ein Bruch ohne starren Verband heilte.

Ist es etwas sonderbar, eine Krankheit heilen zu wollen, die von selbst heilt, so ist es nicht viel anders, wenn man erklärt, die Krankheit ist unheilbar, man macht das und das. Natürlich wäre alles in Ordnung, wenn es sich um Linderung handeln würde, sei es für den Kranken oder seine Umgebung. Aber das ist gar nicht der Zweck vieler Vorschriften, und manche fügen dem natürlichen Übel nur noch künstliche hinzu. Was nützt es, wenn man bei Paralyse „in erster Linie eine völlige geistige Ausspannung ins Auge faßt"? Oder inwiefern kann da „eine gut geleitete hydrotherapeutische Kur vorteilhaft wirken"? Ja, wenn der Patient reich ist, für den Leiter der Kur; und warum plagt man den Patienten immer noch mit antiluischen Maßregeln, wenn man doch weiß, daß sie nichts nützen[1])? Warum kriegt ein verblödender Epileptiker immer noch Brom eingegossen, wenn er dadurch in keiner Weise erleichtert, aber viel geärgert wird? Eine Menge von Unheilbaren aller Art befinden sich am besten, wenn man sie gehen läßt. Bei Geisteskranken habe ich zwischen einem halben und einem ganzen Dutzend nicht operierte Uteruskarzinome gesehen. Bei keinem der Fälle war das Leiden so unerträglich, wie es gewöhnlich wird. In einigen Fällen war der Krebs ein unerwarteter Befund bei der Sektion, nach scheinbarem Tod an Marasmus oder an einer akuten Peritonitis, die von dem Karzinom ausging. Es gibt also gewiß Uteruskarzinome, wo man besser nichts macht.

Eine rührende Darstellung ärztlicher Kunst, die über unnützer Vielgeschäftigkeit den Kranken und das wirksame Mittel vergißt, gibt Gottfried Keller in einem Briefe an Heyse (26. XII. 88): „Vom schönen Mai bis zum Oktober ist meine arme Schwester langsam gestorben, unter vielen, für mich schlaflosen Nächten. Meine Schwester konnte zuletzt nicht mehr liegen, noch sonst nicht mehr ruhen und konnte sich wegen wachsender Einschnürung der Kehle durch alte Verkropfung auch nicht mehr nähren. In aller Schlichtheit und Ehrlichkeit fragte sie mehrmals, ob man ihr denn nicht zur Ruhe verhelfen könne und wolle. In meiner Dummheit fragte ich erst in der letzten Woche den Arzt, einen Kerl, der Angesichts des moribunden Zustandes, die Ärmste immer nur mit Messungen, Thermometer, Pulszählen, Schläuche in die Kehle stecken wollen und dgl. quälte, daß sie flehentlich aufschrie: ob er denn nicht lieber etwas Schlaf schaffen könne, worauf er gemütlich trocken sagte: Ja, ich kann etwas Morphium in das Mittel verordnen, das man holen muß. Hierdurch bekam sie jedesmal, wenn man es ihr gab, ein halbes oder ganzes Stündchen Ruhe und konnte den Kopf zum Ruhen anlegen."

Besonders reich an übertriebenen Vorschriften ist die Hygiene — die der Praxis, nicht die der Schule. Es mag ganz recht sein, wenn man darauf dringt, daß man das Obst erst ißt, wenn es reif ist; aber daß man, wie in meiner Jugend die Ärzte sagten und wie in Kinderbüchern gedruckt stand, davon die Ruhr bekomme, das ist doch nicht wahr. Ich war in meiner Schulzeit der einzige, der sich

---

[1]) Von den allerneuesten Versuchen mit noch nicht als nutzlos erwiesenen Mitteln und Anwendungsweisen rede ich natürlich nicht.

an die Vorschrift hielt, und gerade ich allein bekam die Ruhr. Und
wenn die Polizei in Zürich auf der Gemüsebrücke nach unreifem
Obst fahndete und es aus großer Sorge für das körperliche Heil der
Einwohner in den Fluß warf, so blieb ein Teil einige hundert Meter
weiter unten im Rechen einer Fabrik hängen, wo es von den Ar-
beitern sorgfältig aufgefangen und natürlich verwertet wurde.
In Rheinau hatten wir viele Obstbäume in den Gärten der Anstalt;
die Geisteskranken hatten selbstverständlich nie die Geduld zu
warten, bis das Obst reif war, und ganze Schürzen voll wurden in
unreifem Zustande verzehrt, ohne daß ich auch nur ein einziges
Mal eine ernstere Störung bei einem solchen Kranken gesehen
hätte, und das zu einer Zeit, wo die Ruhr in der Anstalt noch ende-
misch war.

Trotzdem die Behandlung der Geisteskrankheiten in dieser
Beziehung vielleicht am wenigsten zu wünschen läßt, macht man
da noch Dummheiten genug; da hat in einer Abteilung, die ich
übernahm, eine einfache Schizophrene mit etwas hypochondrischen
Anwandlungen 13 (dreizehn) verschiedene Mittel einzunehmen.
Natürlich machte ich dem Unfug mit einem Schlag ein Ende, und
die Folge war, daß die Krankheitsgefühle bis auf ein Minimum
zurücktraten, und die täglichen Zankereien, zu denen die von
Patientin und Wartpersonal ungenügend übersehbaren Verord-
nungen Anlaß gaben,· aufhörten, während man vorher gemeint
hatte, gerade durch die Mittel die Patientin zufriedenzustellen.
Oder ein Arzt, den ich sonst als tüchtigen Praktiker schätze, verschreibt gegen eine langjährige Katatonie eine Massagekur und
nimmt diesen scherzhaften Einfall so ernst, daß er sich an die
Regierung um einen Beitrag zu den Kosten wendet. Ein anderer
Arzt behandelt einen katatonischen Akademiker im Beginn des
zweiten Anfalles, nennt die Krankheit übungsgemäß eine Überanstrengung und verschreibt dagegen ein Hustenmittel. Der Patient
findet, das tue ihm schlecht, der Arzt redet ihm zu, es zu nehmen,
es sei für seinen Husten. Patient: „Ich habe ja gar keinen Husten.‘‘
Nach einigem Hin und Her wird ausgemacht, daß Patient das Mittel
aussetze.

Zwischen den gutartigen und den unheilbaren Krankheiten gibt
es noch viele, die zwar meist, aber nicht immer, schlimm verlaufen,
ohne daß wir imstande wären, die Wendung zum Bessern hervor-
zubringen. Wie weit soll man da gehen mit Anwendungen? Wo
wird der ärztliche Eingriff zu einer bloßen Plage oder gar zu einer
Gefährdung der Kranken? In der voroperativen Zeit gehörte wahrscheinlich die Peritonitis zu diesen Krankheiten. Die Therapie
hat damals einem berühmten Kliniker den Stoßseufzer entlockt:
„Das war die Arznei; die Patienten starben, und niemand fragte,
wer genas.‘‘ Bei den prophylaktischen Vorschriften nimmt man
es natürlich nicht genauer. Da wird wieder, und zwar nicht nur
von Likör- und Tabakhändlern, sondern von Ärzten, gegen die
Grippe mit Emphase empfohlen, viel Alkohol zu sich zu nehmen
und viel zu rauchen. Wo hat aber der Alkohol schon etwas gegen

Infektion genützt? Soweit man weiß, erliegen die Trinker eher den Infektionen — wirklich bewiesen hat es allerdings auch noch niemand —, jedenfalls haben sie eine größere Morbidität, das zeigen die Kassenerfahrungen, und gerade bei der jetzigen Epidemie sind die Soldaten am gefährdetsten. Warum? wissen wir nicht, aber gewiß nicht, weil sie nicht rauchen und nicht trinken, ebenso wenig wie die Frauen, die nach allgemeinem Urteil seltener und weniger stark erkranken, diesen Vorteil dem vielen Saufen und Rauchen zu verdanken haben. Man hat ja, wenigstens für den Tabak, eine Art Entschuldigung, die aber bei genauerem Zusehen eine schwere Anklage unseres Denkens ist: die Arbeiter in den Tabakfabriken sollen nicht an Grippe erkranken. Heißt das aber, daß das Rauchen schütze, von dem man in zehntausenden von Fällen sieht, daß es nicht schützt? Solange man nicht weiß, warum die Tabakarbeiter immun sind, müßte man eben Tabakarbeiter werden, um immun zu werden; ein anderer Schluß ist unvorsichtig oder geradezu unsinnig. Umgehen mit Tabak ist noch nicht Rauchen.

Eine besondere Schwierigkeit des medizinischen Handelns ist es, die Tragweite seiner Vorschriften zu übersehen. Da kommt eben nicht nur der komplizierte Organismus des Kranken in Betracht, sondern in hohem Grade sprechen noch die äußern Verhältnisse mit und dann vor allem die Psyche des Patienten mit ihrem mehr oder weniger guten Verständnis dessen, was der Arzt beabsichtigt, mit ihrem Entgegenkommen und ihren Widerständen. Die Überlegung: was macht der Patient oder seine Umgebung aus meiner Vorschrift? sollte ein besonders wichtiges Kapitel der Verschreibungskunst sein. Da ist mir immer noch unangenehm in der Erinnerung, wie ich vor vielen Jahren einen kräftigen Bauern nach einer rasch geheilten Zerreißung einiger Bündel des Bizeps aus der Behandlung entließ mit dem Rate, er müsse sich halt noch ein wenig schonen. Wochen nachher traf ich ihn zufällig mit dem Arm in der Schlinge herumlungern. Er hatte geglaubt, daß meine Ermahnung einen vollständigen Verzicht auf Bewegung des Armes bezweckte, und ihn in dieser Weise befolgt. Zum Glück ließ er sich überzeugen, daß es ein Irrtum gewesen sei, und fing er am gleichen Tage noch die Arbeit an. Hätte es sich um einen Kassenpatienten gehandelt, so hätte mein Mangel an Präzision recht schlimme Folgen haben können.

Überhaupt ist die Verschreibung der „Schonung" und „Erholung" meistens eine entsetzlich unklare und viel zu wenig überlegte. In der weltabgeschiedenen Pflegeanstalt waren wir eingerichtet, unser Personal selber zu behandeln. Da verlief die Rekonvaleszenz immer so, wie man sie unter den gegebenen Umständen wünschen konnte, und die Arbeitsaussetzung war ja gewiß etwas länger als bei einem Arzte oder einem Bauern, aber nie eigentlich übertrieben. In der Klinik aber müssen wir die Angestellten wegen jeder Kleinigkeit in irgend eine andere Klinik schicken. In der Regel bringen sie uns, bald mit ängstlicher, bald mit erfreuter Miene den Bericht, sie seien nun entlassen; aber sie müssen sich noch schonen. Wie

schonen? Inwiefern schonen? usw., das ist nicht gesagt; aber das
unglückliche Wort stempelt die Rekonvaleszenz, und wenn sie noch
so sehr vorgeschritten ist, wieder zur Krankheit, die Behandlung
oder Vergünstigung verlangt. Wenn noch wenigstens die Zeitdauer
der Schonung angegeben wird, dann können wir uns doch dadurch
helfen, daß wir die Leute für den angegebenen Zeitraum in ihre
Familie beurlauben. Natürlich hat auch das viele Nachteile, und
wird es in Zukunft immer mehr haben; denn sie werden schließlich
nicht ohne einen Schein von Recht noch die Verpflegungskosten
bei der Familie verlangen; und für die Genesung ist die Maßregel
in den meisten Fällen irrelevant, manchmal auch schädlich. Das
Beste daran wird sein, daß die Leute es, wenn sie einmal zu Hause
sind, mit der Schonung gewöhnlich nicht so ernst nehmen wie uns
gegenüber; d. h. daß sie aus eigenem Instinkt den Angehörigen
helfen und sich so in die Gesundheit hineinarbeiten. Geht
es nicht mit dem Nachhauseschicken, so wissen wir allerdings mit
den Patienten nicht recht was anfangen, und man muß sich durch-
schlängeln, während es so leicht wäre, für sie die passende Beschäftigung und weitere Kräftigungsgelegenheit zu finden, wenn man das
uns überlassen hätte statt den Patienten. Während der Grippeepidemie erkrankten viele unserer Angestellten im Urlaub. Dann
bekamen wir von vielen ihrer Ärzte ein Zeugnis, der Betreffende
leide an Grippe und sei so und so viele Wochen arbeitsunfähig.
Woher weiß das der Arzt am ersten Tag? Viele Leute sind infolge
der Grippe nur wenige Tage arbeitsunfähig, aber durch ein solches
Zeugnis werden sie verpflichtet, die vorgeschriebenen Wochen
krank zu sein, besonders da in den Zeitungen und in amtlichen
Erlassen steht, man sterbe an Lungenentzündung, wenn man zu
früh an die Arbeit gehe.

Auch bei andern Krankheiten verfährt man gleich. Da verbietet der Arzt einer unbemittelten Frau wegen etwas Schwäche
die Arbeit. Die Folge ist, daß die Patientin sich fürchtet, etwas an-
zugreifen und stumpfsinnig herumsitzt. Die Haushaltung und die
Kinder verkommen, und die Frau, die dem Elend bei Strafe des
Krankwerdens zusehen muß, wird natürlich immer elender. Warum
muß eine Wärterin während einer Lupusbestrahlung ein Viertel-
jahr lang jede Arbeit meiden? oder eine andere wegen eines Uterus-
myoms prophylaktisch für längere Zeit gar nichts tun? Da ist eine
dritte, die schon vor ihrem Eintritt vor fünf Jahren und seitdem
von Zeit zu Zeit an tuberkulösen Manifestationen in Lungen und
Drüsen gelitten hat. Man hat alle Rücksicht auf die Krankheit
genommen in bezug auf Arbeitszeit, Ernährung, Sonne usw. Nun
muß sie zufällig einen anderen Arzt konsultieren; der sagt ihr,
sie sei „heruntergearbeitet“, müsse eine leichtere Stelle haben.
Würde sie folgen, so wäre sie mit großer Wahrscheinlichkeit verloren, denn die „leichteren“ Stellen sind nicht immer die gesünderen
und die, wo man auf solche Dinge Rücksicht nehmen kann. Und
woher weiß der Kollege, daß die vorhandene Schwäche
vom Herunterarbeiten und nicht von der Tuberkulose

kommt? Wer nur ein bißchen von Physiologie gehört hat, sollte doch wissen, daß Arbeit nicht nur nützlich, sondern lebenserhaltend, ja direkt notwendig ist. Wenn man den nicht domestizierten Tieren den Kampf ums Leben abnimmt, so können sie mit aller Hygiene nur schwer erhalten werden, und alle menschlichen Faulenzer gehen in einer oder doch wenigen Generationen zugrunde. Schädlich ist zu viele Arbeit; aber auch die wird merkwürdig lange vertragen; man denke doch an die Frauen, die ihren trinkenden Mann und die Kinder zu erhalten haben; am gesündesten sind die Bauern, deren Arbeitszeit möglichst wenig beschränkt ist. Schädlich ist ferner unbefriedigende Arbeit und dann namentlich solche, die unhygienische Verhältnisse, Vergiftungen, Staub usw. mit sich bringt. Unter gleichen Umständen ist auch die Schonung und Erholung schädlich, nämlich die zu viele, die unbefriedigende und die in der Luft des Wirtshauses.

Also: Schonung ist, so gut wie Beinabschneiden, manchmal nützlich und manchmal schädlich; man geht aber so leichtfertig mit ihr um, wie wenn sie nur nützen könnte und vergißt, daß ebenso wichtig die Übung ist, und daß in der Krankenbehandlung beide Maßregeln sich ergänzen müssen. Die Therapie der Herzkrankheiten hat einen großen Fortschritt gemacht, als Oertel auch bei ihnen die systematische Übung einzuführen wagte. In den meisten Fällen ist die beste Art der Übung, die es gibt, die Arbeit, d. h. die normale Funktion der unserem Willen unterworfenen körperlichen und geistigen Organe. Die Tatsache, daß sie eines der wichtigsten Heilmittel für ein Heer von Krankheiten und für die Rekonvaleszenz ganz besonders sei, ist noch viel zu wenig in Fleisch und Blut der Ärzte übergegangen. Schonung ist allein oder in Verbindung mit der Übung angezeigt bei schweren Fällen; für viele der andern Zustände ist Arbeit das richtige Naturheilmittel und erst noch eines, das sich unter normalen Umständen selbst dosiert. Die Arbeit ist kein Übel, wie es die Genesis darzustellen beliebt, und wie leider auch die ärztlichen Vorschriften und Anschauungen dem Publikum beständig vormalen, sondern eine unserer notwendigen Funktionen, ohne die der Organismus zugrunde geht, und die normaliter mit Lustgefühlen verbunden ist. Daß letzteres oft nicht mehr der Fall ist, ist ein Zeichen abnormer Verhältnisse im Gesundheitszustand des einzelnen oder des sozialen Organismus. Schonung wird von vielen Patienten als gleichbedeutend mit Müßiggang aufgefaßt, und Müßiggang ist ein schweres Gift und meiner Ansicht nach eine viel häufigere Ursache der Nerven- und vieler anderer Krankheiten als die unendlich überschätzte Überanstrengung. Außer dem Alkohol ist er gewiß von den Giften, die wir verschreiben, dasjenige, das am meisten Unheil anstellt, und gerade diese beiden Gifte empfiehlt man am meisten in den Tag hinein, ohne strenge Indikation und horribile dictu, ohne Dosierung und ohne Vorschrift über die Art ihrer Anwendung.

Eine hübsche und oft verschriebene Form des Nichtstuns ist

das Spazierengehen, das infolge seiner Verbindung mit Bewegung in freier Luft und der Anregung des Gemütes durch die Natur manche wirklichen und eingebildeten Vorteile besitzt. Aber was ist Spazierengehen? Für den männlichen Teil der Mitteleuropäer meist das Verfolgen eines kürzeren oder längeren Weges, an dessen Ende ein Wirtshaus liegt. Viele andere wissen mit dem Begriff nichts Gescheites anzufangen und machen etwas Dummes oder langweilen sich kränker. Zum Spazierengehen als Selbstzweck und ohne Gesellschaft gehört eben etwas wie ein angeborenes Talent. Was der verschreibende Arzt unter Spazierengehen versteht, und wie man es wirklich nützlich oder wenigstens unschädlich machen kann, das vergißt er in der Regel zu sagen, denn er hat daran überhaupt nicht gedacht. Ein Arzt sollte aber an die Hauptsache denken. — Da hat ein Wegknecht einen alkoholischen Magendarmkatarrh. Der Arzt verordnet ihm Spazieren. Ich meine nun, die hygienischen Vorteile dieser Manipulation hätte der Mann am besten bei seiner Beschäftigung gefunden, die man entsprechend seinem Schwächezustand vielleicht etwas hätte dosieren sollen. Der Kranke aber meinte mit dem Arzt, er müsse doch einen Unterschied zwischen Arbeit und Medizin machen, trank herum und holte sich zu dem schlimmer werdenden Magenleiden den Säuferwahnsinn, der ihn endlich in eine vernünftige Umgebung brachte, vor welcher der „Magenkatarrh" in wenigen Tagen die Segel strich.

Es scheint mir, man denke überhaupt viel zu wenig an die therapeutische Benutzung der Arbeit. Da muß ein Geisteskranker wegen Arthritis im Schultergelenk ins medicomechanische Institut gehen und Ziehbewegungen machen, wozu er jedesmal für einen halben Tag einen besonderen Wärter in Anspruch nimmt. Sollte die gewohnte Gartenarbeit, die man beliebig lange fortsetzen könnte, nicht bessere Erfolge haben? Oder hätte sich nicht im schlimmsten Falle eine Arbeit finden lassen, die eine hier als besonders wichtig angesehene Bewegung in sich geschlossen hätte? So aber machte der Patient seine vorgeschriebenen Minuten Bewegung und hielt die übrige Zeit den Arm sorgfältig steif.

Statt einer Abhandlung über die „Erholung" will ich vom Gespräch einer ins Engadin reisenden Mama erzählen, das zwar anekdotenhaft tönt, aber leider keine Erdichtung ist. Ich weiß nur alle die Einzelheiten nicht mehr, hoffe aber, daß das der Deutlichkeit nichts schade. „Im letzten Winter war meine Tochter an der Riviera und hat die und die Kur durchgemacht, dann war sie in Baden-Baden bei Sanitätsrat N. (dann an noch einem berühmten Orte, den Referent nicht mehr weiß), und nun trinkt sie das St. Moritzer Wasser und macht die Engadiner Luftkur." „Woran leidet denn Ihre Tochter?„ „Ja — eben, — ja sie muß sich doch erholen." „Wovon denn?" „Ja, sie muß sich doch erholen." Nicht anders ist es gegenüber einer Menge von direkten ärztlichen Vorschriften der Erholung, wo keine Überanstrengung und keine andere Schwäche als eine der Arbeitslust vorhanden ist. Immer wieder erleben wir es, daß auch bei der Schizophrenie „Erholung" empfohlen wird, teils weil man die Diagnose nicht macht, teils weil man sie macht. In beiden Fällen ist der Rat gleich unangebracht. Und wenn der Kranke aus der Anstalt entlassen werden soll, so wird oft den Verwandten zu einer Erholungskur in den Bergen oder in einem Sanatorium geraten, während überhaupt die ganze Besserung mit Erholung nichts zu tun hat, ja das Faulenzerleben in einem Sanatorium meistens schädlich ist, und nichts anderes als die Einführung ins wirkliche Leben und eine passende Arbeit nützen kann.

Ganz verwerflich sind Vorschriften, die ohne sehr genaue Überlegung aller Umstände fürs ganze Leben entscheiden sollen. Da scheint ein Mädchen etwas zart oder auch „nervös", und nun verbietet ihr der Arzt einen Beruf oder sonst etwas das Leben Ausfüllendes zu lernen. Was soll sie nun anfangen? Heiraten kann sie mit gutem Gewissen auch nicht; sie ist also dazu verurteilt, aus ihrer Krankheit einen Beruf zu machen oder mit andern Worten im Müßiggang zu verkommen. Und sollte sie sich doch noch verführen lassen, Gattin und Mutter zu werden, so läuft ihr das sanitäre Todesurteil des Arztes ein ganzes Leben lang nach, wenn sie nicht ganz besonders kräftig ist (was allerdings trotz des ärztlichen Verdiktes und des gefährlichen Rates auch begegnen kann), und sie erfüllt ihren natürlichen Beruf als Hausfrau ebensowenig wie einen ˅anderen, den man extra lernen sollte. Nein, wenn irgend möglich, sollte man ihr Interesse für irgend eine Lebensaufgabe oder für Kunst, oder irgend etwas, was den Geist beschäftigen kann, beibringen und sie so bilden, daß sie den verschiedenen Umständen, in die sie kommen mag, etwas abzugewinnen weiß.

Gerade für die Frau, die relativ leicht ohne Arbeit leben kann, sind solche Räte äußerst gefährlich. Es ist noch eine offene, aber recht wichtige Frage, ob die Frau wirklich mehr Neigung zu Nervenkrankheiten habe, oder ob nicht für sie die Verführung, die Gelegenheit und die Möglichkeit des parasitischen Daseins der wesentliche Grund der größeren neurotischen Morbidität sei [1]). Jedenfalls ist es Pflicht des Arztes, alles zu meiden, was solchen Tendenzen Vorschub leisten kann.

Ein besonders weiser Rat ist es auch, den Patienten zu sagen, sie sollen sich „kräftig nähren"; teils hat das gar keinen Sinn, weil gerade in solchen Fällen von Appetitmangel meist die Assimilationsfähigkeit des Organismus darniederliegt, oder weil der Patient die pekuniären Mittel zur Anschaffung der kräftigen Nahrung‚ nicht hát, teils macht dieser daraus, was ihm eben beliebt. Er versteht darunter mit oder ohne ärztlichen Wink meist viel Fleisch und Alkoholika, ‚eventuell auch Butterfett, jedenfalls teure Sachen (was oft das Wesentliche am Begriff erscheint), so namentlich auch Eierspeisen, die manchmal der Verdauung

---

[1]) Ich weiß, daß die nicht parasitischen Lehrerinnen häufiger an Nervenkrankheiten leiden als ihre männlichen Kollegen. Da spielt aber die Auslese, die erzwungene Ehelosigkeit, die Arbeit neben der Schule und manches andere eine wichtige Rolle.

Mühe machen. Hat überhaupt jemand untersucht, ob und eventuell unter welchen Umständen die beständig in den Tag hinein verschriebenen Eier das viele Geld wert sind c)? Daß man bei ungenügender Nahrung oder bei einer Nahrung, die an sich oder aus zufälligen individuellen Gründen nicht recht ausgenützt werden kann, von Kräften kommen muß, ist selbstverständlich. Aber wenn wir uns vergegenwärtigen, bei was für einer Ernährung die meisten Angehörigen der ärmeren Klassen gesund bleiben, und bei wie viel besserer Kost der mittleren und oberen Stände man sich täglich veranlaßt fühlt, eine stärkendere Diät zu verschreiben, sollte es doch dem Dümmsten einfallen, daß wir auf dem Holzwege sind, und das, worauf es ankommt, etwas ganz anderes ist als die „Kraft" der Kost d). Dieses Etwas mag schwierig zu finden sein, aber daß es kein Arzt sucht, ist ein Zeugnis unserer Gedankenlosigkeit. Viele vergessen alle die komplizierten Assimilations- und Dissimilationsprozesse, die zwischen Nahrungseinfuhr und Kraftleistung liegen, und meinen durch *viel* Essen viel Kraft zu bekommen, und doch steht nicht einmal in dem einfachen Verbrennungsapparat eines Ofens oder einer Lampe der Effekt im Verhältnis zu der Menge des auf einmal eingestopften Brennmaterials. Beim Menschen hat man sogar eine „Über"ernährung erfunden und kräftigt damit Nerven und Lungen und andere Körperteile. Da ist es bezeichnend, daß in dem Lungensanatorium Wald bei Zürich (siehe Jahresbericht 1917) die Lebensmittelnot der Kriegsjahre gelehrt hat, daß die Überernährung bei der Phthisebehandlung unnütz ist, und daß die Rationierung die Zahl der Magenstörungen herabsetzte. Noch schlimmer als die Theorie ist aber die Praxis. Da ist eine mir bekannte Metzgersfrau, die unter anderem im Tag zwei reichliche Hauptmahlzeiten mit Fleisch und mindestens einen Liter Wein zu sich zu nehmen pflegt, und der der Arzt mit der Verschreibung entgegenkam, sie müsse sich halt „etwas zukommen lassen", was sie in Gestalt einer dritten Fleischmahlzeit und eines zweiten Liters ins Werk setzte.

Als Gegenstück sei an die vegetarischen Kuranstalten erinnert, aus denen recht viele Patienten, wenn auch mager, so doch gekräftigt austreten, oder noch besser an ein mir genau bekanntes Sanatorium für die höheren Stände, wo man einen dem gewöhnlichen diametral entgegengesetzten Begriff von kräftiger Kost hat, die Patienten hauptsächlich mit dem so viel verpönten rohen Obst nährt und dabei nicht nur Kräftigung, sondern auch Mästung erlebt. Für viele Leute, besonders der reicheren überfütterten Stände ist eben die *einfachere* Kost die kräftigende[1]). Und wie die Individualität in Betracht zu ziehen ist: Ich war einmal im Herbst mit einem zu wohlbeleibten Reisekameraden in Italien. Wir schwelgten zusammen in Quantitäten des

---

[1]) Ein Kollege macht mich darauf aufmerksam, viel wichtiger als kräftig essen sei wenig essen. Die meisten Kulturmenschen essen zu viel, auch in den ärmeren Klassen. Gewiß!

prachtvollen Obstes, die man leicht als übertrieben ansehen würde, mein Gefährte mit dem ausgesprochenen Zweck einer Entfettungskur und ich aus Behagen. Er setzte denn auch sein Körpergewicht um viele Pfund herunter und ich um ca. halb so viel herauf bei qualitativ und quantitativ genau der gleichen Kost, und wir beide befanden uns ausgezeichnet dabei.

In bezug auf die Ernährung wird im Verein mit den Laien noch häufig der Fehler gemacht, daß man die Patienten — oder auch nicht eigentlich Kranke — zum Essen zwingen will, wenn sie nicht mögen. Das kann ja unter gewissen vorübergehenden Verhältnissen gut sein; gewöhnlich aber erreicht man damit das Gegenteil von dem, was man wollte. Ich will nicht auf die Physiologie eingehen und an Pawlow nur erinnern, der zeigte, wie sehr die Absonderung der Verdauungssäfte von psychischen Faktoren also namentlich von dem (subjektiven) Geschmack der Speisen abhängt. Aber man sollte doch daran denken, daß das beste Mittel, jemandem den Appetit zu verderben, das ist, ihn zum Essen zu zwingen, wenn er nicht mag, oder ihm mehr als er mag aufzudrängen oder etwas, was er nicht mag. Es macht schon einen Unterschied, ob man eine größere Portion auf einmal oder nur in kleinen Teilen vorgesetzt bekommt, im letzteren Falle kann man mehr essen. Und dann ist doch der Hunger unzweifelhaft das beste appetitreizende Mittel. Wenn ein Kind die Suppe nicht mag, so wird sie ihm durch Aufdrängen noch mehr verleidet; wenn man ihm aber nur noch minime Mengen gibt, so kann man es gewöhnen, sie gern zu essen. Wenn es überhaupt nicht essen mag, so nützt es nichts, ihm das Essen aufzuzwingen; aber es wirkt in der Regel, wenn man es hungern läßt, ihm weniger gibt, als es möchte; dann bekommt es die natürliche Einstellung zur Nahrungsaufnahme. Wenn auf einer Abteilung einer Irrenanstalt irgend ein Leithammel den übrigen suggeriert, die Nudeln seien immer schlecht gekocht, und sie nicht mehr gegessen werden, so ist es ein unfehlbares Mittel, die Suggestion zu brechen, daß man kleinere Portionen gibt; dann heißt es: gerade heut wären die Nudeln gut gekocht gewesen, und nun gerade heute bekommt man zu wenig.

Viel zu sehr nur an den Moment und nicht an die Zukunft denkt man bei vielen Verschreibungen von Mitteln gegen Kopfweh und ähnliches. Wir haben an der Dipsomanie ein klares Beispiel, wie man sich so an ein chemisches Eingreifen gegen ein Unbehagen gewöhnen kann, daß das Übel immer häufiger und immer stärker wird, während es erträglicher bleibt, wenn man dem Verlangen nach dem Betäubungsmittel nicht nachgibt. Es kann ja keine natürliche Krankheit „Dipsomanie" geben, sondern diese entsteht erst dadurch, daß man seine Verstimmungen mit Alkohol behandelt. Eine Anzahl von Patienten haben es mir zunächst sehr verübelt, wenn ich ihnen keine Kopfwehpulver geben wollte, die doch andere Ärzte so gern anrieten, und die doch so schöne Erleichterung verschaffen konnten. Nach Jahr und Tag aber waren sie mir dankbar, indem sie selber konstatierten, daß die Anfälle wieder schwächer und seltener geworden seien, während sie bei der Behandlung in beiden Richtungen zunahmen. Die Fälle, wo es so ist, und die wo es nicht so ist, können wir noch nicht auseinanderhalten; wir wissen überhaupt nicht, ob wir nicht in jedem Falle den Leuten mehr schaden als nützen, und da wäre eine größere Vorsicht gewiß am Platze.

Viele Leute wollen nicht arbeiten können, wenn nebenan musiziert wird, nicht schlafen, wenn irgend ein Lärm ist, wenn jemand schnarcht; da sind Arzt und Publikum einig, daß die Musik und der Lärm und das Schnarchen abgestellt werden müssen, und wenn sich der Arzt an den Leidenden wendet, so ist es höchstens, um ihn selbst oder doch seine Trommelfelle mit schlauen Erfindungen akustisch zu isolieren. Man vergißt dabei, daß man bei beliebigem auch nur einigermaßen kontinuierlichem Lärm arbeiten und schlafen kann, wenn man nur nicht daran denkt, daß es anders sein könnte (in der Großstadt, in der Mühle, neben einem Wasserfall, auf der Eisenbahn, im Dampfer auf dem Meere). Durch die unrichtigen Maßnahmen wird aber die falsche Einstellung der Aufmerksamkeit und damit die Schallempfindlichkeit nur gesteigert, während wirkliche Hilfe dadurch gebracht wird, daß man sich übt, den Lärm von der wachenden oder schlafenden Aufmerksamkeit auszuschließen, wie tausend andere Dinge, die beständig unsere Sinne treffen. Da fiel eines meiner Kinder im zweiten Jahre auf, daß es leicht zusammenfuhr und erwachte oder nicht schlafen konnte, wenn irgend welche Unruhe war, und man sagte mir, man müsse ihm ein stilleres Zimmer einrichten. Ich war aber überzeugt, daß die Empfindlichkeit gerade davon gekommen war, daß es zufällig längere Zeit mehr in der Stille geschlafen hatte als die anderen Kinder. So verbot ich, irgend welche Rücksicht darauf zu nehmen, ließ die Türe von seinem Zimmer zum anstoßenden Wohnraum, in dem Gespräch und Geräusch war, offen halten, tappte selbst absichtlich oft durchs Zimmer, und nach einigen Tagen war das Kind von seiner ganzen „Nervosität" geheilt. Bei einem Erwachsenen wäre die Kur etwas schwieriger gewesen, weil er eine andere Einstellung gehabt und sich über unser brutales Auftreten geärgert hätte, während der Kleine sich noch keine Gedanken über die Schlechtigkeit der Welt machen und nicht den eigenen Fehler in die Umgebung projizieren konnte, sondern sich bei der ersten Müdigkeit den Verhältnissen instinktiv anpaßte. In solchen Fällen heißt es üben und nicht schonen.

Oft läßt sich der Arzt verleiten, nur halbe Maßregeln zu verschreiben oder sich doch dabei zu beteiligen, die direkt genau so viel nützen, wie wenn man nichts macht, indirekt aber sehr schädlich sind. In dieser Beziehung sind namentlich die Intoxikationskrankheiten klippenreich. Einen Morphinisten in eine geschlossene Anstalt, den Alkoholiker in die Irrenanstalt oder in die Trinkerheilstätte zu schicken, dazu entschließt man sich schwer, und man gibt sich dazu her, irgend eine andere Station zu empfehlen, wo man ein wenig dergleichen tut, wie wenn man den Patienten heilen wollte.

Das Gewissen der Familie und des Arztes ist eingelullt, der Kranke bekommt Zeit, sich physisch immer mehr zu ruinieren und psychisch sich wegen der gescheiterten Versuche und der gewonnenen Zuversicht, ᛱdaß man doch nicht wage, ihn richtig·anzupacken, sich gegen die Heilung immer ungünstiger einzustellen. Viel zu wenig hütet man sich auch vor Übertreibungen auf allen Gebieten. Da lese ich eben in einer amtlichen Vorschrift, man dürfe einen Grippekranken zur Lungenuntersuchung nicht aufsitzen lassen, während die meisten dieser Patienten überhaupt sich ja nicht gerade anstrengen sollen, aber ganz gut sich im Bett selber besorgen können. Die schweren Fälle sind doch glücklicherweise die Ausnahme. Ebenso liest man in einem mit Recht beliebten Lehrbuch bei Anlaß der Typhusbehandlung: „unter keinen Umständen darf der Patient z. B. zur Harn- oder Stuhlentleerung das Bett verlassen oder beim Ordnen des Bettes neben dasselbe gesetzt werden"; oder man müsse den Mund täglich 2—3mal mit feuchten Lappen auswaschen. Ich habe den Typhus zweimal durchgemacht, hätte mich aber bedankt für solche Schikanen — natürlich bevor man sie gemacht hätte. Oder welcher Arzt und welcher Patient wird folgen, wenn man vorschreibt, bei Scharlach täglich die Ohren mit dem Ohrenspiegel zu untersuchen?

In der Säuglingspflege machen sich neuerdings Bestrebungen sehr bemerklich, die angetan sind, das Muttersein zu einer der schwierigsten Aufgaben zu gestalten. Da steht eine junge Mutter verzweiflungsvoll vor ihrem Erstgeborenen, denn man hat ihr mit blutigem Ernste eingeschärft, sie müsse mit allen Mitteln dafür sorgen, daß er nicht geweckt werde, und er müsse genau zur bestimmten Zeit zu trinken haben; er zieht aber vor, zur bestimmten Zeit noch zu schlafen. Helfen kann man sich in einem solchen Falle nur damit, daß man dem Doktor und seiner etwas zu päpstlichen Kinderpflegerin eine Nase dreht, und es ist nicht zum Vorteil des Arztes, wenn nachher das Gedeihen des Kindes zeigt, daß das die beste Hygiene ist. Nach andern Vorschriften sollte alles, was mit dem Kinde zusammenkommt, steril sein; man soll keines der kleinen Wesen mehr anfassen, ohne daß die Hände desinfiziert sind usw. Dies hat ja in einem Säuglingsheim, wo leicht Krankheiten verschleppt werden können, einen sehr guten Sinn; ich wage aber zu bezweifeln, daß auch da eine Schwester zu finden wäre, die eine solche Vorschrift gewissenhaft durchführen könnte; was soll aber gar die Hausmutter damit anfangen: entweder muß sie den Arzt verlachen, oder sie muß sich beständig Gewissensbisse machen, daß sie nicht so viel für ihr Kind tun kann, wie man sollte und wie andere scheint's zu tun vermögen.

Überhaupt sollte man einmal·die Frage stellen, wie weit es denn gut ist, im gewöhnlichen Leben Asepsis zu treiben[1]). Es ist vielleicht noch etwas zu früh, auch an ihre Beant-

---

[1]) Nachdem dies geschrieben, erschien eine gleiche Zwecke verfolgende hübsche Arbeit von Silberschmidt, Kritik unserer Anschauungen über Desinfektion und Desinfektionsmittel. Korr.-Bl. f. Schweizer Ärzte. 1919. —

wortung zu gehen. Aber wir sollen daran denken, daß wir eigentlich eingerichtet sind, uns durch die uns beständig anfallenden
Mikroben teilweise oder ganz immun gegen die gewöhnlichen Infektionen machen zu lassen. Es gibt wohl auch Bakterien, die
wir zum Leben mehr oder weniger nötig haben. Jedenfalls sind
viele Menschen, die im Schmutz leben, gegen Wundinfektionen
sehr viel weniger empfindlich als wir. Oder wäre vielleicht die
Frage so zu fassen: gegen welche Mikroben und unter welchen
Umständen ist es gut, sich von der Natur immunisieren
zu lassen? gegen welche sollen wir uns impfen? und
welche haben wir nur außerhalb des Körpers zu bekämpfen? Wir kommen doch mal mit der Asepsis und Sterilisation
auf eine Grenze, von wo an der Schaden größer wird als der Nutzen.

Immer noch kommt es vor, daß man sich zu wenig hütet,
allgemein oder im speziellen Falle schädliche Verschreibungen
zu geben: vom Alkohol unter gewöhnlichen Umständen will ich
nichts sagen — darüber streiten sich ja die Gelehrten; aber von der
Alkoholverschreibung bei früheren Alkoholikern, die immer noch
vorkommt, da möchte ich hervorheben, daß das einer der ganz
schweren Kunstfehler ist, die man begehen kann. In einem Falle,
den ich viele Jahre lang verfolgte und sehr genau kannte, hat der
Arzt den Patienten wegen einer Angina — ich wiederhole wegen
einer Angina — geradezu mit allen Mitteln, die ihm zu Gebote
standen, gezwungen, Kognak zu trinken. Als man endlich eingreifen konnte, war es zu spät, der Doktor hatte den Vater vieler
Kinder nicht nur rückfällig gemacht, sondern auch umgebracht.
Wenn ich wieder so etwas erlebe, so werde ich die Verwandten
darauf aufmerksam machen, daß es einen § 55 des schweizerischen
Obligationenrechtes gibt, der in solchen Fällen Entschädigungs-
pflicht stipuliert. — Bei Epilepsie und noch häufiger bei Schizophrenie wird immer noch die Heirat empfohlen — ein Verbrechen
an der gegenwärtigen und der zukünftigen Generation. Bei Neurosen
im allgemeinen kann man über die Zulässigkeit oder die Heilkraft
der Ehe sich streiten; jedenfalls aber sollte man mehr zurückhalten; wer möchte selber das Heilmittel sein? Weniger zu verantworten aber ist es, wenn man in solchen Fällen seinen Rat ohne
genaue Prüfung gibt und gar keinen Unterschied macht zwischen
den leichteren Patienten und denen, die man gern als degenerative
oder konstitutionelle bezeichnet. Wer einen der letzteren zum
Gatten oder zum Elter hat, wird dem Arzte, der so leichtfertig war,
zeitlebens fluchen.

Nicht viel besser ist die Empfehlung des Koitus, die eine
Zeitlang gegen körperliche wie seelische Leiden offenbar nicht gar
selten vorkam. Man ist sich ja über den Wert der Keuschheit nicht

---

Ich füge hinzu: warum beachtet man nicht, daß die Schnittwunde eines
geöffneten Abszesses, die mit Eiter überspült wird, sich ebenso wenig infiziert
wie die einer Rektumfistel, über die die Fäkalien gehen. Fäkalien sind überhaupt für gewöhnlich gar nicht infektiös, sondern nur ein Zeichen für Un-
reinlichkeit.

einig, und man hat keinen Grund Steine zu werfen auf Leute, die
anderer Ansicht sind als wir, und sich im Leben an die ihre halten;
sicher aber ist die Keuschheit für den, der sie besitzt, ein Gut, das
man nicht leichtfertig fortwerfen soll, und jedenfalls hat der außereheliche Koitus schwere gesundheitliche Gefahren und viele nicht
weniger wichtige soziale und moralische Bedenken gegen sich,
die der Arzt eigentlich am ehesten würdigen sollte. Bevor man
ein solches „Heilmittel" empfiehlt, muß man denn doch genau
überlegen, ob es nützt und ob es nötig ist. Bei körperlichen Krankheiten ist aber von einem Nutzen wohl nie etwas zu erwarten, und
bei psychischen resp. den Neurosen, wo es von den Komplexen
befreien soll, glaube ich, daß man· zum mindesten mehr Böses als
Gutes mit der Empfehlung stiftet, wenn man die Folgen bei verschiedenen Patienten ineinander rechnet, und wenn man nicht
nur auf den augenblicklichen Erfolg sieht. Ganz besonders
aber möchte ich hervorheben, daß ein Arzt nicht der
Helfer eines einzelnen Patienten auf Kosten anderer
neben ihm und zukünftig lebender Menschen ist, sondern
vieler, und daß er deshalb die Tragweite seiner Anordnungen ebenso sehr vom allgemein sozialen Standpunkt wie von dem individuellen eines bestimmten
Kranken aus in Erwägung zu ziehen hat. Und von
dieser Seite des Problems aus kann man nicht fragen,
was besser sei, da man weiß, daß *eine* solche Verschreibung geeignet ist, bei *vielen* jungen Leuten die Sexual-
moral zu verderben, und daß, so lange die Ärzte solche
Dinge so leichtfertig nehmen, eine Entwicklung und
Festigung der zurzeit (nicht ohne Grund) ins Wanken
gekommenen Sexualethik nicht möglich ist.

Noch verzweifelt wenig vom Menschenverstand dirigiert ist
in der Hauptsache das Ausprobieren neuer Arzneimittel.
Ich weiß, daß auch da manches ordnungs- und vernunftgemäß zu-
geht; ich weiß, was für eine wissenschaftliche Höhe die Pharmakologie hat. Da sind auch eine Anzahl Mittel wie z. B. das Digalen,
das Sedobrol, das Pantopon, das Chlorosan aus Voraussetzungen
heraus, die feststehen, konstruiert worden; das letztere hat allerdings noch ein wichtiges X in der Berechnung, das nur durch Empirie ausgeschaltet werden kann[1]); bei den andern war das Unbekannte weniger bedeutend, aber den Entscheid konnte auch da
nur die Praxis geben. Die Unzahl von neuen Empfehlungen ist
aber weit entfernt von solcher Treffsicherheit, sonst würde sie nicht
so rasch wieder vergessen. Dabei geht es meist so zu: ein mehr
oder weniger oder auch gar nicht berufener chemisch oder medizinisch oder gar nicht Gebildéter ersinnt, gestützt auf irgend eine
Überlegung, ein Heilmittel, oder es fällt ihm ein, daß er diesen oder
jenen Stoff oder irgend ein Verfahren als Heilmittel verwenden

---

[1]) Seitdem das geschrieben, sind heftige Angriffe auf das Mittel gemacht
worden.

könnte, oder er hat beobachtet, daß eine Heilung mit irgend einer Anwendung zusammenfiel. Nun werden, wenn man etwas vorsichtig ist, irgendwo ein paar Versuche gemacht, wenn es möglich ist, zunächst am Tier, andernfalls gleich am Menschen. In der großen Überzahl aller Versuche wird niemand umgebracht; oder es handelt sich gar um eine Krankheit oder um ein Syndrom, das jedenfalls oder mit Wahrscheinlichkeit bessert oder der Suggestion zugänglich ist, oder der Wunsch des Entdeckers wird der Vater der Beobachtung, kurz in einer unheimlich großen Zahl von Fällen findet man an dem Heilmittel etwas Gutes[1]). Dann wird es ins Ärzte- oder Laienpublikum geworfen; wenn sich ein Geschäft damit machen läßt, nimmt sich die Industrie der Reklame an; wo nicht, kommen Notizen in medizinischen und profanen Blättern, wie der Herr Dr. N. gefunden habe, daß . . . und dann wird es in größerem Kreise angewendet, provoziert vielleicht noch eine Anzahl Publikationen oder auch nicht und erhält sich oder wird auch wieder vergessen; beides ist kein Urteil über seinen Wert.

Gleich nachdem das geschrieben, bekomme ich einen mehrseitigen Prospekt über ein neues Mittel, das an Tieren versucht worden ist. ,,Es handelt sich nun darum, umfangreiche klinische Versuche an Menschen.. anzustellen, weshalb wir uns erlauben, die Herren Ärzte einzuladen, zu diesem Zwecke sich an uns zu wenden, um genügende Gratisproben zu ihrem Studium zu erhalten.... Die große Bedeutung dieser Tatsache ist einleuchtend und läßt uns vermuten, daß die Herren Ärzte mit besonderem Interesse...studieren werden.'' In diesem Falle gibt der Name des Pharmakologen, der das Mittel untersucht hat, die möglichste Gewähr, daß die Versuche wirklich angezeigt sind, und daß die Gefahr, dabei etwas Dummes zu machen, nicht groß ist.

Sind aber diejenigen, die den Versuch machen sollen, auch nur in einer Minderzahl geeignet, über den Wert des Mittels zu entscheiden? Haben sie die Fähigkeit und die physische Möglichkeit, alles genau zu beobachten, was in Betracht kommt? Genug Patienten, damit die Beobachtung den Zufall ausschließe? Genug geeignete Patienten, um die Wirkung zu erwarten und festzustellen und um die Suggestion auszuschließen? Das Risiko eines Schadens,

---

[1]) Auch jeder Pfuscher bekommt ohne Schwierigkeit ehrlich gemeinte günstige Zeugnisse, so viele er nur wünscht. Allerdings nur von seinen Patienten. Aber auch Ärzte geben unglaublich leicht ähnliche Dokumente von sich. Ein Fabrikant hatte mit Hilfe eines Chemiestudenten ein unnötiges Desinfektionsmittel konstruiert. Ein ärztliches Zeugnis empfiehlt das Mittel auf Grund der erhaltenen Angaben zu Versuchen in größerem Maßstabe. Ein anderer Arzt bezeugt, er habe das „Luft- und Bodeninfektionsmittel" eingehend geprüft und sei „von seiner vorzüglichen Wirkung auf dem Gebiete der Krankheitsverhütung überzeugt". „Ich erkundigte mich", sagt Silberschmidt (Korr.-Bl. für Schweizer Ärzte, 1919, S. 393), „bei diesem letzten Kollegen und erfuhr, daß er das Mittel nicht wissenschaftlich auf Keimabtötung oder Keimabschwächung, sondern „bloß praktisch" in Räumen, wo viele Leute zusammenkommen, geprüft habe. Er schließt, daß er bakterizid wirken müsse, denn seither seien in den betreffenden Räumen keine Infektionen mehr vorgekommen."

sei es durch das zu versuchende Mittel, sei es durch die Weglassung bewährter anderer Mittel, auf das zu fordernde Minimum zu reduzieren? usw. Ich war lange in einer Anstalt mit über 700 Patienten, bin über 20 Jahre in einer Klinik mit 400 Betten und einem Wechsel von 200—700 Patienten und habe mir recht viel Mühe gegeben, über bestimmte Arzneimittel ein Urteil zu bekommen; abgesehen von ganz wenigen Fällen bin ich aber nicht einmal so weit gekommen, mir eine vorläufige Meinung, geschweige ein abschließendes Urteil zu bilden. Ich vermute, daß die wenigsten Kollegen in günstigerer Lage sein werden. Naturgemäß werden von den Experimentatoren mit zufällig günstigem Anfangsergebnis mehr Versuche gemacht, als von den andern. Schon deshalb, aber auch aus verschiedenen andern Gründen, werden meist nur die Erfolge mitgeteilt; jedenfalls veröffentlicht die Fabrik nur die günstigen Artikel oder auch nur die günstigen Sätze unter Weglassung der Vorbehalte.

Die Methodik der Prüfung kommt also auf eine Probiererei heraus ungefähr wie sie die Natur macht, wenn sie ein neues Organ entwickelt und durch die Auslese sich bewähren oder wieder vergehen läßt, oder wie sie die vorwissenschaftliche Menschheit ausübte, um in zehntausend Jahren geringere Fortschritte zu machen als die moderne Technik in zehnen. Eine solche Art des blinden Samenausstreuens ist um so bedenklicher, als in der Therapie — viel weniger in den übrigen medizinischen Disziplinen — der Enthusiasmus sich sehr leicht einzumischen pflegt. In manchen Fällen, gibt es eine Parteiung für und wider, die recht viel Affekt frei macht. Mit Begeisterung aufgenommene neue Vorschriften sind indessen meist ebenso bald wieder vergessen wie andere. Einzelne sind zwar zunächst überschätzt oder geradezu gefährlich, können aber später doch einen bestimmten reduzierten Wert erhalten; man denke an das Tuberkulin. Das Mesothorium ist von den Ärzten ebensowohl zu hoch eingeschätzt worden wie vom Publikum.

Ganz besonders unschön wirkt aber der Enthusiasmus in der Ablehnung. Semmelweiß, der allerdings ein ungeschickter Psychopath war, wurde samt seinen neuen Ideen von den tonangebenden Kreisen direkt angefeindet und schmählich behandelt. Er hat trotzdem schließlich das Puerperalfieber auf ein Minimum beschränkt; aber sein Schicksal hat bis jetzt nicht ausgereicht, die Ärzte vorsichtiger zu machen und sie erst dann „wissenschaftlich" aburteilen zu lassen, wenn sie das Material dazu haben. Wie der Hypnotismus und die Psychanalyse behandelt worden sind, wissen die meisten der Lebenden noch gut; Liébaults grundlegendes Buch über den Hypnotismus hatte in zwanzig Jahren einen einzigen Käufer gefunden, bis Bernheim die Idee aufgegriffen und nachgeprüft hatte. Und doch verdankt die Arzneimittellehre der Erkenntnis der Suggestion den größten methodologischen Fortschritt, den ich kenne. Denn vorher waren eine Menge von therapeutischen Versuchen und Beobachtungen unbrauchbar und irreführend, auch wenn das propter hoc im allgemeinsten Sinne nicht angreifbar war; man hatte ganz ungenügend berücksichtigt, daß zwischen dem Heil-

mittel und dem Erfolg die Psyche eine Kette der wichtigsten Teil-
ursachen bildet.

Wie die Koryphäen die neue Kenntnis behandeln konnten, erzählt Flatau[1])
sehr hübsch.

„In meinen ersten klinischen Semestern war ich Famulus eines bekannten
Neurologen, eines der ersten des Faches. Damals kam der Hypnotismus
zuerst in die Diskussion der Berliner Ärzteschaft. Auch mein Lehrer ge-
dachte sich ein Urteil zu bilden und versuchte, einen unserer poliklinischen
Patienten zu hypnotisieren.

Er ließ ihn ohne jede Vorbereitung und ohne ihm etwas über sein Vor-
haben zu sagen, sich auf einen Stuhl setzen, hielt ihm den glänzenden Teil
seines Perkussionshammers vor und fuhr ihm mit freier Hand einige Male
vor dem Gesicht auf und ab. Natürlich war der Erfolg gleich Null. Nach
etwa einer Minute brach mein Lehrer den Versuch ab, mit einem ärgerlichen
„ach, das ist ja Unsinn“. Für ihn war seitdem der Hypnotismus erledigt.‘

Erst die Hypnose hat dem hochwichtigen Begriff der Suggestion
wissenschaftlichen Inhalt und Begrenzung gegeben. Sie hat gezeigt, wie weit die Suggestion gehen kann, was für körperliche
Funktionen ihr zugänglich sind. Vieles, was man vorher ins Reich
des Schwindels verwies, war Tatsache geworden. Diejenigen, die sich
mit solchen Studien abgaben, mußten aber auch lernen, was nicht
Suggestion sein konnte, und das ist sehr wichtig; denn nachdem
man diese fundamentale psychische Funktion zuerst als ein Phan-
tasiegebilde bekämpft hatte, wurde bei den gleichen Leuten auf
einmal alles Suggestion, was ihnen nicht paßte; sie vergaßen aber
dabei, daß es auch wissenschaftlich nicht gerade schicklich war,
denen vorzuwerfen, sie kennten die Suggestion nicht, die gerade
sie studiert und ins rechte Licht gesetzt hatten. Es ist zwar jetzt,
nachdem man Suggestion und Autosuggestion kennt, möglich,
die Neurosen auch ohne Hypnose zu verstehen, wenn auch mit mehr
Schwierigkeiten; am besten wäre es aber immer noch, wenn man den
historischen Gang gehen könnte, der von den einfacheren und greifbaren hypnotischen Phänomenen zu den komplizierteren und schwer
erkennbaren, aber wesensgleichen neurotischen geht.

Auf der Hypnosenlehre basiert auch der sichere Beweis der
unbewußten psychischen Funktionen, welche den zweiten notwendigen Schlüssel zum Verständnis der Neurosen und einer Menge
anderer krankhafter und normaler psychischer Symptome gibt.
Die posthypnotischen Handlungen zeigten endlich auch dem, der
ewig blind sein möchte, die Existenz unbewußter Motive und nachträglich falscher Rationalisierungen, an die der Handelnde sicher
glaubt. Die posthypnotischen Wirkungen überhaupt zeigten, wie
Halluzinationen und allerlei Ideen aus dem Unbewußten auftauchen
können und gaben damit die Erklärung für viele ähnliche Erscheinungen bei Neurosen und Psychosen und beim Normalen. Kurz,
die Hypnose hat mit ihrem Suggestionsbegriff erst den
therapeutischen Versuchen am Menschen einen festen
Boden gegeben, und die Psychotherapie zu einer Wissenschaft gemacht und mit dem Beweis des Unbewußten

---

[1]) Flatau: Kursus der Psychotherapie und des Hypnotismus. Karger,
Berlin 1920. S. 64 und 65.

die Schaffung der Pathologie psychischer Mechanismen
ermöglicht.

Und die mit so großem Eifer bekämpften Freudschen Lehren
haben die ganze Psychopathologie auf eine andere Basis gestellt,
und zwar auch bei denen, die sie abgelehnt haben und noch jetzt
abzulehnen glauben[1]).

Die entschiedene Wendung der Neurosenlehre aus den letzten Jahren
beruht auf der Anerkennung unbewußter Wunscherfüllungen, wie sie Freud
populär machte. Die engere Psychiatrie ist seit Freuds Einfluß in hohem
Maße psychologischer geworden — ich greife unter hundert Beispielen nur
Birnbaums Studien heraus. Und eben lese ich aus der Klinik Hoches
eine Arbeit von W. Schmidt[2]), wo die „Flucht in die Psychose" gesehen
wird, etwas, das dort vor einigen Jahren noch ausdrücklich den Gipfel der
Mystik bedeutete.

Natürlich ist es der gleiche Fehler, eine Behauptung trotz guter Begründung abzulehnen, wie wenn
man eine schlecht begründete annimmt. Deshalb sind die
zu skeptischen Leute meist auch zugleich die zu leichtgläubigen,
handle es sich um normale oder krankhafte Eigentümlichkeit der
Gläubigkeit.

Auf welchen Wegen das medizinische Denken speziell zu
Schnitzern wie die eben erwähnten kam, ist ohne genaue Untersuchungen nicht festzustellen. Autismus und gewöhnlicher Irrtum und Schlamperei mischen sich innig dabei. Unter allem Vor-
behalt möge zur Illustration der Möglichkeiten und Wahrscheinlichkeiten und auch der in einzelnen Fällen sicher mitspielenden Tatsachen folgendes angeführt werden.

Bei der Ablehnung neuer Ideen macht natürlich die Bequemlichkeit nicht wenig aus. Man muß wieder umdenken, alles in neue
Zusammenhänge bringen, ev. neue Behandlungsmethoden er-
lernen, die man nicht gleich in ihrer ganzen Bedeutung erfassen
kann. Das Neue hat eben immer einen gewissen unangenehmen
Beiklang, wenn man wenigstens nicht mit dem Alten ganz un-
zufrieden gewesen ist. So kann es kommen, daß die Spitzen des
Gesundheitswesens eines großen, erleuchteten Staates auf offizielle
Anfrage hin einige Zeit nach Entdeckung der Röntgenstrahlen er-
klärten, diese haben keine besondere Bedeutung für die Militärsanität.
Das ist der Misoneismus des Philisters. Für den, der sich mit oder
ohne Grund zu den Führenden zählt, ist es aber auch nicht angenehm
zu konstatieren, daß ein anderer der Gescheitere war; ja darin, daß
man sich mit den gegenwärtigen Zuständen zufrieden gegeben
hatte, liegt ein Vorwurf gegen sich selber. Ein solcher Vorwurf
gegen die ganze damalige Medizin mag auch an der schroffen Ablehnung von Semmelweiß mit schuld gewesen sein, dessen Entdeckung viel zu deutlich sagte: ihr habt bis jetzt von den Wöch-
nerinnen einen ganz großen Teil aktiv umgebracht. Auch die

---

[1]) Ein Kritiker meint, ich sei früher auf die alten Freudschen Theorien
förmlich eingeschworen gewesen, habe aber manches dann zurückgenommen.
Er täuscht sich.

[2]) Forens.-psych. Erfahrungen im Kriege. Karger. Berlin 1918. S. 196.

Suggestionslehre hätte recht Vielen Anlaß geben können, an die eigene Brust zu schlagen, wenn sie nicht vorgezogen hätten, auf andere zu hauen; wer hatte nicht schon seinem Heilmittel den Erfolg irgend einer Behandlung zugeschrieben, der sich jetzt einfacher und plausibler durch Suggestion erklärte?

Ganz besonders auffällig ist hier die Nachhaltigkeit der Abneigung gegen die Hypnose. Schon seit bald zwei Jahrzehnten ist der Streit um die Realität, die therapeutische Wirksamkeit und die Gemeingefährlichkeit der Hypnose zu ihren Gunsten erledigt. Und dennoch ist sie nie Gemeingut der Ärzte geworden, ich meine gar nicht Gemeingut in dem Sinne, daß jeder Arzt sie ausübe, sondern so, daß jeder sie verstehe, ihre Bedeutung kenne, sie gesehen habe — und daß sie gelehrt werde, wie man eine Kataractoperation zeigt, die auch nicht von jedem nachher ausgeübt wird. Unterrichtsgegenstand ist der Hypnotismus, soweit ich weiß, nur in Zürich. Irgend ein Odium, wie wenn er etwas der wissenschaftlichen Medizin nichts Würdiges wäre, haftet ihm bis in die neueste Zeit an. Der Krieg mit seinen tausenden von Neurosen der positiven und negativen Begehrung hat ihm eine unvermutete Verbreitung und unerwartete Erfolge gegeben; aber dennoch bin ich so pessimistisch, daran zu zweifeln, daß er bald diejenige Stellung einnehmen werde, die ihm gebührt.

In der Sache konnte der Grund der Bekämpfung nicht liegen, schon weil die Feinde sie zum größten Teil gar nicht kannten, und von einer „Gefährlichkeit", die größer wäre als die von tausenden anderer therapeutischer Anwendungen, konnte man nur reden, wenn man schon verblendet war; denn geschädigte Leute fand man nicht — einige Paradefälle gehörten den nichtärztlichen Schaustellungen an —, außerdem konnte die umständliche Prozedur nicht so leicht im großen gefährden wie ein chemisches Mittel; sind doch nicht einmal alle Ärzte fähig zu hypnotisieren. Und bis im schlimmsten Falle die Hypnose so viel geschadet hätte, wie die so guten Gewissens verwendeten Alkoholverschreibungen, hätte sie auch bei der ihr zugeschriebenen Gefährlichkeit recht alt werden müssen.

Der Grund des Eifers gegen die neuen Erkenntnisse war leicht zu entdecken, wenn man mit den Angreifern persönlich redete: es war der Eingriff in die eigene Seele, den jedermann fürchtete; man sprach von Aufhebung der Willensfreiheit, man fühlte sich zu einer Maschine herabgewürdigt, auf der der Hypnotiseur spielen wollte wie auf einem Klavier (gerade dieser Ausdruck ist gefallen). Es ist der nämliche Grund, wie der, der den Kampf um die Willensfreiheit im Sinne der Strafgesetze so ungemütlich und unwissenschaftlich, in vielen Beziehungen autistisch, machte. Hinter der Suggestionslehre, wie sie damals aufgefaßt wurde, lauerte eine Weltanschauung, die zwar in der Wissenschaft nichts Neues war, aber noch nie dem einzelnen so unangenehm und so wirklich nahe trat. Daneben ist noch etwas: man will sich nicht nur in seine Strebungen und Handlungen nicht ganz hineinsehen lassen, sondern auch seine Gedanken nur so weit einem andern offenbaren, als es uns selber gelüstet; und damals schien es vor dem Hypnotiseur keine Geheimnisse mehr zu geben. Es ist aber ein allgemeiner Instinkt, der schon das Handeln kleiner Kinder beeinflußt und oft in der Pubertät sich in allerlei Versuchen von Gründungen geheimer Gesellschaften oder Riten besonders deutlich äußert, daß man seine Seele nicht in allen ihren verschiedenen Strebungen und Gefühlen zeigen mag; und wenn man sie, wie nicht selten, mit einer gewissen Lust gerade hell zu zeigen scheint oder selber zu zeigen glaubt, so ist es eine für den Zuschauer extra präparierte Seelenmaske, geschehe die Färbung und Vereinfachung mehr nach der guten oder mehr nach der schlimmen Seite hin. Auch diese Offenherzigkeiten sind also viel häufiger als man denkt, wenn nicht immer, Verschleierungen der eigenen Psyche.

Da wundern wir uns nicht, daß man die Hypnose gar nicht studieren wollte, ihr aber nichtsdestoweniger alles Schlechte nachsagte, was unter gegebenen Umständen so zu erfinden war, und daß man zum Kadi ging und ihre Anwendung verbieten lassen wollte. Auch wurde man sich auf einmal bewußt, daß die üblichen Beweise für die Wirksamkeit einer Therapie den wissenschaftlichen Anforderungen nicht standhalten konnten, aber leider nur in bezug auf die Hypnose, wo dieses Bewußtsein am wenigsten nötig war. Man verlangte vom hypnotisierenden Arzt ganz andere Beweise, nicht nur solche, die endlich einmal wissenschaftlichen Anforderungen genügen könnten, sondern ganz übertriebene. Man hatte die Energie zu behaupten, die Heilerfolge existieren gar nicht, und zwar auch nach dem Erscheinen des Buches von Ringier[1]), dessen Resultate an Deutlichkeit nichts zu wünschen übrig ließen, und das in seiner Methodik die gewöhnlichen therapeutischen Untersuchungen, die man anstandslos schluckte, weit übertraf. Man fand auch für gut, einen neuen Begriff der „Heilungen" psychogener Erscheinungen eigens zun Zwecke der Herabsetzung der Hypnose zu machen, indem man behauptete, die Kranken seien nur von ihren Symptomen, nicht von der Hysterie, befreit. Das könnte man ja so sagen, man müßte dann aber konsequent sein und nicht selber alle Tage bei der Anwendung von andern Mitteln die nämliche Beseitigung krankhafter Erscheinungen als Heilungen beschreiben und widerspruchslos annehmen, wenn es andere tun.

Noch etwas anderes Wichtiges spielt mit: die Psychophobie des modernen Arztes[2]). Die primitive Medizin ist trotz der Greifbarkeit der angewandten Zaubermittel eine psychologische; sie konnte ja nur durch Suggestion wirken, und die ganze Art, wie der eine den andern nimmt, und der andere sich nehmen läßt,

---

[1]) Ringier, Erfolge des therapeutischen Hypnotismus in der Landpraxis. J. Lehmann, München 1891 u. Zürcher Diss.

[2]) Bleuler, Notwendigkeit eines med.-psycholog. Unterrichts. Sammlung klinischer Vorträge Nr. 701. Barth, Leipzig 1914. — Bleuler, Die psychologische Richtung in der Psychiatrie. Schweiz. Archiv für Neurologie und Psychiatrie. 2. 1918. S. 181.

ist nur ein Spiel der beiden Psychen gegeneinander. Die Medizin des Pfuschers der Kulturländer ist natürlich nahezu ebenso psychologisch, und die wissenschaftliche war es in ziemlichem Ausmaß bis vor einem halben Jahrhundert viel mehr als heute, indem man, wenn auch instinktiv, das Verhalten des Patienten mehr berücksichtigte und daraus diagnostische Schlüsse zu ziehen versuchte. Seitdem hat man viele eindeutige, leicht erlernbare und mechanisch ausübbare physikalische und chemische Reaktionen erfunden, die die Diagnostik enorm erleichterten, aber die Aufmerksamkeit ganz von dem psychischen Teil der Medizin ablenkten, so daß man die Gewöhnung an psychologische Beobachtung, ja das natürliche Verständnis, das der Ungebildete für diese Dinge besitzt, verlor und nun tut, als ob etwas Mystisches abzuwehren wäre, wenn die wichtigere Hälfte des Kulturmenschen in Betracht kommen soll. Die psychischen Mechanismen sind ja auch viel zu kompliziert, als daß man sie in so leicht verständliche und mechanisch anwendbare Formeln bringen könnte wie die chemischen Reaktionen. Daher der Schrecken vor psychischen Überlegungen in der Medizin und ihre Abwehr, sobald sie sich aufdrängen[1]).

Die physikalisch-chemischen Erkennungsmittel mußten gerade deshalb eine so gewaltige Bedeutung bekommen, weil sie in ihrer Schärfe und übersichtlichen Einfachheit der Phantasie und vagen Wahrscheinlichkeitsschlüssen die Anhaltspunkte entzogen. Die Vorliebe für dieselben, und damit eine der Wurzeln der Abneigung gegen das kompliziertere Psychologische, entstammt also dem richtigen Bedürfnis, aus dem nachlässig autistischen Denken herauszukommen. Man hat sich aber im Mittel vergriffen und ist dadurch erst recht in den Autismus hineingeraten, indem man die so wichtigen psychischen Momente von den medizinischen Überlegungen absperrte und, wo dies nicht möglich war, ihre Berücksichtigung dem Gefühl überließ und von der wissenschaftlichen Beleuchtung ausschloß.

Das machte sich am unangenehmsten deshalb bemerkbar, weil eine der wichtigsten Gruppen von Krankheiten, die Neurosen, bloß psychisch verstanden und behandelt werden können, und bei den meisten übrigen Krankheiten das Psychische so stark mitspielt, daß die geborenen Psychotherapeuten, die Pfuscher, in Wirklichkeit, mit den wissenschaftlich gebildeten Ärzten immer noch fröhlich konkurieren.

Die Freudsche Tiefenpsychologie hat man sehr ähnlich wie die Hypnose und zum Teil aus gleichen Gründen bekämpft. Es ist ja richtig, Freud glaubt da und dort mehr, als zu beweisen ist, und manches, was er für recht wichtig hielt, wie seine Vorstellung

---

[1]) Ich vernehme, daß ein Begutachter wegen Schizophrenie zu exkulpieren pflegte, wenn er nichts anderes gefunden hatte als die für die Krankheit angeblich charakteristischen Abderhaldenschen Reaktionen. Ich habe gemeint, es sei der Mangel an Willensfreiheit, der unzurechnungsfähig mache und nicht eine bestimmte „Krankheit", die übrigens durch jene Methode gar nicht nachgewiesen ist.

von der Entwicklung der Sexualität, hat der Kritik nicht standgehalten. Es gibt auch gewisse Psychanalytiker, die unter Umständen einmal in ein Mädchen oder eine junge Frau Dinge hineinreden, die in diesem Falle besser nicht hineingeredet würden. Mancher einzelne supponierte psychische Zusammenhang wird ebenso gut wie manche nicht psychische Diagnose mehr intuitiv erraten als bewiesen. Aber warum verfuhr man nur hier so streng? Wie viele neue Verfahren auf allen Gebieten sind unendlich viel gefährlicher? Und welches noch so nützliche Instrument kann man nicht mißbrauchen? Und wenn auch einzelne Aufstellungen Freuds meines Erachtens nicht richtig sind, so hat er doch mehr neues Richtiges gesagt als die meisten gefeierten Leute, denen man sonst einige Irrtümer nachzusehen pflegt; er ist einer der wenigen, die die Psychopathologie wirklich gefördert haben, und zwar hat er überhaupt den größten Fortschritt gebracht, den ich auf diesem Gebiete kenne. Aber auch hier die wildesten Angriffe; auch hier wollte man viel schärfere Bedingungen für den Nachweis der Heilungen verlangen als sonst; ja hier griff man sogar den Begriff der Beobachtungen an, indem man behauptete, die Beobachtungen der Psychanalytiker seien ja gar keine Beobachtungen, sondern Auslegungen[1]). Nun ist der Übergang von Beobachtung zu Auslegung in Wirklichkeit unendlich viel fließender, als man so gewöhnlich meint, liegt doch in der einfachsten Wahrnehmung schon recht viel Auslegung. Aber was man da angriff, das waren Beobachtungen im gleichen Sinne wie die sonst in der Medizin üblichen, ebenso wie viele der angegriffenen Beweisführungen (nicht alle, wie ich selbst konstatiere) an Wahrscheinlichkeitswert den Durchschnitt unserer therapeutischen Deduktionen übertrafen. Führende Leute bemerkten nicht, daß ihnen Verdrehungen begegneten, so wenn sie den Psychanalytikern deshalb Hochmut vorwarfen, weil sie sich mit Galilei verglichen hätten, während diese — mit allem Recht — ihre Feinde deshalb den Feinden Galileis an die Seite stellten, weil sie über eine Sache aburteilten, die sie nie ansehen wollten, genau wie die beati possidentes der mittelalterlichen Weltanschauung sich weigerten, durch das Fernrohr des Neuerers zu sehen.

Auch die Tiefenpsychologie wühlt eben in der Seele, und der Psychanalysierte steht ja vor seinem Arzte viel nackter da als jemals vor sich selbst; da gibt es der Theorie nach überhaupt kein Geheimnis mehr.

Und die rücksichtslose Freudsche Durchforschung unserer Seele betrifft gerade in erster Linie die Sexualität, ein Gebiet, auf dem die gewaltigsten Hemmungen sowohl der natürlichen Instinkte wie von seiten der Erziehung sich dem Forscher entgegenstellen[2]). Jeder hat ja irgendwo in seiner Seele sexuelle Bestrebungen, die

---

[1]) Wenn die meisten Freudianer — im Gegensatz zu früher — jetzt mehr theoretisieren, so reden sie nicht von Beobachtungen.

[2]) Vgl. Bleuler, Der Sexualwiderstand. Jahrbuch f. psychoanalytische und psychopathologische Forschungen. Band V. 1913. S. 442.

nicht ganz als normal oder erlaubt gelten, die er selber zwar hegt, aber auch verurteilt, die er niemals oder nur unter ganz bestimmten Umständen und manchmal verbunden mit erotischem Behagen preis gibt, und die von manchen Religionen zu den größten Sünden und von der Gesellschaft zu den größten Schweinereien gezählt werden; ja ob die sexuelle Liebe an sich als die feinste Blüte am Baume der Menschheit, als das höchste zu erstrebende Gut oder als eine Sünde, etwas Ekelhaftes und eine Plagerei für den einen der Mitmachenden affektiv und intellektuell eingeschätzt werde, balanciert im einzelnen Fall wie eine Schnellwage, auf der ein kleines Übergewicht einen maximalen Ausschlag nach der einen oder andern Seite gibt. Bei nicht wenigen meiner Bekannten konnte ich auch ohne Schwierigkeiten herausfinden, welcher der sexuellen Partialkomplexe ihrer Ablehnung die große Energie verliehen hatte.

Überhaupt entgeht die ärztliche Wissenschaft der allgemeinen Regel nicht, daß die Sexualität ein bevorzugter Spielplatz des autistischen Denkens sei, wie es Rieger[1] sehr bezeichnend schildert: „Fast immer, wenn jemand über Sexuelles schreibt, gibt es Verwirrung und Konfusion wegen der „geheimen" Zustände; und zwar deshalb, weil der Schreiber auch fast immer geheim und konfus schreibt." Ein hübsches Beispiel ist die ätiologische Wertung der Onanie, deren von Tissot erfundene Schauerfolgen sich hundert Jahre lang in der Wissenschaft halten konnten, während die oberflächlichste Beobachtung in den Irrenanstalten, bei moralisch Defekten und an manchen andern Orten jedem Nicht-Blinden alltäglich das Gegenteil zeigte. Für Leser, die in dieser Sache nicht orientiert sind, sei bemerkt, daß wir von einem körperlichen Schaden der Onanie, abgesehen von gelegentlichen mehr oder weniger schmerzhaften Schwächegefühlen im untern Teil des Rückens nichts wissen, und daß die psychischen Folgen, wenn solche vorhanden sind, indirekt via Gewissensbisse, via Unaufhörlichkeit des nie siegreichen Kampfes gegen das „Laster" hervorgerufen werden; darum können moralische Idioten und Schizophrene, die sich um ethische Dinge nicht kümmern, beliebig onanieren, ohne daß man Nachteile zu sehen bekommt.

Ebenso unbegründet sind wenigstens bis jetzt die Behauptungen von schlimmen Folgen der Keuschheit. Wir sehen wenigstens einen ganzen Stand im Zölibat leben, und die Männer erwarten von dem anständigeren Teil der Mädchen, daß sie sich „rein" halten bis zur Verheiratung, viele sind aus anderen Gründen gezwungen, ohne Koitus zu leben — und alles ohne schlimme Folgen. Natürlich weiß ich, daß man von der „sexuellen Not" auch bei katholischen Geistlichen spricht. Aber es wäre merkwürdig, wenn nicht einzelne auch von dieser Auslese sich gegen die Unterdrückung des lebhaftesten menschlichen Triebes sträuben würden; und weiß denn jemand, daß sie mehr geisteskrank werden als andere Leute? und das ihrer Keuschheit wegen? Es ist mir auch sehr gut bekannt,

---

[1] Dritter Bericht aus der psychiatrischen Klinik der Universität Würzburg. Kabitzsch, Würzburg 1910. S. 62.

daß viele andere Leute behaupten, sie halten es ohne Koitus nicht
aus, sie seien nicht mehr arbeitsfähig, bis sie wieder einmal „los-
gegangen". Aber wenn man eine Ausrede haben möchte, Renten
zu beziehen, so benutzt man den ersten besten Unfall, um sich eine
Neurose anzuschaffen; warum soll man sich nicht einige Unbehagen,
die unter Umständen wirklich der sexuellen Unbefriedigtheit ent-
springen mögen, zu Entschuldigungen für außereheliche sexuelle
Betätigung vergrößern können? Entschuldigungen namentlich vor
sich selbst, aber auch vor andern. Wenn einmal die Erfahrungen
im Kriege gesammelt sind, wird man hoffentlich über die Folgen
erzwungener sexueller Abstinenz genügenden Aufschluß bekommen;
vorläufig zeigen sie bloß, daß schließlich auch der Sexualtrieb den
Möglichkeiten sich anpaßt und geringer wird, wenn er nicht befriedigt werden kann. Jedenfalls ist es sehr verfrüht und ich möchte
fast sagen gewissenlos, wenn man jetzt schon bloß aus den Neurosen,
die mit unbefriedigter Sexualität zusammenhängen, einen Schaden
der sexuellen Abstinenz für eine größere Zahl von Individuen ableiten will. Denn auch da, wo Koitus nicht fehlt (unglückliche
Ehen und andere Umstände), gibt es Neurosen aus sexueller Unbefriedigtheit, indem eben das von diesen Leuten übersehene Seelische
an der Erotik, die „Liebe", das Ausschlaggebende ist. Umgekehrt
gibt es nicht koitierende Liebende (Braut- und Ehepaare), die nicht
nervös sind oder bei diesem Verhältnis ihre Nervosität gebessert haben.
     In etwas possierlicher Weise tritt die besondere Stellung des
Sexualkomplexes in der Medizin bei den Besprechungen der sexuellen
Anomalien, wie sie früher üblich und jetzt noch nicht ganz aus der
Mode gekommen sind, hervor. Der Autor fühlt sich da immer
noch bemüßigt, seinen Abscheu vor der Sache, die er beschreibt,
und vor der Aufgabe, die er sich gestellt hat, besonders auszudrücken.
Man wird nun in der Medizin nicht immer bloß objektiv beschreibend
sein können, und es ist gewiß gut, wenn man bei Gelegenheit auch
dem Lernenden zu verstehen gibt, daß man in dem Patienten ein
fühlendes Wesen vor sich hat, das auch Mitgefühl beim Arzte er-
regen muß, und daß soziale und ethische Motive auch im Arzte
lebendig sein sollen; aber warum hier eine Wertung? und warum
gerade manchmal hier in so übertriebener Weise? Den Schlüssel
kann, so weit ich sehe, nur die von Freud zuerst hervorgehobene
Tatsache geben, daß eben jeder seine homosexuelle Komponente hat
und sogenannte abnorme Triebe verdrängen mußte, so daß man
sich ausdrücklich (nach dem umgekehrten Satze, qui s'excuse
s'accuse) besonders gegen den Vorwurf verteidigen muß, daß derjenige, der das beschreibe, auch so einer sei; wie wenn jeder, der
über Malayen schreibt, auch ein Malaye sein müßte. In England
hat man ein Buch über den Sexualtrieb von einem ernsthaft zu
nehmenden Gelehrten verboten; in Deutschland ist ein Gelehrter
der Beschimpfung schuldig erklärt worden, weil er eine Rund-
frage veranstaltete, um zu erfahren, wie viele der Angefragten
homosexuell seien. Nun weiß ich, daß es nicht Mediziner sind, die
zu Gericht sitzen; aber einesteils nehmen die Mediziner solche all-

gemein menschlichen Schwächen auch in ihre Wissenschaft hinüber, und anderseits wären, wenn sie als Klasse nicht die sexuelle
Konvenienz — und Heuchelei — über die Wissenschaft stellen
würden, solche Urteile nicht möglich. Überhaupt vergißt man
zu leicht, daß es weder ethische noch ästhetische Kriterien einer Wahrheit gibt. Wer solche Dinge in die Logik
hineinträgt, begeht einen schweren Fehler. Hat James in seiner
sonst nicht schlechten Diskussion der Willensfreiheit dem Indeterminismus einen Dienst geleistet, wenn er ihn schließlich bloß aus
moralischen Gründen akzeptiert? Wie weit ernsthafte Leute in
dieser Richtung gehen können, möge folgender gegen die Psychanalytiker gerichtete Satz beleuchten: ,,Zieht nicht unsere heiligsten
Gefühle, unsere Liebe und Verehrung zu den Eltern, die uns beglückende Liebe unserer Kinder in den Schmutz eurer Phantasien
hinab durch die fortwährende Unterschiebung widerlicher sexueller
Motive[1]).''

Schließen wir dieses Kapitel über autistische Therapie mit einigen
Erfahrungen aus der letzten Grippeepidemie, die eine böse
Blamage unserer Kunst und ihrer Träger gebracht hätte, wenn das
autistische Denken bei Arzt und Laien nicht noch so australnegerhaft stark wäre, daß man sie gar nicht empfindet. Nicht darin natürlich liegt ein Vorwurf, daß wir über die Krankheit und ihre Behandlung so wenig wissen; zu tadeln ist vielleicht, daß wir drauflos behandelt haben, wie wenn wir wüßten, was wir täten, und sicher ist es
ein Fehler, daß wir bei dem Anlaß nichts gelernt haben. Schon die
Diagnose gab Gelegenheit zu außergewöhnlichem Schlendrian. Daß
die akuten Anfälle von Psychosen während der Epidemie zum
großen Teil Grippepsychosen sein mußten,, ist natürlich und höflich;
daß aber ein Melancholiker, der zwei Monate vor der Epidemie erkrankt ist und nie Fieber hatte, als Grippe behandelt wird und noch
drei Monate ,,Erholung'' im Süden nötig hat, ist unnütz und schädlich und nur ein Beispiel von vielen. Und therapeutisch zwingt
ein Arzt seinem Patienten, der nicht nur keinen Appetit, sondern
zufällig auch einen Widerwillen gegen Fleisch hat, unter Todesdrohungen Fleisch auf und verpflichtet die ganze Familie, dafür
zu sorgen, daß das Fleisch gegessen werde, weil der Patient sonst
sterbe. Viele der Kollegen verbieten aber bei diesem ,,Fieber'' in
erster Linie das Fleisch; manche gehen weiter und verbieten alles
Feste, und die allerfeinsten geben zwei Tage lang nur Tee. In gleicher
Weise werden Chemie und Physik mißbraucht. Zwei Kollegen
haben wunderbare Erfolge, indem sie Brechmittel und Laxantien
zusammen geben. Ergraute Praktiker wetteifern mit Leuten, die
die Examenangst noch kaum überwunden haben, in der Verbreitung
von neuen und alten Wahrheiten und benutzen dazu auch die
Zeitungen, und die Behörden müssen, auch wenn sie den Unsinn
einsehen, zur Beruhigung des Publikums und um sich die schwersten
Vorwürfe zu ersparen, allerlei schikanöse Vorschriften erlassen und

---

[1]) Mendel, Neurol. Zentr.-Bl. 1910. S. 321.

mit Strafandrohungen gewichtig machen; sie müssen in den Erlassen über Kohlensparen das Fensteröffnen und den häufigen Wechsel der Leibwäsche verbieten und in den Grippeerlassen Fensteröffnen und eifrigen Wäschewechsel befehlen und noch viele andere psychologische Wahlversuche mit ihren lieben Untertanen machen. Die Lieferung von Salvarsan an die Schweiz durch Deutschland zum Zwecke der Grippebekämpfung ist eine politische Aktion geworden. Und dabei wissen wir über eine nützliche Behandlung oder darüber, ob wir mit unseren Maßnahmen schaden oder nützen, auch gar nichts, und ebenso wenig über die Verhütung des Übels. und es wäre gewiß am gescheitesten, das zu sagen; man könnte dann allenfalls durch Verbot von Massenansammlungen das explosive Auftreten, das am meisten Verlegenheiten mit sich bringt, abzuschwächen suchen[1]) und im übrigen die Epidemie über sich ergehen lassen, bis die Bevölkerung so weit durchseucht ist, daß jene wieder verschwindet. Das Geld für die Desinfizientien, mit denen Tramwagen und Nasenhöhlen bearbeitet werden, ließe sich nützlicher verwenden, und die Ärzte könnten ihr bißchen Benzin für die schwereren Fälle sparen, wo sie, wenn nicht Nutzen, so doch den Trost bringen können, daß alles getan wird, um zu helfen. Himmeltraurig ist es, daß das Millionenexperiment nirgends dazu benutzt worden ist, zu konstatieren, ob ein Wickel oder eine schweißtreibende Prozedur und ähnliches bei dieser Krankheit nützen oder schaden könne und in welchen Fällen. Hätte man nur den hundertsten Teil der unnützen oder schädlichen Arbeit auf ein solches methodisches Studium verwendet, wir stünden der nächsten Epidemie ganz anders gerüstet gegenüber.

---

[1]) Vielleicht steigern die Ansammlungen auch die Virulenz — „vielleicht" — denn manche überfüllte Irrenanstalt hat eine sehr geringe Grippemortalität. In Rheinau hatten wir 1890 bei einer Bevölkerung von über 850 Personen keinen Todesfall (nachträglicher Tod an exacerbierender schon vorher manifester Phthise und ähnlichem nicht gerechnet), obwohl ein großer Teil der Patienten und namentlich auch der Angestellten von der Epidemie ergriffen wurde. Behandlung: Udenotherapie.

C. Vom Autismus in Begriffsbildung, Ätiologie und Pathologie.

Die Unklarheiten und ungenügenden Bildungen von medizinischen Begriffen kann ich nicht eingehend behandeln; das würde ein besonderes Buch bedingen. Einige Beispiele mögen aber doch am Platze sein; und der Leser mag sich vorstellen, was man in der Physik mit so unklaren Begriffen anstellen würde. Unter genauerer Begriffsbildung verstehe ich aber gar nicht wie Jaspers in seinen sonst so verdienstlichen Arbeiten philosphische Deduktionen; ich bin im Gegenteil überzeugt, daß man damit nur schadet. Wir müssen nur nach Tatsachen suchen und daraus die nächstliegenden Zusammenhänge in begrifflicher und kausaler Beziehung ableiten. Alles, was darüber hinausgeht, ist vom Bösen. Physik und Technik haben sich vollständig von allen philosophischen Gesichtspunkten frei gemacht und befinden sich ausgezeichnet dabei.

Natürlich tadle ich nicht Begriffe, die vorläufig gebildet werden müssen, ohne daß man genügende Kenntnisse hat, um sie definitiv abzugrenzen. Solche Konstruktionen lassen sich nicht umgehen und sind kein Schade, weil man sich des Mangels bewußt ist und versucht, ihn zu heben. Es ist ein brauchbarer, richtiger, wenn auch vorläufiger Begriff, wenn man alle Krankheiten mit eigenartigem Syndromenkomplex, Verlauf und Heredität zusammenfaßt als Schizophreniegruppe und diese andern Sammelbegriffen, wie dem der organischen Psychosen oder der Psychoneurosen, gegenüberstellt mit dem Bewußtsein, daß man innerhalb dieser großen Gruppe nach Scheidewänden zu suchen hat.

Aber ein unklarer und wissenschaftlich unbrauchbarer Begriff entsteht, wenn man eine Paranoia Kraepelins und das Delirium eines schizophrenen Schubes als Verstandespsychose oder Paranoia im älteren Sinne zusammenfaßt; denn die Pathologie beider Syndrome ist in Wirklichkeit eine ganz verschiedene.

Ebenso charakteristisch wie komisch ist es, daß nicht einmal der Begriff, mit dem wir alle in erster Linie operieren müssen, der der Krankheit, von uns anders als im vulgärsten und ungenauesten Sinne verwendet wird und überhaupt noch nie klargestellt worden ist. Krank und gesund sind etwa Begriffe wie warm und kalt. Was würde der Physiker sagen, wenn wir ihm zumuten

würden, mit ihnen zu operieren? Einzelne Seiten des Krankheits-
begriffes sind natürlich nicht selten besprochen worden, teils gut,
teils schlecht, und die moderne Gesetzgebung zwingt uns, da und dort
ein Stück Grenze genauer zu bestimmen. Aber solche Umschrei-
bungen sind forensische und nicht medizinische. · Daß die natürlichen
Grenzen fließende sind, weiß jedermann; aber man stellt sich selten
vor, wie breit die Übergangszone ist. Jeder Normale bekommt
einmal Tuberkelbazillen in die Lunge, von denen einzelne sich
vorläufig einnisten; von wann an ist man tuberkelkrank? Sind
Kinder mit dauerndem Befund von Diphtheriebazillen auf den Man-
deln deswegen nicht gesund? Wann ist eine Diathese, z. B. eine
gichtische, bis zur Krankheit gesteigert? Inwiefern sind Verletzungen
und Vergiftungen Krankheiten? Oder gar wo beginnt die Neurose?
wo die Psychose bei einer konstitutionellen Verstimmung? Auf
dem psychiatrischen Gebiet haben wir gute Gründe, von Krankheit
zu reden, sobald einmal eine Prozeßpsychose wie Paralyse, Katatonie
nachgewiesen ist, wenn auch eine leichte; und doch kann man in
vielen Fällen, namentlich bei einer Schizophrenie, daraus weder
medizinische noch forensische noch soziale Konsequenzen ziehen.
Soll man so leichte Fälle wirklich als Krankheit bezeichnen? und
das auch dann, wenn ein Fortschreiten in absehbarer Zeit nicht zu
erwarten ist? Sind die angebornen Abnormitäten Krankheiten?
nicht nur diejenigen, die auf irgend einer Keimverderbnis oder einer
intrauterinen Störung beruhen, sondern auch hereditäre Abnormitäten? Und auf psychischem Gebiet, warum ist man so leicht geneigt, Charakterabnormitäten, namentlich moralische, nicht als
Krankheiten zu betrachten, wohl aber intellektuelle und von diesen
wieder die bloß quantitativen Defekte wie Oligophrenien eher als
die qualitativen wie Verschrobenheit? Wie verhält sich der Krank-
heitsbegriff zu dem klareren der Norm? Selbstverständlich wird
man nicht da, wo die Natur nun einmal flüssige oder gar keine
Grenzen gesetzt hat, einen Begriff scharf umschreiben wollen;
die Aufgabe ist, ihn genau der Natur anzupassen und nicht mehr
sich einzubilden, es mit einer Vorstellung von bekannter und fester
Umrahmung zu tun zu haben, wenn das Gegenteil der Fall ist.
Dann kann man keine falschen Konsequenzen mehr daraus ziehen,
und man wird sogar, wie ich glaube, finden, daß der Begriff der
Krankheit an vielen Orten, wo man ihn bis jetzt unentbehrlich
glaubte, ganz unnötig oder nur verwirrend ist, so vor allem da, wo
man ihn am meisten benutzt und die wichtigsten Konsequenzen
daraus zieht, auf forensischem Gebiet. Es wäre ein Segen, wenn
man ihn da endlich unbenützt ließe. Was geht es den Juristen an,
ob jemand an einer „krankhaften" Störung leide; es kommt nur
darauf an, ob der Rechtsbrecher in seiner Handlungsfähigkeit oder
in der Fähigkeit der Selbstbestimmung alteriert sei oder nicht. Auf
dem Gebiete der Eugenik, wo man mehr mit den Psychopathen
rechnet, kümmert man sich schon lange nicht mehr um die Abgrenzung von krank und gesund, und niemand hat gemerkt, daß das
ein Nachteil wäre.

Ein Korn Berechtigung hat allerdings die Forderung der forensischen Abgrenzung von (geistig) krank und gesund doch, wenn sich auch die wenigsten über die Ursache klar sind. Der Begriff der Geisteskrankheit (wie er ist, nicht wie er sein sollte) ist eben kein medizinischer, sondern ein sozialer[1]). Geisteskrankheiten sind ursprünglich Abweichungen von der geistigen Norm, die ihren Träger sozial untüchtig machen oder ihm erhebliche Schwierigkeiten bereiten. Erst in neuerer Zeit hat man erkannt, daß im medizinisch-pathologischen Sinne die Neurosen keine Neurosen, sondern Krankheiten der Psyche sind, so gut wie eine Paranoia. Man beschreibt deshalb auch diese Krankheiten in den Lehrbüchern der Psychiatrie, hütet sich aber, einen Nervösen geisteskrank zu nennen, solange er sich nicht in einem der seltenen Dämmerzustände befindet; und auch diese letzteren Syndrome zählen weder Laie noch Arzt zu den ,,eigentlichen'' Geisteskrankheiten. Ein Rausch und ein chronischer Alkoholismus ist naturwissenschaftlich eine Geisteskrankheit so gut wie eine Paralyse; den ersteren zählt man aber gar nicht dazu, den letzteren nur ausnahmsweise.

Noch nicht auf der Höhe sind auch die Diskussionen über die Abgrenzung der Begriffe der einzelnen Krankheiten. Es gibt auch da keine allein richtigen Prinzipien, ja nicht einmal eines, das man konsequent durchführen könnte. Man kann Krankheiten abgrenzen nach dem Organe, das befallen ist, oder nach den Mikroben, oder dem Gift, das sie verursacht, oder nach der Erkältung, die sie auslöst, oder dem Trauma, das zu ihrer Entstehung nötig ist, oder nach dem im Hintergrund stehenden Symptomenkomplex, oder nach der Heredität, die die Zusammengehörigkeit bejaht oder verneint, jedes dieser Prinzipien kann seine guten Gründe und seinen guten Nutzen haben. Objektiv ist die eine Einteilung nicht mehr wert als die andere. Aber zur Darstellung oder Behandlung unter bestimmten Gesichtspunkten ist je nachdem die eine oder andere Einteilung die bessere oder die allein richtige. Bevor man darüber diskutiert sollte man also festlegen, zu welchem Zwecke man die Krankheit abgrenzt, oder unter welchen Gesichtspunkten man die Einheit zusammenfaßt; damit wäre einem Streit gewöhnlich vorgebeugt, und der Begriff würde ein klarerer. Es wird aber noch ganz selten berücksichtigt, daß ,,eine Krankheit'', sei sie abgegrenzt wie sie wolle, niemals ein starres Schema ist. Infektionen mit der nämlichen Mikrobenspezies sind etwas ganz anderes, oft schon nach der Lokalisation (Hautsyphilis und Paralyse, Meningococcus in der Nase oder in den Meningen), oder nach der Konstitution des Patienten, oder nach begleitenden toxischen Einflüssen oder begleitenden anderen Bakterien, oder nach dem speziellen Stamme und der Vorgeschichte des Mikroben (Durchgang durch andere Lebewesen, die

---

[1]) So wird es verständlich, wenn dann und wann noch die Anstaltsbedürftigkeit mithilft Krankheitsbilder abzugrenzen, was z. B. von Hellpach, allerdings in übertriebener Weise, Kraepelin zum Vorwurf gemacht wird. Niemals aber sollten solche Kriterien bei der Abgrenzung von Erbeinheiten mitwirken.

die Virulenz beeinflußt haben). Aber auch bei Krankheiten,
die wir als konstitutionelle Einheiten ansehen, darf
man eine Gleichförmigkeit nicht mehr erwarten, als
bei einer Pflanzenspezies, die ja immer zusammen-
gesetzt ist aus einer großen Menge von einzelnen Stäm-
men. Ein manisch-depressives Irresein in der einen
Familie ist meist etwas anderes als das in einer andern
Familie, und hierbei haben wir das nämliche Recht,
solche Krankheitsausprägungen zusammenzufassen, wie
wir die verschiedenen Stämme einer beliebigen Pflan-
zen- oder Tierart in eine Spezies vereinigen. Innerhalb
der nämlichen Krankheit haben wieder verschiedene Einteilungs-
prinzipien ihre Berechtigung, aber man soll auch da möglichst
genau überlegen, was man abgrenzt. Ist eine schwere Geisteskrankheit diejenige, in der der Kranke vollständig verwirrt ist und
tobt, aber bald wieder „gesund" und sozial wird, oder diejenige,
die man nur bei genauem Zusehen bemerkt, die aber eine Persönlichkeit von Grund aus umgestaltet und schließlich asozial macht?
Ein Autor teilt die von ihm beobachteten Typhen nach der Dauer
des Fiebers in leichte und schwere ein. Von den leichten sterben
in der Beobachtungszeit mehr als von den schweren. In welchem
Sinne sind jene die leichteren?

Der Laie unterscheidet auch immer noch die „Gemütskrank-
heiten" von den Geisteskrankheiten; denn eine Melancholie macht
ihm mehr den Eindruck einer körperlichen Krankheit und eine
Manie den einer Charakteriegentümlichkeit, die er wie die moralische Idiotie dem Patienten zur Schuld anrechnet, als etwas Ge-
wolltes, das man auch anders haben könnte. Wie unbrauchbar in
der Naturwissenschaft der Psychosenbegriff ist, zeigt sich besonders
deutlich bei den Hereditätsstudien, weil die Erbeinheit gar nicht
der Geisteskrankheit entspricht (vergl. unten bei den Anforderungen
der Statistik).

Noch schlechter als mit dem Begriff der Krankheit steht es mit
dem der Heilbarkeit (und Unheilbarkeit). Und doch läßt man
sich immer wieder zwingen, den Kassen und Beamtungen unbeant-
wortbare Fragen nach diesem Schema zu beantworten. Ist eine
Schizophrenie heilbar? Eventuell von wann an nicht mehr? Inwiefern ist ein manisch-depressives Irresein heilbar? In unseren
Anstaltsstatistiken liefern die Deliranten das größte Kontingent
zu den Heilungen; medizinisch gehören sie zu den am wenigsten
Geheilten, weil nach Abklingen des Delirs der chronische Alkoholismus fortbesteht wie der Typhus nach einer Darmblutung.
Daß überhaupt der Begriff der Heilung bei den verschiedenen
Krankheiten ein ganz ungleicher ist, wird noch zu oft übersehen.

Unter „Intelligenz" oder „Blödsinn" stellen sich auch die
Psychiater noch recht verschiedene Dinge vor, und nur ganz wenige
haben versucht, sich einen klaren Begriff der Demenz zu schaffen:
gibt es doch jetzt nooh Leute, die eine Dementia praecox durch eine
flüchtige „Intelligenzprüfung", die in Wirklichkeit nur eine Wissens-

prüfung ist, ausschließen wollen, oder die eine senile und eine schizophrene und eine oligophrene Demenz als identisch betrachten,
und die Gefühlsstörung der Dementia praecox oder die Gedächtnis-
störung der Organischen je auf die beiden andern Formen übertragen.

In der Psychiatrie ist einer der recht schlimmen Begriffe der
der D e g e n e r a t i o n. Ihm liegt zunächst einmal zugrunde die
Vorstellung einer durch die Generationen zunehmenden Abnahme
der Lebenskraft mit Neigung zu Verbildungen aller Art, wie sie
M o r e l aufgestellt hatte und wie sie in genealogischen Theorien
der „Familien" merkwürdigerweise herumspukt, wenn man z. B.
sagt, daß eine Familie nicht älter als 600 Jahre werden könne,
dann aber aussterbe, meist mit Abnormitäten bei den Endgliedern[1]).
Ich habe noch nie herausgebracht, was man sich dabei eigentlich
vorgestellt hat. Was wir wissen, ist ja nur das, daß alle Familien
gleich alt sind und auf den gleichen Adam zurückgehen; denn eine
Urzeugung des Menschen und gar noch eine vielfache, familiäre
ist noch nirgends konstatiert. Nun haben gewisse Leute offenbar
eine Vorstellung im ganz oder halb Unbewußten, daß sich aus dem
sich gleich bleibenden und gleichmäßig fortpflanzenden Urschleim
der Mittelmäßigkeit dann und wann einzelne Familien auf eine
besondere Höhe der Kraft oder der Intelligenz heraufzüchten (an
die Ursachen einer solchen — modern gesprochen — Mutation
dachte man gewöhnlich nicht, sondern man gab sich den Anschein,
wie wenn das etwas Selbstverständliches wäre), dann zur „Blüte"
kommen und vergehen[2]). Aber streng durchgeführt wird eine
solche Vorstellung meines Wissens nirgends; will man doch nachgewiesen haben, daß auch die bürgerlichen Familien nur 600 Jahre
leben. Was aber das Schlimmste ist, wir wissen von einer solchen
Herausarbeitung der Familien nichts, wenn auch ihre Voraussetzung im Lichte neuerer Entdeckungen und Auffassungen (die
also zur Zeit der Schaffung des Degenerationsbegriffes noch nicht
existierten) eine ganz hübsche Arbeitshypothese bilden könnten.
Die M o r e l sche Degeneration, die mit einer gewissen Regelmäßigkeit in vier Generationen bestimmte Stadien bis zum Aussterben
durchlaufen sollte, hatte sich überhaupt nie begründen lassen[3]),
ist aber nichtsdestoweniger jahrzehntelang in den psychiatrischen
Schriften weiter gebucht worden, während jeder Tertianer sie an

---

[1]) In einer sonst vorzüglichen Arbeit steht der Satz: „Patient stammt
mütterlicherseits aus sehr alter, väterlicherseits aus jüngerer Familie." Wir
verstehen ja, was der Verf. von den Eigentümlichkeiten der alten Aristokratin
und denen des Emporkommenden sagen will; aber die Auffassung ist eine
falsche.

[2]) Oft datiert man „das Geschlecht" von einer Einwanderung an den Ort,
wo es bekannt geworden, ohne sich klar zu machen, wie unrichtig das biolo-
gisch sein muß.

[3]) Damit soll kein abschätziges Urteil über die wertvollen Arbeiten M o r e l s
ausgesprochen sein, wohl aber über die nachfolgende Psychiatrie, die gerade
eine kleine Unvorsichtigkeit des Autors zu einem falschen Begriff schemati-
sierte und überlieferte, während sie das Gute übersah.

Hand der historischen Genealogien hätte Lügen strafen können. Immerhin hat man schon lange ein unklares Gefühl gehabt, daß der Morelsche Begriff sich nicht halten läßt, hat ihn aber, ohne sich mit ihm genügend abzufinden, mehr unmerklich ersetzt durch den der Zunahme — oder meistens nur der Häufigkeit — von geistigen und eventuell gewissen als „Degenerationszeichen" verschrienen körperlichen Anomalien in einer Familie; man drückte sich aus, daß einer aus einer degenerierten Familie stamme, wenn er viele geisteskranke Blutsverwandte hatte. Damit ist aber der Begriff zu etwas ganz anderem geworden, als man sich dachte und als der Name besagte.

Magnan glaubte unter dem Namen der Degeneration etwas herausgehoben zu haben, was wir eine bestimmte Art einer Degeneration nennen könnten, einen angeborenen, aus der Familie herausgewachsenen psychischen Symptomenkomplex, den er meinte positiv und negativ umschrieben zu haben, zu dem aber doch viel zu vielerlei gehörte, als daß man ihn hätte annehmen können; so waren ihm die meisten leichteren Schizophrenien in den Begriff eingeschlossen. In ähnlichem Sinne sind in der deutschen Literatur die meisten psychisch von der Norm abweichenden Leute als Degenerative bezeichnet, wenn man ihre Krankheit nicht in eine der bekannten Psychosenformen einreihen kann. Dieser dritte Begriff der Degeneration ist also ungefähr der nämliche wie der der Psychopathie.

Als Degenerierte werden auch Patienten bezeichnet, die von Jugend auf abnorm sind, besonders wenn sie später an einer schwereren Psychose erkranken. Und sechstens nennt man die progressiv verlaufenden Krankheiten wie die Schizophrenie und die daran leidenden Patienten degenerativ.

Auf eine siebente Vorstellung, die dem Begriff entsprechen kann, möchte ich noch aufmerksam machen, weil sie in ihrer wahrscheinlichen Bedeutung noch nicht genügend erfaßt und noch gar nicht in diesem Zusammenhang gebracht worden ist. Es gibt eine Menge embryologischer Entwicklungsfehler, die in ihren gröbsten Formen als Anenzephalie und viele andere Unterbildungen irgend welcher Organe oder Organgruppen sich ausdrücken. So gut wie eine Hasenscharte von leichten Andeutungen bis zum vollen Offenbleiben der Spalte in den Gaumen hinein alle Stufen annehmen kann, gibt es wohl bei allen solchen Mißbildungen stete Übergänge bis zum Gesunden. Es ist also gut möglich, daß hinter den modernen Befunden und Auffassungen, die von unentwickelten Zellen im Gehirn und anderen Spuren einer Entwicklungshemmung sprechen, etwas richtiges ist. Warum soll nicht unter ungünstigen Verhältnissen ein menschlicher Organismus so gut wie eine Pflanze im ganzen oder in einzelnen Organkomplexen in der Entwicklung zurückbleiben? Über die Ursachen solcher Hemmungsvorgänge sind wir noch nicht klar; nach vielen Versuchen am Hühnchen mit vielerlei chemischen Stoffen, an der Froschlarve namentlich mit Hormonen und nach Injektionen von Harnsäure am Kaninchen können chemische

Einflüsse auf die Eltern oder den werdenden Embryo solche Mißbildungen hervorbringen. Dazu werden gewiß auch Anomalien
der inneren Sekrete gehören; ferner gibt es Wahrscheinlichkeitsgründe dafür, daß stärkerer Alkoholgenuß beim Menschen solche
Wirkungen auf die Nachkommenschaft habe. So wäre es möglich,
daß ein großer Teil von Psychopathien und von Dispositionen zu
Geisteskrankheiten eigentlich teratologisch wären, wie Harnsäure-
injektionen beim männlichen oder weiblichen Kaninchen lebens-
fähige Nachkommen epileptisch machen sollen. Inwieweit solche
Störungen auch auf die folgenden Generationen vererbbar, und ob
sie regenerierbar sind, darüber zu sprechen lohnt es sich noch nicht.
Aber jedenfalls fügen sich solche Erfahrungen noch am besten in
den allgemeinen Begriff einer Degeneration ein.

Das sind die wichtigsten Bedeutungen eines Begriffes, der fast
nach keiner Seite Grenzen hat, der aber eine große Rolle spielte
und so ernst genommen wurde, daß ich von Kollegen nicht selten
gefragt worden bin, ob der oder jener Kranke ein Degenerierter
sei. Es ist aber hinzuzufügen, daß mit diesen sechs Vorstellungen
die Inhalte, die einzelne dem Ausdruck der Degeneration geben,
noch nicht erschöpft sind, daß aber die meisten, die den Begriff
brauchten, sich selbst nicht klar waren, in welchem Sinne sie es
taten, und oft z. B. eine degenerative Krankheit wie die Schizophrenie mit der Familiendegeneration verdichteten. Der eine zog
aus der degenerativen Natur einer Krankheit den Schluß, daß sie
nicht so schlimm sei, wie sie aussehe; der andere sprach damit die
Unheilbarkeit und die Progressivität aus, und wer von einer degenerativen Gefängnispsychose oder einem degenerativen Delirium
liest, hat zunächst zu raten oder nachzuforschen, was damit gemeint ist.

In ähnlicher Weise unklar war der Begriff der konstitutionellen Psychosen, die z. B. in der offiziellen schweizerischen
Statistik keine Psychosen im engeren Sinne, sondern angeborene
Abweichungen vom Normalen sind (also namentlich Charakter-
defekte, dann aber auch schwere Hysterien, bei denen die angeborne Anlage wichtiger erscheint als die auslösende Ursache usw.).
Der nämliche Name bezeichnete aber auch akute oder chronische
Erkrankungen, die aus der psychischen Konstitution herauszu-
wachsen schienen, wobei man bald mehr an die Konstitution des
einzelnen, bald mehr an die der Familie dachte. Der Begriff der
konstitutionellen Geisteskrankheiten gab einem meiner ehemaligen
Vorgesetzten, der Privatdozent war, Anlaß zu einer hübschen Erschleichung. Einem Paranoiden mit langsamem Verlauf strebte
er immer, „Quecksilber in sein Gehirn zu bringen", und diesen
Wunsch erklärte er mir so, daß es sich doch um eine Krankheit
handle, die in der Konstitution liege. Das Quecksilber sei das beste
Alterans der Konstitution. . . .

Viele meinen auch mit dem Worte „Psychopathie" etwas
Bestimmtes zu sagen oder zu hören. In Wirklichkeit hat noch niemand einen klaren positiven Begriff geschaffen, den man so be-

zeichnen könnte. Man wird das Wort kaum entbehren können,
aber als Bezeichnung für alle der Heraushebung werten Abweichungen
vom Normalen, die noch nicht als bestimmte Krankheitsbilder beschrieben sind. Die Umgrenzung ist also eine negative,
und man kann nicht fragen, ob ein psychisch auffälliger Mensch
ein Psychopath sei, sondern die richtige Fragestellung wäre die,
ob er in eine bestimmte Klasse von Psychosen oder sonstigen Anomalien eingereiht werden könne; wenn ja, so ist er eben als Schizophrener, Hysteriker oder etwas ähnliches zu bezeichnen; wenn nicht,
so bleibt uns für ihn nur der allgemeine Name des Psychopathen,
der über die Richtung der Abweichung nichts besagt.

Ein neuer auf Abwege führender Begriff ist der der Psychasthenie. Man kann natürlich bei jeder Abnormität eine Schwäche
finden, und wenn man sie in die ganze Psyche verlegt, so hat man
eine Anomalie vor sich, die man Psychasthenie nennen kann. Daß
mit einer solchen „Diagnose" nichts gewonnen ist, ist selbstverständlich. Der Begriff fängt an, sich ähnlich auszuwachsen wie
der der Neurasthenie, von dem allerdings heutzutage fast jedermann weiß, daß er ein Bequemlichkeitsbegriff geworden ist, und
daß das, was daran wissenschaftlich war, die gemeinsame Zurück-
führung einer Anzahl von Krankheitsbildern auf Erschöpfung,
den Tatsachen gegenüber nicht standhält. Ein recht bedauer-
liches Zeichen für die medizinische Begriffsbildung war übrigens
gerade die Vermischung von angeborenen „neurasthenischen"
Krankheitsbildern mit erworbenen, und unter diesen wieder die
Subsummierung der gewöhnlichen Formen, die in Wirklichkeit
gar nichts mit Erschöpfung zu tun haben, unter diesen Begriff.
Man hat dadurch auf einmal den Begriff der „Erschöpfung" selbst
so verschoben, daß er nicht mehr eine zu starke Kraftausgabe bei
ungenügender Einnahme, sondern auch irgend etwas anderes bedeutet, was dem Organismus angeboren ist und neuestens gerne
Psychasthenie genannt wird.

Die Ermüdungs- und Erschöpfungsfrage war ja überhaupt seit langem ein Tummelplatz des autistischen Denkens in der
Medizin, und es bedurfte der Erfahrungen des Weltkrieges, um
endlich zu zeigen, nicht bloß, daß die tausendfach vorausgesetzte
Überanstrengung keine Ursache der ihr zugeschriebenen Neurosen
und Psychosen ist, und daß umgekehrt die ärgste Überanstrengung
überhaupt gar keine solchen Bilder hervorbringt. Wenn nicht
die Bequemlichkeit und die Höflichkeit gegenüber den Patienten
und ähnliches mitgespielt hätte, so wäre diese Entdeckung schon
längst der Beardschen Aufstellung entgegengesetzt worden; Beweis dafür die Tatsache, daß eben doch einzelne, die sich nicht
hatten verblenden lassen, das gewußt haben. Ihre Stimme wurde
aber nicht gehört.

Die Bildung von Krankheitsbegriffen nach den Ursachen bietet überhaupt Fallen, denen unser Denken nur schwer
ausweichen konnte. Es ist ja ganz genügend, wenn man bestimmte
Zustände damit charakterisiert, daß der Patient eben gestern zu

viel getrunken, zu viel gegessen, die letzte Nacht zu wenig geschlafen habe. Wir kennen die Folgen solcher Handlungen und Unterlassungen in ihrer ganzen Bedeutung ziemlich gut und können uns deswegen mit dieser ätiologischen Bezeichnung und Begriffsbildung begnügen. Aber ganz richtig ist sie doch nicht; denn auch die Magenüberfüllung kann einmal ein latentes Magengeschwür manifest machen usw. Viel schlimmer ist es schon, wenn man eine „Erkältung" diagnostiziert, ein Ding, von dem manche behaupten, es existiere nicht, von dem man, wenn es existiert, gar nicht weiß, was es ist, wie es wirkt, und das endlich gar keine Krankheit wäre, sondern die Widerstandsfähigkeit einer ganzen Menge von Infektionen vermindern und irgendwelche Krampfdispositionen setzen würde, die vielleicht zu den sogenannten Muskelrheumatismen führen. Jedenfalls aber sind auch die Erkältungskrankheiten keine Einheit in irgend einem Sinne, und es ist sehr schlimm, daß gerade Begriffe, mit denen der Arzt so häufig operiert (Erkältung, Überanstrengung, aber auch Erholung, Fieberdiät usw.), nicht nur unklar sind, sondern nur einen geringen tatsächlichen Hintergrund haben und im übrigen aus bloß autistischen Konstruktionen bestehen.

Ein leichtfertig gebildeter Begriff war der des Magenkatarrhs, der gewöhnlich gar kein Magenkatarrh ist und jetzt auch von der früheren Alltäglichkeit bei den meisten Ärzten wenigstens stark eingebüßt hat. Man hatte ja in den meisten Fällen den „Katarrh" gar nie nachgewiesen, und Symptome und Verlauf deuteten so sehr auf eine „nervöse" Störung hin, daß immerhin einzelne die Diagnose schon vor Jahrzehnten verhöhnten, aber ohne gegen den Namen und die Auffassung aufkommen zu können. Eine moderne Verbesserung der Auffassung ist die „Dyspepsie psychasthénique", die aber die grundlos in Mode gekommene Psychasthenie an die Stelle der neurotischen Mechanismen setzt. Von wirklichen Veränderungen der Magenschleimhaut, die man primären Magenkatarrh nennen könnte, kenne ich nur die akuten durch Überladung mit Speisen, die infektiösen und die toxischen akuten und chronischen, von denen die infolge Alkoholgenusses wohl allein praktische Bedeutung haben[1]).

Wie die Pathologie oder die Ursachen werden auch die Symptome oft in nachlässiger Weise zusammengestellt oder abgegrenzt, wenn es sich um Bildung von Krankheitsbegriffen oder um Bezeichnungen handelt, die ein Leser ohne weitere Erklärung verstehen sollte. Da schreibt einer, „bei infektiösen Schwächezuständen" sei die Auffassung geschädigt. Was heißt das? Sind Fieberzustände oder Nachkrankheiten nach Fieber gemeint, warum sagt er denn das nicht; meint er aber wirklich alle infektiösen Schwächezustände bei einer Tuberkulose, einer Syphilis usw., so müßte er erst nachweisen, daß dabei die Auffassung verändert ist, und zweitens,

---

[1]) Ein Kollege redet auch von chronischem Magenkatarrh bei dauerndem Genuß ungeeigneter Speisen.

daß die Störung mit der infektiösen Art des Schwächezustandes zu sammenhängt und nicht mit der Schwäche selbst.

Aus leicht verständlichen Gründen sind namentlich die Benennungen und Begriffe, die im Verkehr mit dem Publikum gebraucht werden, ganz unwissenschaftlich gebildet, seien sie vom Laien übernommen, oder ihm vom Arzt aufgezwungen worden. Da weiß ich nun, daß es nicht möglich ist, mit dem Laien in hochgelehrten medizinischen Ausdrücken zu reden; ich weiß auch, daß man sich dem vulgären Vorstellungskreis einigermaßen anpassen muß; ferner ist mir sehr genau bewußt, daß die Kranken sehr häufig, wenn sie einen andern Arzt aufsuchen, irgend eine Diagnose erzählen, die gar nicht in dieser Weise gemacht, sondern vom Laien aus den Worten des Arztes in die eigene Vorstellungsart übersetzt worden ist. Aber umgekehrt weiß man auch, daß viele solcher Diagnosen, wie sie gleich erwähnt werden sollen, wirklich vom Arzt stammen oder von ihm sanktioniert worden sind; ja nicht selten hört man sie auch unter uns in gewissen Zusammenhängen einmal äußern.

Ein entschuldbarer Begriff wird durch das Wort „Darmverstimmung" bezeichnet, wenn man damit sagen will, daß irgend eine der häufigen Darmkrankheiten vorliege, die wenig Bedeutung haben, und deren Natur wir nicht weiter kennen, als daß wir meistens Gründe haben, irgend eine Infektion, gelegentlich auch einmal eine psychische Einwirkung, anzunehmen. Schlimmer ist schon eine „Darmverschleimung", die den Schleim zum Wesentlichen des supponierten Katarrhs macht. Das hitzige, das unreine, das versauerte Blut, das Blut, das von der schlechten Verdauung her zu scharf ist, und die Blutverharzung sind Blutkrankheiten, die wir doch eigentlich nicht kennen. Ich weiß etwas von Hämorrhoiden, kann mir aber nicht recht vorstellen, daß eine psychogene Verstopfung eine Stockung des Blutes in den Gedärmen als Grundlage habe, ebensowenig wie die andern Ärzte den Nagel auf den Kopf getroffen haben mögen, die bei der nämlichen Patientin der Reihe nach „eingetrocknete Därme", „eine innere Fäulnis", „eine Gebärmutter, die im Becken heraufsteigt und auf den Mastdarm drückt" oder gar eine „Leberverhärtung" entdeckt haben. Die so alltäglich diagnostizierte Leberverhärtung muß überhaupt in gewissen Kreisen eine merkwürdige Rolle spielen, da sie weder mit Krebs, noch mit Cirrhose, noch mit dem seltenen Echinokok etwas zu tun hat und heilbar ist. — Ich weiß auch von einer Dame, die wegen einer vom Arzte diagnostizierten Wanderniere nicht schlucken konnte.

Sind auch manche solche Begriffe etwas klarer, indem sie einfach ein Symptom beschreiben, so sündigen sie dadurch, daß sie darauf Anspruch machen, einer Krankheit zu entsprechen, wie eine „Magen- und Darmerschlaffung". Andere sind nur Übertreibungen oder unrichtige Verallgemeinerungen, so die „Arterienverkalkung", die die gewöhnliche Elastizitätsverminderung der Arterien gleich zu einer ganz schlimmen Krankheit stempelt. Die „Gehirner-

weichung" wird davon herkommen, daß man vor 100 Jahren klinisch
eine Enzephalomalazie noch nicht von einer Paralyse unterscheiden
konnte; aber es wäre schon gut, wenn nicht geɹade die Hirnver-
härtung immer noch so genannt würde. An vielen Orten spielen
auch noch die „Krämpfe" eine große Rolle, besonders bei den
Kindern; ein Bauchweh heißt natürlich Krämpfe, aber auch ein
Zahnweh und noch vieles andere.

Wenn wir nun von Nervenschwäche, Nervenzerrüttung
und Nervenüberreizung reden, so kommen wir schon mehr ins
Gebiet des fachlichen ärztlichen Denkens. Daß aber hinter diesen
Worten dennoch keine genügenden Wahrnehmungen und damit
keine klaren realistischen Begriffe stecken, vergißt man gewöhnlich. Sehr hübsch ist es, wenn der Herr Sanitätsrat bei einer Dame
aus akademischen Kreisen Nervenschwäche diagnostiziert und
dagegen Moorbäder verschreibt, „weil die aus dem Kopf hinunter-
ziehen" — was denn? ist nicht a priori klar; vielleicht eben die
Nervenschwäche; aber da hätte der Arzt doch vor der Prozedur erklären sollen, inwiefern es ein Vorteil ist, wenn dieses Übel in den
Bauch hinuntergezogen worden ist. Überhaupt ist die Therapie
nicht verschont von solchen Unklarheiten. Der Schwäche, der Zer-
rüttung und der Überreizung setzt man ein Heer von „nerven-
stärkenden" Mitteln unfaßbarer Wirkung entgegen. Wir haben oben
schon gefragt, was das so viel verschriebene kräftige Essen eigentlich
sei; denn weder die Physiologie noch die Pathologie geben uns vorläufig genügende Anhaltspunkte, das zu wissen, wenn man nicht sich
die allzu banale Vorstellung macht, daß man die verschiedenen Nah-
rungsstoffe in einem zuträglichen Verhältnis und in genügender
Menge bekomme. Halten wir uns an die notwendigen Nahrungsmittel, Eiweiß, Fett und Kohlenhydrate, so wissen wir recht wenig,
in welcher Form und Kombination sie besonders stärkend sind.
Außer ihnen sind aber auch manche Salze nötig, und etwas wird an
den allerdings neuestens wieder der Bedeutungslosigkeit verdäch-
tigten Vitaminen und ähnlichen Dingen doch seine). So hat man
ein reiches Feld für therapeutische Vermutungen und Liebhabereien;
ein Arzt gibt viel Lezithin, um das Gehirn zu stärken, ein anderer
gibt seinen Kindern zu jedem Essen ein Pülverchen Nährsalz, das
in der Familie „Nerv-und-Muskel" genannt wird usw. — natürlich
ohne jeden Beweis, daß es etwas nütze.

Zu den Nahrungsmitteln, denen man eine besondere Leicht-
verdaulichkeit nachsagt, gehört speziell das Butterfett; alle
andern Fettsorten sind bei einer Menge von Ärzten verpönt; wenigstens warnen sie ihre Patienten, namentlich wenn ihnen am Magen
etwas fehlt, eifrig davor und suggerieren sie ihnen, daß sie krank
bleiben müssen, wenn sie anderes Fett essen. Ein älterer Herr wird
im Verlauf einiger Zeit immer schwächer; der Arzt, der einen besonders genialen Blick in die Vergangenheit haben muß, entdeckte
eine „Vergiftung durch schlechtes Fett", und diese blieb in der
Familie die tragische Ursache auch des Diabetes, der sich bald darauf
einem anderen Kollegen kund tat. Nun mag es ja Leute mit Idio-

synkrasien geben, bei denen ein solcher Rat gegeben werden mag; häufig sind sie jedenfalls nicht[1]). Öfters wird es vorkommen, daß ein Feinschmecker oder einer, der an schlechter Butter den Ekel gegessen hat, auf psychischem Wege empfindlich gegen einzelne Fettarten geworden ist; die Verdauung steht ja vorwiegend unter psychischen Einfluß; aber auch das sind Ausnahmen, und im großen und ganzen haben wir genug Anhaltspunkte dafür, daß ein nennenswerter Unterschied in der Verdaulichkeit und Ausnutzbarkeit der gebräuchlichen Fettsorten nicht besteht. Trotzdem glaubt man sich wichtig machen zu müssen mit solchen Vorschriften, die ängstliche Leute krank machen, wenn sie es gar nicht sind.

Überhaupt nimmt die Therapie viel zu viel von der vulgären Vorstellung auf, daß das Teuere das Bessere sei, und man ist seelenblind gegen den Widerspruch, daß das reiche Fräulein St. Moritz oder die Riviera zur Wiederherstellung unbedingt nötig hat, während das unbemittelte Mädchen von der nämlichen Krankheit durch ein paar hundert Blaudsche Pillen oder eine geringe Änderung der Diät kuriert wird — und zwar nicht als bewußter Notbehelf, sondern weil man bei ihm gar nicht an die Notwendigkeit der Riviera denkt, vielleicht auch weil die Riviera für die andere gar nicht nötig ist. Warum muß man sie im letzteren Falle der andern verschreiben?

Auch die Furcht vor Ansteckung zeitigt sonderbare Vorschriften. Nachdem jahrzehntelang die „kuhwarme" Milch besonders zuträglich gewesen, wurde die Milch Ende des letzten Jahrhunderts auf einmal die wichtigste Quelle der tuberkulösen Infektion, und wenn man kein Mörder sein wollte, so mußte man diejenige, die man andern Leuten vorsetzte, gewissenhaft kochen. Ich habe das einige Jahre lang für die über 800 Angestellten und Patienten meiner Pflegeanstalt der Mode gemäß durchgeführt; nur der Direktor hat ruhig die nämliche Milch ungekocht getrunken und ist natürlich dabei gesund geblieben. Soviel ich weiß, darf man jetzt wieder unsterilisierte Milch geben, besonders weil der Bazill der Rindertuberkulose zur Zeit den Menschen nur selten angreift.

Gar viel benutzt wird auch die „Fieberdiät". Nur schade, daß niemand einen rechten Begriff hat, was sie eigentlich sein und leisten und vermeiden soll[2]). Da ist zunächst einmal der Typhus, bei dem der Darm erkrankt ist, und bei dem man früher bei Strafe der Fiebererhöhung und des Todes nur Flüssiges zu sich nehmen konnte, jetzt aber freier ist. Ich vermute da wirklich, daß bei dieser Krankheit viel Essen schädlich sein könnte, obschon wissenschaftlich die Sache noch kontrovers ist. Jedenfalls spielt der Zustand und die Empfindlichkeit des Darmes eine wichtige Rolle. Es sollte also eine „Typhus-Diät" geben. Ganz anders mag es aber sein bei einem tuberkulösen oder anginösen Fieber. Da kann man doch wohl essen, was man verdaut, und das ist individuell sehr verschieden, wenn wir auch hier nicht gerade geneigt sind, den Leuten viele

---

[1]) Ich bestreite nicht etwa das häufige Vorkommen nicht-psychogener Idiosynkrasien auf vielen anderen Gebieten (ein Teil sind z. B. Anaphylaxien).
[2]) Ein sehr kritischer Kollege schreibt mir, er halte sie meist für schädlich.

Bohnen zu geben — ich muß aber hinzufügen, daß ich viele solcher
Kranken ungestraft sogenannte schwere Speisen habe essen sehen.
Wie die Verdauungssäfte bei einer Pneumonie sich verhalten, weiß
ich nicht so genau. Jedenfalls auch nicht immer gleich. Also:
wir wissen ganz ungenügend, was „im Fieber" für eine Kost zuträglich ist, und es ist gar nicht wahrscheinlich, daß alle Infektionen
oder auch nur die nämliche Infektion bei verschiedenen Menschen
die gleiche Diät verlangen — wenn überhaupt etwas angewendet
werden kann, das in den recht anspruchsvollen Begriff einer Fieberdiät hineinpaßt. Jedenfalls ist es mit unserer Kenntnis dessen, was
Fieberdiät ist, nicht weit her, wenn sie nicht nach Krankheiten oder
Individuen, sondern nach Ärzten wechselt, von denen die einen
Salat oder Obst im Fieber als gefährlich verpönen, während die
andern gerade das vorschreiben.

Mit der Ernährung wollen viele auch „neues Blut pflanzen".
Das ist ganz schön, wenn es sich um eine Blutkrankheit handelt
und man auf sie einwirken kann, wie mit Eisen auf die Chlorose
(bei der natürlich die Armut an Blutfarbstoff auch wieder eine
Ursache außerhalb des Blutes hat); aber sonst darf man wohl sagen,
daß auch solche Pflanzungen noch recht viel Mystisches an sich
haben.

Es mag gut sein, die Beispiele noch ein wenig aus anderen
Gebieten zu vermehren, damit niemand sich als Pharisäer fühlen
kann. Als man unter ganz bestimmten Umständen einige Funktionen im Darm hatte mit Diffusion verständlich machen können,
war eine Zeitlang die ganze Aufnahme eine physikalische Funktion;
die Andeutungen, daß doch die lebende Zelle etwas mitzureden
habe, wurden ignoriert. Noch früher hat man in der Physiologie
des Zentralnervensystems den Begriff der Zentren geschaffen, der
aus seiner alten Starre nun endlich zu beweglichem Leben erweckt
wird[1]. Lange hat man, wenn Verletzung einer bestimmten Hirn-
stelle eine Funktion ausfallen ließ, angenommen, die Funktion
habe dort ihr Zentrum. Man dachte nicht daran, es könnte u. a.
auch so sein, daß das Zusammenarbeiten zweier verschiedener
Stellen zu einer Funktion nötig sein könnte, und daß dann auch
die Trennung der Verbindungen sie unmöglich mache. Es gibt
mehrere Berechnungen, die dartun, daß wir genug Rindenzellen
haben, um jeden Begriff in einer derselben unterzubringen. Eine
solche Lokalisation ist nicht nur unbewiesen, sondern ganz unmöglich. Immer noch fehlt man dadurch, daß man die Möglichkeit
eigener Energieproduktion durch das Gehirn und des Verschwindens
dieser Energie aus den neuropsychischen Vorgängen ohne Übergang in eine zentripetale Funktion vergißt. Féré machte viele
Untersuchungen, in denen er die „dynamische" Wirkung von allerlei
Reizen, z. B. der verschiedener Farben, studieren wollte, in der
Meinung, daß der durch die Farbe ausgeübte Reiz die direkte Kraft-
quelle für die Reaktion sei. Ähnlich hegen Modernere beim „Ab-

---

[1] Siehe namentlich die Arbeiten von v. Monakow.

reagieren" von Affekten die Vorstellung, daß die psychische Energie irgendwo stecken bleibe, wie das Wasser hinter einer Schwelle, oft dann noch mit der Nebenvorstellung, daß der gestaute Affekt von da aus dauernd viele Teufeleien anstelle, und zwar ohne sich zu erschöpfen, was wieder einen Widerspruch mit der eigenen energetischen Auffassung bedeutet[1]). In einer noch bizarreren Form wird der nämliche Fehler dann gemacht, wenn man mit großem Eifer behauptet, eine Wirkung müsse „auch" in der Physiologie der Ursache quantitativ adäquat sein, und daraus die wichtige Konsequenz ableitet, daß eine schwere Neurose entweder nicht Folge eines leichten Traumas sein könne oder überhaupt nicht existiere. Und doch weiß jedes Kind von dem Funken im Pulverfaß oder von dem geringen Energieverbrauch, der zum Anzünden eines Hauses nötig ist. Tausendmal wird der Schluß von einer Amnesie auf Bewußtlosigkeit während der Zeit der Gedächtnislücke gemacht, ohne daß man an die vielen anderen Möglichkeiten dächte. Immer noch muß man Zeit aufwenden für Bekämpfung von Arbeiten, die den Einfluß des niedrigen oder hohen Luftdruckes auf die Lunge dadurch prüfen wollen, daß man statt der ganzen Versuchsperson bloß die Atemluft unter verändertem Druck setzt, ein Fehler, der dem schwächsten Physiker in seinen Lehrbubenjahren nicht begegnen könnte. Von einem sehr verdienten Mediziner lese ich, daß der Hoden durch seine Tunica propria ganz besonders vor im Blut zirkulierenden Giften geschützt sei, während doch sein Parenchym sich aus einer reichen Blutversorgung ernähren muß wie irgend ein anderes Organ.

Die früher erwähnte therapeutische Verwechslung des Fiebers mit der Krankheit, die man durch Salizyl zu bekämpfen wähnte, erinnert lebhaft an die Exorzisten, die den Patienten hauen, um den Teufel zu treffen. Ein merkwürdiges Danebenfahren zeigen auch die immer noch nicht seltenen Vorschriften, die das zentralgelähmte Glied einreiben lassen (ich weiß natürlich den Wert von Übung und des Beweglicherhaltens der Gelenke einzuschätzen; dazu braucht es aber keinen Kampferspiritus). Ich habe noch nie herausgebracht, inwieweit dabei der Arzt einfach den Vorstellungen des Laien nachgibt; wenn ich aber direkt fragte, so hat man mir doch mehrmals für diese Verschiebung des Angriffspunktes irgend einen medizinischen Grund geben wollen, der der Natur der Sache nach recht unbefriedigend sein mußte. Ein bloßes Annehmen populärer Vorstellungen wird im folgenden stecken: in jeder Kirschenzeit geht der Tod eines oder mehrerer Kinder durch die Zeitungen, die zum Kirschenessen Wasser getrunken haben sollen; und es ist noch nicht lange her, so hat ein Arzt einen langen Artikel in die Zeitung geschrieben, in dem er davor warnte, Wasser und

---

[1]) Das Tatsächliche an diesen Beschreibungen ist natürlich ganz richtig; falsch ist die Auslegung, daß die Energie sich irgendwie in Reaktionen erschöpfen müsse. Hinter dem Begriff des Abreagierens steckt die Abstellungs-notwendigkeit von bestimmten psychischen Einstellungen. S. B l e u l e r, Psychische Gelegenheitsapparate und Abreagieren. Zeitschr. f. Psychiatrie. 1920.

Kirschen gleichzeitig zu genießen und die Gefahr ausführlich chemisch-bakteriologisch begründete. Daß wohl alle Kinder und noch recht viele Erwachsene solche Gebote mißachten, ohne dafür mit dem Tode bestraft zu werden, wird beharrlich übersehen, und ein wirklicher Beweis für den genannten Zusammenhang existiert meines Wissens nicht; dafür weiß ich, daß in meiner Jugend diese Kinder daran starben, daß sie „vermauert" wurden, d. h. daß sie so viele Kirschensteine verschluckt hatten, daß diese sich unter unglücklichen Umständen im Darme stauen konnten. Es wäre interessant einmal zu prüfen, ob eine dieser Ansichten richtig sei[1]).

Man kann aber gar nicht bei allen in den Tag hinein gebildeten pathologischen Vorstellungen den Laien schuld geben. Wenn man beim Schreibkrampf von „in Unordnung geratenen Koordinationszentren" spricht, so hat man eigentlich nur das, was man in der Peripherie sieht, in Ausdrücken geschildert, die sich auf irgend welche Zentren beziehen sollen, aber dafür nicht recht passen und doch die Anmaßung merken lassen, etwas wie eine pathologische Erklärung eingeführt zu haben. Eine besonders beliebte Art, leichte Entdeckungen zu machen, ist die, sich Vergleichsmaterial zu sparen. Wie man den Nutzen eines Arzneimittels feststellen will, ohne zu wissen, wie die Krankheit ohne Mittel verläuft, so hat man jahrzehntelang viele hunderte von Statistiken über die Heredität bei Geisteskranken gemacht (Anstaltsberichte) und unendlich viel darüber gesprochen, aber vergessen zu fragen, wie sich die nämlichen Verhältnisse in den Familien Gesunder gestalten, bis endlich die Arbeiten von Koller und Diem uns darüber aufgeklärt haben, wobei die Unterschiede viel geringer und anders geartet sich herausstellten, als man erwartet hatte. In der pathologischen Anatomie des Zentralnervensystems hat man nicht so selten beliebige Anomalien, die bei irgend einer Krankheit gefunden worden waren, als Grundlage dieser Krankheit aufgefaßt, ohne sich zu vergewissern, ob sie nicht einer anderen Krank`leit, z. B. der zufälligen Todesursache angehören oder überhaupt nicht krankhaft seien. Es kam auch — nicht nur in der Hirnpathologie — vor, daß man ein besonderes Krankheitsbild konstruierte aus Befunden, die ein normales Organ bedeuten.

Massenhaft sind die Behauptungen, die, einmal aufgestellt, gar nie nachgeprüft werden, aber durch Jahrzehnte von einem Buch ins andere wandern; so die vom trichterförmigen Anus der Homosexuellen, von der Transformation des Verfolgungswahns in Größenwahn durch Überlegung, daß man etwas Besonderes sein müsse, wenn die Feinde sich so viel Mühe geben, den Patienten zu vernichten; die Angaben, daß die Imbezillen sich von den Idioten durch einen moralischen Defekt unterscheiden (während in Wirklichkeit von den in bezug auf Moral verschieden angelegten Imbezillen eben nur die sozial schwierigen in die Anstalten kommen),

---

[1]) Nachdem das geschrieben, lese ich Schweiz. Haushaltungsblatt 1. VIII. 18, daß in Zürich wieder ein Patient an einer solchen Vermauerung gestorben sei. Ich konnte seine Spur nicht finden.

daß die Affektivität der Oligophrenen erethisch oder apathisch sei (während alles vorkommt, aber die Durchschnittsfälle weniger vor den Arzt gelangen), und dann überhaupt die Konstruktion, daß der moralische Defekt von einem intellektuellen Mangel abhängen müsse (während man bei jeder Intelligenz die verschiedensten moralischen Anlagen und bei jeder Moral die verschiedensten Ausbildungen des Verstandes sehen kann, aber allerdings gewöhnlich nur diejenigen Amoralischen zur Beobachtung bekommt, die nicht klug genug sind, durch die Maschen der Strafgesetze zu schlüpfen).

Besonders schlimm ist es natürlich da, wo Komplexe mitwirken, seien es wissenschaftliche, seien es irgend welche andere menschliche. Da kann der Genialste hereinfallen. Es wurde im Ernst bestritten, daß es primäre und sekundäre Symptome bei Geisteskrankheiten gebe, während es doch ganz selbstverständlich ist, daß ein gesetzter Defekt auch im psychischen Organismus weitere Veränderungen nach sich zieht, wie die Erblindung eines Auges bewirkt, daß dieses auf die Seite gestellt wird; aus irgend einer Assoziationsschwäche entwickelt ein Komplex Wahnideen; wenn der Paralytiker einen großartigen Betrug inszeniert, der Senile ein Kind mißbraucht, so ist es nicht deswegen, weil die moralischen Gefühle dieser Kranken zugrunde gegangen wären, sondern deshalb, weil sie die Tragweite ihrer Handlungen nicht übersehen können; das Ausbleiben der moralischen Affektreaktion ist hier ein sekundäres Symptom. — Warum die syphilitische Natur der Paralyse mit so großem Eifer bekämpft wurde, ist wohl daraus zu erklären, daß eben die Gelehrten auch nicht immun sind gegen die Grundkrankheit, die man nicht haben möchte, und ähnlich ist die früher erwähnte gruselige Übertreibung und Falschschilderung der Folgen der Onanie zu verstehen.

Die Ätiologie gibt überhaupt besonders viel Anlaß zu autistischem Denken. Schon die Gestaltung und die Anwendung des Ursachenbegriffes läßt viel zu wünschen übrig, obschon gerade die Medizin vielleicht am meisten acht auf die Mehrheit und Verschiedenheit der Ursachen gehabt hat, die sie in disponierende und auslösende teilte. Aber in tausend konkreten Fällen rechnet man doch wieder nur mit einer einzigen Ursache, statt mit vielen („Bedingungen" nach Verworn). Auf ganz ungenügende Beobachtungen gründet man kausale Zusammenhänge, die dann viele Jahre in Geltung bleiben, und weittragende Maßnahmen. Was alles mußte bis vor kurzem das Zahnen der kleinen Kinder erklären? Und um die armen Wesen von Rachitis und Wasserkopf und manchem andern zu befreien, mußte man ihnen Schnitte ins Zahnfleisch machen, und zwar womöglich mehrmals an einem Tage. Als Ursache der Myopie, die sich immer mehr als eine konstitutionelle Erscheinung entpuppt wie die Körpergröße oder die Haarfarbe, hat man außer den engen Halskragen namentlich das Lernen in der Schule beschuldigt und den Kindern monate-, ja jahrelang den Schulbesuch verboten oder ihnen Augenmuskeln durchschnitten und noch anderes Schlimme angetan. Von der Unklarheit des

Erkältungsbegriffes, von der Kirschen- und Wassertheorie und einigen andern haben wir schon gesprochen, ebenso von der Unrichtigkeit der Annahme, daß Psychosen und Neurosen im gewöhnlichen Sinne durch die alltäglich beschuldigten Erschöpfungen, Ermüdungen und Überanstrengungen, denen wir hier noch die Genitalerkrankungen der Frauen anfügen möchten, entstehen sollen. Der berühmte Liebeskummer macht kaum je eine Geisteskrankheit, dafür ist Verlieben, wo nicht die geringste Hoffnung auf Erfüllung der Wünsche sein kann, und hartnäckiges Festhalten an solcher Liebe ein häufiges Symptom von Geisteskrankheit[1]).

Zu solchen Sammelursachen, die übrigens lokal und zeitlich wechseln, aber recht viele Krankheiten erklären sollen, gehört auch der Sonnenstich. Die Schizophrenen, die aus englisch sprechenden Ländern kommen, sind sehr häufig infolge davon erkrankt; bekam ich eine genauere Anamnese, so erwies sich das bis jetzt in allen meinen Fällen als unrichtig, indem die Krankheit vorher schon bestand und meistens überhaupt keine Gründe zur Annahme eines Sonnenstichs vorhanden waren. Bis jetzt habe ich nur einen einzigen Fall gesehen (aus dem Tessin), wo man Wahrscheinlichkeitsgründe hatte, ein nicht ganz typisch schizophrenes, aber doch ähnliches Krankheitsbild auf Sonnenstich zurückzuführen, während wir früher in unseren Unruhigenhöfen kein Schattendach hatten, so daß die Patienten ihrer Neigung, sich von Morgen bis Abend in die heißeste Sonne zu legen, nach Herzenslust frönen konnten — ohne einen einzigen Sonnenstich. Eine unserer Schizophrenien ist nach dem Orakel des Hausarztes ausgebrochen, weil der Patient sich einmal an die Sonne gelegt hatte, die ihm ,,die Nerven verbrannt'' hat. Da sich der Patient sonst nicht an die Sonne zu legen pflegte, und eine andere Ursache nicht gleich aufzufinden war, durfte man ja an einen solchen Zusammenhang zunächst denken; aber man durfte nicht vergessen, daß man bei den meisten Schizophrenien eine Ursache nicht findet, wenn nicht in der angeborenen Anlage, und daß sich heutzutage Tausende an die Sonne legen, ohne schizophren zu werden, daß ebenso viele schizophren werden, ohne sich an die Sonne gelegt zu haben, und ausgesprochen Schizophrene oft die Gewohnheit haben, in der heißesten Sonne zu liegen ohne Verschlimmerung ihrer Krankheit; und man durfte überhaupt die Ursachen nicht in der Gegenwart suchen, bevor man eine gute Anamnese aufgenommen hatte, die in diesem Falle ergeben hätte, daß der Patient schon einige Jahre an (nicht erkannter) Geisteskrankheit litt. Ein anderer Kollege fühlte sich verpflichtet, der Familie einer gebesserten Schizophrenen zu erklären, deren Arthritis deformans komme von den erkältenden Gängen der Kranken vom Dauerbad der Anstalt in ihr Zimmer, während seit 50 Jahren tagtäglich eine Anzahl Patienten diesen Gang gemacht hatten,

---

[1]) Indessen kann eine Enttäuschung einen akuten Anfall eines hysterischen oder schizophrenen Irreseins ,,auslösen", was etwas anderes ist als die Verursachung der Krankheit selbst.

ohne an der Gelenkkrankheit zu leiden, und umgekehrt nächste
Anverwandte der Patientin an der gleichen Arthritis leiden, ohne im
Dauerbad gewesen zu sein. Ein kleines Komplexchen mag ja hier
mitgeholfen haben zu dem Denk- und Liebenswürdigkeitsfehler;
wenn die Kollegen solche therapeutische Schnitzer machen, und
man findet sie heraus und hätte gar die Folgen früher schon sagen
können, dann macht man sich eben doch aus den Kollegen ein
kleines Piedestal für seine eigene Verherrlichung. Das wird wohl
auch die wissenschaftliche Basis der Autorität sein, die einem Vater
erklärt, die Epilepsie seiner Tochter komme von den Hypnosen,
die sie in ihrer Kindheit durchgemacht.

Ganz besonders hat sich auch der Arzt davor zu hüten, daß
er sich kausale Zusammenhänge von den Kranken oder ihren Angehörigen suggerieren läßt. Wie stark hier das Kausalitätsbedürfnis
ist, zeigt ja schon die häufige Ersetzung der Diagnose durch die
supponierte Ätiologie (man hat „eine Erkältung", „eine Überanstrengung"); oft kommen aber noch autistische Gründe hinzu.
So wird man selten eine Idiotie finden, die nicht durch einen Fall
oder etwas Ähnliches veranlaßt worden sein soll — auch wenn sie
vorher schon handgreiflich war. Das Trauma muß die Familie,
die den Idioten hervorgebracht hat, und diesen selbst als Opfer eines
äußeren Einflusses entschuldigen.

D. Vom medizinischen Autismus in der Alkoholfrage.

Ein Paradiesgärtlein der Autismen aller Sorten ist von jeher die Alkoholfrage, gewiß nicht nur bei den Ärzten; aber der Stand als Ganzes läßt da seine spezielle Autismentruppe mittanzen. Er behauptet, der Alkohol sei gesund und verschreibt ihn massenhaft. In Wirklichkeit kennen wir nur dessen Schäden, und vom (medizinischen) Nutzen wissen wir nichts. Der Arzt zwingt den Patienten, bei dem er ein „Leber- und Nierenleiden" gefunden hat, Tokayer und Kognak zu trinken, was der Patient nicht mag, und wenn dieser Gelüsten nach alkoholfreiem Weine hat, so warnt ihn der Arzt, der nehme ihm noch die Kräfte. Woher kennt er den Nutzen gerade des Tokayers bei einem Leber- und Nierenleiden? und den Schaden der alkoholfreien Weine? Ein armes Mädchen muß wegen Angstneurose neben verschiedenen „Medizinalweinen" in kurzer Zeit für 100 Fr. Veltliner trinken. Heilt Veltliner die Angstneurose? Wenn ja, so wäre man für Beweise dankbar; aber allerdings das Mädchen ist dem Alkoholarzt ungeheilt davongelaufen. Der Durchschnittsarzt weiß immer noch nicht recht, daß Alkohol Alkohol ist, und wenn ich einem Patienten mit alkoholichem Magenkatarrh den Wein verbiete, so sagt ihm der Herr Bezirksarzt, er dürfe schon trinken, „aber guten Wein". Den Rat befolgt der Mann und säuft sich nach allgemeiner ärztlicher und laiischer Ansicht bald ins Grab, und der junge anscheinend baumstarke Arzt, der sich getreulich an seine eigene Verschreibung hält, hat so viel Pflichtgefühl, ihm mit der Hilfe des guten Weines dorthin zu folgen. Der Arzt verschreibt einem Patienten, der sich aus seinem Laienverstande heraus vor dem Alkohol hütet, „gegen Aufregung Kognak mit Wasser", der Kranke gehorcht, wird natürlich noch mehr als aufgeregt und schlägt seine Frau tot. Wo ist die Tatsache, die beweist, daß Kognak mit Wasser Aufregungen heilt?

Kann jemand behaupten, daß wir große Fortschritte gemacht haben seit dem seligen Michel Schrick, der vor einigen hundert Jahren behauptete, daß, wer alle Morgen einen halben Löffel Branntwein trinke, niemals krank werde? Andere Leute wußten aber auch damals wie jetzt etwas von Zipperlein und Wassersucht, und doch hat Schrick nicht gesagt, wer nicht mehr als einen halben Löffel trinke, usw. Es ist noch nicht zu lange her, daß Hecker

konstatieren mußte, daß 20% der Kinder den Wein auf ärztliche
Anordnung trinken (Jahrbuch für Kinderheilkunde 63), und doch,
wenn man Umfragen bei den Ärzten macht, so ist die große Mehrheit theoretisch dafür, daß man den Kindern überhaupt keinen
Alkohol geben sollte. Einer schreibt über die Behandlung der Arterio-
sklerose, die nach seiner Ansicht „bei den arbeitenden Klassen"
durch den vielen Bier- und Schnapsgenuß befördert wird, und meint,
„in vorgerückteren Stadien" sei der Alkohol ganz zu verbieten.
Geht bei ihm die Wirkung der Ursache voraus? Die meisten Ärzte
behaupten kühnlich, Abstinenz sei eine Utopie und empfehlen
Mäßigkeit, wissen aber in irgend einer Ecke ihres Gehirns, daß viele
Millionen Menschen abstinent leben, und daß die Forderung der
Mäßigkeit mindestens seit den Tagen der Pyramidenbauten sich als
eine der dümmsten Utopien erwiesen hat[1]).

---

[1]) Ein Rezensent, der objektiv und wissenschaftlich schreibt, meint hiezu:
„ein scharfes, diszipliniertes" Denken . . . müßte zum sicheren oder gar
mathematischen Beweise für diese Behauptung mindestens den statistischen
Nachweis erbringen, daß eine Befragung aller Ärzte über diesen Punkt ergeben hat, daß wirklich die Mehrzahl so denkt, wie Bleuler voraussetzt.
Außerdem muß erwiesen werden, daß die Zeitbestimmung des Pyramiden-
baus richtig ist." Ich habe zu viel Hochachtung vor dem Angreifer, als daß
ich diese Bemerkungen ganz ernst nehmen könnte. Aber die oberflächliche
Mehrheit nimmt solche Dinge leicht buchstäblich, wenn es ihr paßt und so
bleibt mir nichts übrig, als darauf zu antworten. Zunächst ist die Forderung
der Beweisführung zu bestreiten, so weit sie im Namen des disziplinierten
Denkens gestellt ist. Es ist doch kein Denkfehler, wenn man Dinge, die man
für selbstverständlich hält und über die man seit 40 Jahren immer diskutiert
hat. ohne sie bestreiten zu hören, nicht jedesmal, wo man sie erwähnt, von
Anfang an beweist. Man käme sonst in keinem Buch über den Anfang hinaus. Der Mangel an Statistik hat also an dieser Stelle mit autistischem
Denken nichts zu tun, wenigstens so weit es mich betrifft. Und bevor ich
diese Statistik unternehme, möchte ich doch den Autor fragen, ob er im
Ernst bestreitet, daß „die meisten" (ich bin vorsichtiger als nötig) Ärzte in
irgend einer Ecke des Gehirns wissen, daß man seit ältesten Zeiten Mäßigkeit gepredigt und doch zu viel getrunken hat? In Wirklichkeit kommt es
bei meiner Auseinandersetzung da auf ein paar tausend Jahre nicht an; es
ist doch selbstverständlich, daß der Alkoholgenuß und seine Folgen in Katzen-
jammer und Moralpredigt noch älter als die geschriebene Geschichte der
Predigten ist. Daß ich aber gerade die sich über mehrere Jahrtausende er-
streckenden Pyramidenbauten als Marke erwähnte, hat seinen Grund nicht
nur in ihrem als ehrwürdig gemeiniglich bekannten Alter, sondern darin, daß
ich einmal eine solche aus einer Pyramide stammende Predigt gelesen habe.
Da ich annehme, der Kritiker kenne wenigstens die gleichen Ermahnungen
der ein wenig jüngeren Sprüche aus dem alten Testament, darf ich voraussetzen, daß er mir die Mühe schenke, den Ausspruch mit Seitenzahl und Verleger und Verfasser des Papyrus wörtlich zu zitieren; es würde mich jetzt
etwas Zeit kosten. Eine Sünde aber will ich beichten: daß ich gesagt habe,
die meisten Ärzte wissen . . . ., daß sich die Forderung der Mäßigkeit
seitdem als eine der dümmsten Utopien erwiesen habe. Wenn es sich nicht
um den Alkohol handeln würde, so wäre aber jeder Leser froh, über die
leicht zu ergänzende und wohlwollende Ellipse; ich hätte ja sagen können:
„sie wissen, aber machen sich zu wenig klar, daß man immer Mäßigkeit
gepredigt und zu viel getrunken hat, daß folglich das Predigen der Mäßigkeit den Alkoholismus nie verhindert hat und daß es wohl kein anderes Ab-
wehrmittel gibt, dessen Unbrauchbar- und Schädlichkeit durch die Erfahrung
so vieler Jahrtausende dargetan worden ist; sie müssen also mit mir diese

Unanfechtbare Statistik sagt, die Abstinenten leben länger
als die Trinkenden; die Medizin sagt das Gegenteil und schämt sich
nicht, dafür die alte Statistik des Herrn Ysambard Own anzu-
führen, von der der Autor selbst ausdrücklich sagt, daß sie das
nicht beweise — und mit Recht, denn sie beweist nur die Trivialität,
daß (an einem Beispiel ausgedrückt) das Alter von verstorbenen
Rekruten weniger hoch sei als das von verstorbenen Landwehr-
männern. Ärzte sagen, Alkoholgenuß (innert irgend welchen zufällig angenommenen Grenzen) erhalte die Gesundheit. Die maßgebende Statistik derjenigen Kassen, die den Unterschied zwischen
Trinkenden und Abstinenten machen, sagt das Gegenteil. Was es
mit den Vorstellungen über die Grenzen des Zuträglichen für eine
Bewandtnis hat, zeigt die autistische Begrenzung des Mäßigkeits-
begriffs durch einen großen Kliniker, der eidlich bezeugte, daß ein
regelmäßiger Biergenuß von 14—20 Liter täglich (nicht monatlich,
wie man aus der von vielen laut approbierten Mäßigkeitsdosis von
30 ccm Alkohol täglich schließen könnte), daß eine solche Trinkerei
nicht zum ,,eigentlichen Säufer'' mache. Und wenn die Ärzte nicht
solche Vorstellungen hätten, könnte nicht ein Gericht entscheiden,
daß ein regelmäßiger Schnapsgenuß bis $2^1/_4$ Liter im Tag verbunden
mit vielem Unfug nicht Zeichen eines liederlichen oder lasterhaften
Lebenswandels sei. In der Rechnung eines Sanatoriums für eine
Melancholika bilden ,,echte Biere'' einen wichtigen Posten. Ich

---

Idee, der Bekämpfung des Alkoholismus mit der Mäßigkeit als eine der
dümmsten, wenn nicht *die* dümmste Utopie ansehen''. So hätte ich ausführen
können; aber es wäre schleppend gewesen und die hoffnungslosesten Tauben,
die, die nicht hören wollen, hätten doch nicht gehört. Nun aber noch ein kleiner
Denkfehler des Rezensenten: ich rede vom ,,Wissen'' und dann erst noch
Wissen in irgend einer Ecke des Gehirns'', d. h. ausdrücklich von einem un-
ausgedachten Wissen und da fordert man von mir, ich müsse etwas beweisen, was ich nicht gesagt habe und gar nicht glaube: daß die Mehrheit so
,,denke''. Wollte Gott, daß sie so konsequent dächte, dann hätten wir nicht
mehr darüber zu streiten, wie man das größte der vermeidbaren Übel be-
kämpfte.
    Die zahl- und wortreichen Entgegnungen, die ich noch viel mehr privatim
als gedruckt auf dieses Kapitel erhalten, haben mir übrigens gezeigt, daß ich
noch viel mehr recht habe als ich meinte und daß der Fehler der moralisch-
hygienischen Erziehung der Ärzte in dieser Beziehung noch viel schlimmer
ist, als ich ihn darstellte. Offenbar hat die Art des Lehrganges nicht nur
den Erfolg, daß diese Dinge erster Wichtigkeit vernachlässigt werden, sondern
daß sie aktiv von den Assoziationen ausgeschlossen und unrichtig aufgefaßt
werden. Ich empfinde es als kollegiale Pflicht trotz aller Papierknappheit
noch einige der alltäglichsten Einwände zu erwähnen: der geringe Genuß
schade ja nichts. Angenommen, aber nicht zugegeben, daß es einen bei uns
wirklich vorkommenden mäßigen Genuß gäbe, der direkt nichts schade, geht
doch diese Frage die ganzen Kämpfe gegen den Alkoholismus nichts an.
Der mäßige Genuß wird ja von niemandem deshalb bekämpft, weil die mäßig
Bleibenden sich schaden, sondern deshalb, weil aus ihm Alkoholismus folgt
mit der gleichen Naturnotwendigkeit wie der Funke im Pulverfaß den ganzen
Vorrat in die Luft fliegen läßt. Wer das eine will, muß das andere haben.
Deshalb ist auch die Bekämpfung des Alkoholismus durch die Mäßigkeit nicht
bloß eine Utopie, sondern eine Ablenkung und Vergeudung gutgemeinter
Kräfte zu dem gegenteiligen Erfolg. Man behauptet, gegen den Mißbrauch
bekomme man eine ganze Phalanx von Kämpfern, während die ,,Übertrei-

habe zu wenig Brauerei studiert, um herauszubringen, was für ein autistischer Begriff der „Echtheit" in einer solchen Note gehandhabt wird, während mich allerdings meine solideren Kenntnisse der Melancholie und der betreffenden Patientin selbst vermuten lassen, daß die echten Biere mehr ein finanzielles als ein psychophysisches Heilmittel darstellen sollen.

Einen sonderbaren Begriff von Trunksucht und von Abstinenz muß auch der Arzt haben, der im Zeugnis zum Eintritt in die Trinkerheilstätte schreibt, der Kranke „war mehrere Jahre · Abstinent, ohne es gerade nötig gehabt zu haben" (von mir unterstrichen). Wenn das wahr wäre, müßte der Arzt kein Zeugnis schreiben. (Der Mann hatte im Militärdienst gezwungen die Abstinenz aufgegeben und ist dann Alkoholiker geworden.)

Aber nicht nur so abstrakte Vorstellungen wie statistische Ergebnisse und Bierdefinitionen, sondern auch praktisch demonstierbare Vorkommnisse schließen Ärzte wie Publikum gern aus ihrer Logik in der Alkoholfrage aus.

Schon seit mindestens zwei Generationen hat man beim Training für Sportzwecke auf den Alkohol verzichten müssen. Mit dieser Tatsache hat sich aber kein einziger Arzt, der behauptet, der Alkohol gebe Kraft, abgefunden. Und wenn man beim Trainieren und beim Sport ohne Alkohol leistungsfähiger bleibt, könnte das nicht auch sonst im Leben so sein? Und wäre es nicht gut, wenn man sich wirklich diese Leistungsfähigkeit für den gewöhnlichen Kampf ums

---

bung" der Abstinenten dem guten Zwecke schade — und dabei liest man in den Zeitungen über die amerikanischen Zustände, nicht nur die systematischen Lügen der Alkoholinteressenten, sondern wenigstens zwischen den Zeilen auch die Tatsachen. In Wirklichkeit kämpfen in der Phalanx der Mäßigen diejenigen, welche ein Interesse haben, die Menschheit möglichst ausgiebig mit Gift zu versorgen. Ich würde mich schämen, sie als Kampfgenossen zu haben, und ich würde sagen, wenn das Alkoholkapital Geld aufwendet für die Mäßigkeit, so beweist das damit, wie wenig nach seiner Ansicht die Mäßigkeit dem Alkoholgenuß Eintrag tut — es lebt ja nur vom Mißbrauch. Die weitherzigste Mäßigkeit allein würde den größten Teil der Alkoholfabrikanten zum Tode verurteilen. Sollten nicht die Ärzte auch so gut rechnen können wie diejenigen, welche das Volk krank machen?

Wenn man nichts zu trinken habe, so greife man zu noch schlimmeren, wie Kokain und Opium. Ich glaube aber doch die Mehrheit der Ärzte zu beleidigen, wenn ich gegen diesen Einwand der Zeitungen mich ausführlich wehren wollte; er kann nur absoluter Unkenntnis der Menschenarten, die Morphinisten oder Kokainisten werden, und der psychologischen Mechanismen, die diese Krankheiten entstehen lassen, entstammen. Zum Überfluß zeigen die bis jetzt publizierten Statistiken aus der Union, daß mit dem Alkoholismus auch die übrigen „Toxikosen" abgenommen haben (in New York z. B. 1909 bis 1914 0,3—0,6 % der Aufnahmen; 1917 bis 1920 0,1—0,3 %, 1919 und 1920 je 0,2 %.) Wenn man in diesem Zusammenhang sagt, daß der Mensch ein Vergnügen haben müsse, so sehe ich nicht ein warum gerade dasjenige Vergnügen, dem mehr Unglück folgt, als es Gutes bringt und das keiner entbehrt, der den einfachsten Trinksitten einmal den Abschied gegeben. Hat wirklich der mäßige Arzt seine Vorstellungen über Lebensgenuß so beschränkt, daß er keine andern Vergnügungen mehr kennt? Zum hundertsten Male habe ich auch gehört, es sei eine Inkonsequenz, wenn man nicht auch andere Gifte, wie Kaffee und Tabak mit dem Alkohol verbiete. Nun aber, wo sind die Millionen Unglücklichen, die Kaffee und Tabak erzeugt haben?

Dasein erhielte? Warum schließen die Verteidiger des Alkohols diese Gedanken aus ihrer Hirnmasse aus, während nach der Überlieferung schon der zwölfjährige Cyrus sich darüber klar war, daß der Wein das Gegenteil von dem bewirke, was man ihm nachrühme? In der Krankengeschichte eines meiner Vorgänger über einen Epileptiker finde ich die Notiz, daß der Patient jedesmal nach Alkoholgenuß schlimmer werde. Der nicht ganz fern liegende Schluß, daß man ihm also raten sollte, keinen Wein zu trinken, und daß man ihm keinen geben sollte, ist erst dem zweiten Nachfolger des Schreibers (Forel) eingefallen; von da an war der Patient denn auch viel ruhiger. Oder: In den ersten Tagen meiner Unterassistentenzeit mußte ich meinem Sekundararzt helfen, die Pulskurve eines Herzkranken aufzunehmen. Da der Puls zu schwach war, um eine schöne Kurve zu liefern, meinte mein Vorgesetzter: wozu haben wir denn unsere guten Herzmittel? und gab ein Glas Bordeaux. Der Puls wurde schlechter, worauf die ganze Flasche getrunken werden mußte, mit dem Erfolg einer noch schlechteren Kurve. Nun erhielt der Patient eine gehörige Dosis Kognak, worauf das Spiel zu Ende war, weil das Herz gar nicht mehr zu veranlassen war, den Hebel sichtbar zu bewegen. Ich erwartete, daß man nun das Gesetz, nach dem der Alkohol das Herz unter allen Umständen stärke, das uns eingetrichtert wurde, einer Revision unterziehe, und als nichts erfolgte, machte ich eine Bemerkung, auf die man nicht einging. Der Alkohol blieb das wunderbare Besserungsmittel des Pulses und wurde mit dem gleichen Eifer verwirtet wie vorher. Die Zeiten sind auch noch nicht fern, wo man gegen Sepsis, namentlich puerperale, Alkohol in schweren Dosen gab, und wenigstens im Privatgespräch klang dabei immer die Vorstellung durch, daß der Alkohol die Mikroben im Blute töten helfe oder töte, eine Vorstellung, die auch heute noch immer auftritt bei der Unschädlichmachung von verdächtigem Trinkwasser und bei der Prophylaxe von Infektionskrankheiten, bei der der Kognak „handhoch" im Magen stehen soll. Und doch weiß jeder Laboratoriumsdiener, daß der Alkohol in den Verdünnungen, die hier in Betracht kommen, höchstens unschuldige Algen und Menschen, nie aber pathogene Bakterien umbringt.

Bei etwas mehr theoretischen Fragen sieht man den nämlichen Autismus. Da gibt es immer noch Abstinenz-Delirium-tremens, und niemand hat es nachgewiesen. Die meisten Publikationen, die den Beweis leisten sollten, sind ganz oberflächlich, und unter Umständen ist nicht einmal das Delirium tremens, geschweige der Zusammenhang mit der Abstinenz bewiesen. Sogar die schönste Arbeit über diese Dinge zieht nicht genügend in Betracht, daß ein Häftling noch eine Menge anderer Gründe als den Alkoholentzug hat, um an Säuferwahnsinn zu erkranken, und die sonst so interessante Untersuchung von Wigert[1]) über die Folgen des Schnapsverbotes in

---

[1]) Frequenz des Del. tr. in Stockholm während des Alkoholverbots. Zeitschr. f. d. ges. Neur. u. Psychiatrie. 1910. Or. I. S. 556.

Stockholm vergißt unter anderm die Hauptsache, nämlich den Nachweis, daß seine paar Deliranten, die im Anfang der Gültigkeit des Verbotes über das gewöhnliche Mittel hinaus aufgenommen worden sind, überhaupt abstiniert haben. Und alle Arbeiten, die das Abstinenzdelir nachgewiesen haben wollen, sperren die Tatsache ab, daß in Irrenanstalten und Trinkerheilstätten zehntausende von Trinkern mit plötzlicher Entziehung behandelt werden, ohne zu delirieren. Wir selber glaubten vor kurzem, das erste Abstinenzdelir gefunden zu haben. Nach einigen Tagen stellte sich aber heraus, daß der Arzt eine Pleuritis übersehen hatte.

Zeigen sich so Begriffe und logischer Gedankengang auf diesem Gebiete recht schadhaft, so finden wir außerdem den autistischen Wechsel des Maßstabes. Wie bei der Hypnose verlangt man von den Angaben der Abstinenten, die zu einem großen Teil so sicher als irgend etwas in der medizinischen Wissenschaft begründet sind, ganz besondere Beweiskraft und vergißt, daß für gewöhnlich die Wirkungen eines Arzneimittels, nicht seine Wirkungslosigkeit, zu beweisen sind, und daß gerade beim Alkohol dieser positive Beweis fehlt, trotzdem daraufhin für Milliarden getrunken wird.

So sind ferner die „Autoritäten" auf anderen Gebieten eo ipso auch Autoritäten in der Alkoholfrage, obschon — oder weil — hier gerade am meisten in den Tag hineingeredet wird, und da kann es einem berühmten Mediziner begegnen, daß er sich eine Hochzeit ohne Champagner nicht vorstellen kann, und daß er diesen kleinen Defekt seines Gehirns als Beweis publizieren läßt, daß man nicht abstinent leben könne.

Das hübsche Sortiment von Verdrehungen, die bei solchen Gelegenheiten mitspielen, will ich übergehen und nur die Begriffsverschiebung erwähnen, die auch Ärzte mit der Identifikation von Abstinenz und Askese immer noch begehen, und daß sie kein Gefühl haben, wie unvorsichtig sie mit dem Alkohol umgehen, der Hunderttausende unglücklich macht, während man wegen der bescheidenen Tollkirsche in Kinderbüchern und in den Schulen so viel Aufhebens zu machen pflegt.

Gehen wir ins ganz Autistische, d. h. ins Affektive, so müssen wir konstatieren, daß auch die Ärzte die Gewohnheit des übrigen Publikums und der Morphinisten und Kokainisten mitmachen und ihrem Bedürfnis nach Proseliten eifrig frönen; die Weinverschreibungen haben eine gewisse Tendenz, der eigenen Liebe zum Alkohol proportional zu sein, und was ich sonst in affektiver Propaganda für den Alkohol und gegen die Abstinenz erfahren habe, geht ins Aschgraue. Über Ungebildete las ich im Jahresbericht einer Trinkerheilstätte den bezeichnenden Satz (vielleicht zitiere ich nicht ganz wörtlich): „der ärmste Tagelöhner läßt Schnaps holen, wenn er einen aus der Anstalt verführen kann;" und der gebildete Arzt benutzt zu solchen Verführungen ärztliche Verschreibungen gegen eine beliebige Krankheit und begeht dabei mit gutem Gewissen einen der ärgsten Kunstfehler.

Die hartnäckige Beliebtheit der gewöhnlichen Alkoholverschreibung ist aus der bloßen Mode und der Schulung heraus allerdings auch nicht ganz zu verstehen. Da spielt gewiß eine Rolle das gute Herz des Arztes, das dem Patienten gerne etwas verschreibt, was man selber hochschätzt (nach Kant ist das höchst lobenswert), dann die gedankenlose Bequemlichkeit und die Zuversicht (die allerdings heutzutage oft zuschanden wird), daß der Patient so mit seinem Arzte zufrieden sei. Es sind also gewiß auch da affektive Momente, die die fehlende Begründung der Alkoholtherapie übersehen lassen, und die bloße Nachlässigkeit zu einem autistischen Denkfehler machen; aber es sind für gewöhnlich nicht sehr schlimme. Wo man aber weiß, daß der Patient Alkoholiker war, ist die Alkoholverschreibung ein brutaler Mißbrauch der ärztlichen Gewalt, die bewußt Freude daran hat, der Abstinenzbewegung einen Possen zu spielen, einen Possen, an dem jedesmal ein Mensch und manchmal eine ganze Familie zugrunde geht. Ich habe auch mit eigenen Ohren gehört, wie ein Examenleiter einen Examinator aufforderte, schlechtere Zensuren zu geben, „und es ist erst noch ein Abstinent darunter". Da darf man sich nicht wundern, wenn es schließlich Leute gibt, die zu der Vermutung kommen, der sonst ethisch so hochstehende Ärztestand sei deshalb alkoholfreundlich, weil er die Verminderung der Krankheiten fürchte (in Schweden sind tatsächlich von der Bevölkerung 10% abstinent; von den Ärzten, die in erster Linie verpflichtet wären, den Kampf gegen alle Seuchen zu führen, nur 4%).

Vielleicht wäre es auch gut, wenn der Ärztestand sich einmal aus der Parathymie herausarbeiten würde, über das Alkoholelend — und die Geschlechtskrankheiten — so zu reden, wie wenn es sich um komische Mißgeschicke handeln würde. Wir sahen im großen Krieg, wie ungeheuerlich eine Stimmungsmacherei das ganze Denken und Handeln der Menschheit beeinflussen kann, und auf unserem Gebiet ist eine solche affektive Einstellung, die sich historisch begründen, aber nicht rechtfertigen läßt, der beste Konservator des autistisch-fehlerhaften Denkens. Es ist zu begreifen, daß Studenten höflich Beifall lachen, wenn solche Dinge das erste Mal zur Sprache gebracht werden in einer Form, die geeignet ist, den narkotisierten Gewissensteil aufzuwecken; die akademische Erziehung ging ja seit Jahrhunderten darauf aus, die Schäden des Alkohols mit den Affekten des Schönen und des Fröhlichen zu verdecken oder zu verklären. Weniger verständlich ist es, wenn der reife Arzt bei diesen Themen in sonst ernsten Reden den Ton anschlägt, der wie nichts anderes geeignet ist, diese Geißeln der Menschheit leichtfertig zu behandeln. Aber es paßt zu diesem Ton, daß, abgesehen von einzelnen, der Ärztestand sich immer noch autistisch weigert, den Alkoholismus in seinen Ursachen und Wirkungen gründlich zu studieren; und dieser ist doch wichtiger als Komma- oder Pestbazillus, die man an der russischen oder indischen Grenze bekämpft, während der Alkoholismus bis ins eigene Haus einbricht.

E. Von verschiedenen Arten des Denkens.

Die Beispiele, die sich beliebig vermehren ließen, zeigen wohl zur Genüge, daß trotz aller glänzenden Fortschritte der jetzige Betrieb der medizinischen Wissenschaften noch manches zu wünschen übrig läßt, und zwar nicht bloß, weil wir das Bedürfnis haben als Helfer aufzutreten, oder weil wir noch nicht so viel wissen wie wir wissen möchten, sondern weil wir an vielen Orten unser Wissen nicht richtig anwenden, ja manchmal aktiv von unseren Überlegungen abspalten und unser Denken nicht den Bedürfnissen einer Wissenschaft anpassen, sondern so gehen lassen, wie es im Alltagsleben gebräuchlich ist und daselbst genügen mag.

Da berücksichtigen wir so oft nur das Nächstliegende: wenn Gefahr ist, sich zu erkälten, muß man auch die Korridore heizen oder viel anziehen; an die schädliche Verzärtelung, die allen Gewinn überkompensieren kann, denkt man nicht. Weil man bei einem Fieberanfall friert, und die Erkältung seine Ursache sein soll, hat man jahrhundertelang Fieberzustände mit Hitze behandelt und die Leute umgebracht. Wir zwingen dem Appetitlosen das Essen in großen Quantitäten auf, obschon das das beste Mittel ist, die Eßlust nicht aufkommen zu lassen, und nichts mehr Appetit macht als der Hunger. Wir sind glücklich, wenn wir durch ein Laxans eine Verstopfung gehoben haben, denken aber nicht daran, daß wir damit oft das vorübergehende Leiden in ein dauerndes verwandeln. Wir geben gegen Kopfweh ohne weitere Untersuchung Pulver, gegen irgendwelche vorübergehende Leiden Alkohol, obschon mindestens die Möglichkeit vorliegt, daß dadurch die natürliche Reaktion des Körpers und der Seele vermindert wird. Wir desinfizierten Nase, Mund und innere weibliche Genitalien, und tun es vielfach jetzt noch, trotzdem die Erfahrung dafür spricht, daß dadurch manchmal die natürliche Desinfektion gehindert werde, und daß man so komplizierte Gebilde überhaupt teils gar nicht, teils nicht dauernd bakterienfrei halten kann; wir desinfizieren noch bei einer ausgebrochenen Angina, obschon unser Desinfiziens nicht in die Tonsillen eindringt. Wir reiben die gelähmten Glieder ein, obschon man den zentralen Sitz der Krankheit kennt, und wir empfehlen gegen Neurosen und sogar schwere Psychosen die Heirat, obschon man nicht weiß, ob es etwas nützt, und ein Schaden für

den Gatten sicher, für die Nachkommenschaft äußerst wahrscheinlich ist. Wir bringen beliebige klinische, anatomische, therapeutische Befunde in Zusammenhang mit irgend einer Tatsache, ohne
Vergleichsmaterial zuzuziehen, das den Zusammenhang beweisen
könnte; so glauben wir namentlich an Wirkungen von Arzneimitteln, ohne zu wissen, wie die betreffende Krankheit ohne Arzneimittel verläuft, anders ausgedrückt, wir geben uns große Mühe,
Krankheiten zu heilen, die von selbst heilen. Zur Kompensation
behandeln wir auch Unheilbare, wo sich nichts machen läßt. Nehmen
wir etwas wie Statistik zu Hilfe, so tun wir das mehr als nicht in
einer Weise, die ganz ungenügend ist, namentlich auch ohne uns
bestimmt zu vergewissern, daß das, was wir vergleichen, in allen
Dingen, mit Ausnahme eben des zu untersuchenden Unterschiedes,
gleichwertig ist. An eine quantitative Untersuchung der Wahrscheinlichkeiten wird überhaupt fast nie gedacht.

Die Tragweite der Anordnungen wird nicht immer genügend
überlegt, so bei Verschreibung von Alkohol, Koitus, Arbeit aussetzen, sich schonen; wir vergessen überhaupt, uns zu fragen, ob
es nicht angezeigt wäre, bei vielen Krankheiten gar nichts zu machen,
weil das Behandeln sehr gewichtige Nachteile mit sich bringt: wir
übertreiben, indem wir oft Vorschriften geben, die unnütz sind,
oder an diesem Ort nicht angebracht sind (Gipsverband, teure Sanatorien) oder einfach nicht durchgeführt werden können (Kinder-
pflege usw.). Weil man sich im Wochenbett oder schon in der
Schwangerschaft überanstrengen kann, verschreiben wir da eine
zu weitgehende Schonung, die gar nicht geeignet ist, den Körper
leistungsfähig zu erhalten — wenn die Frau wenigstens gut folgt.
Weil es überhaupt für Gesunde und Kranke ein Übermaß von Arbeit
gibt, das schädlich ist, wird Faulenzen viel zu viel verordnet und
der physische und psychische Wert der Arbeit vernachlässigt. Wir
verschreiben Erholung, auch wo man sich von nichts zu erholen hat.

Wir operieren mit vielen ungenügend gebildeten Begriffen,
die unklar sind, wie der der Nervenüberreizung, der Fieberdiät, der
Blutverharzung. Wir verdichten verschiedene Begriffe (Degeneration) zu einem, ohne es zu merken, machen Erschleichungen
(konstitutionelles Irresein muß mit Quecksilber behandelt werden,
weil dieses die Konstitution ändert); wir reden von Magenver-
schleimung, ohne recht zu wissen, was das sein soll. Wir verdrehen
auch gelegentlich die Meinungsäußerungen anderer, wir messen mit
verschiedenem Maße, finden beim einen Mittel die nämlichen Beweise für die Wirksamkeit vollständig genügend, die wir beim andern
verlachen. Wenn es bei einer Krankheit gut geht, so sind wir oft
geneigt, ohne Grund die Heilung unserem Mittel zuzuschreiben;
geht es schlecht, so ist irgend etwas anderes schuld, resp. es war
eben nichts zu machen. Wir merken oft nicht, daß wir ohne medizinischen Grund reich und arm verschieden behandeln (ich meine
damit nicht, daß die Reichen „besser" behandelt werden; im ganzen
möchte ich eher das Umgekehrte sagen). Sogar wenn man Begriffe modelt oder Beobachtungen macht oder diejenigen anderer

benutzt, legt man leicht verschiedenen Maßstab an; so sind viele gleich bereit, von Suggestion zu reden, wenn ihnen eine Erklärung einer Wirkung eines Mittels oder einer Beobachtung eines andern nicht paßt, während ihr Suggestionsbegriff an anderen Orten wieder allzu enge ist.

Wir dosieren oft gerade die Arzneimittel nicht, die besonders gefährlich sind, weil auch der Laie sie sich selber verschreibt, den Müßiggang und den Alkohol. Wir wenden eine Menge Mittel an, von denen gar nicht bewiesen ist, ob sie etwas wirken, wie die Elektrizität, oder andere, von denen wir viel zu wenig wissen, wie das Wasser bei vielen Krankheiten. Wir probieren, abgesehen von den pharmakologischen Prüfungen, unsere Heilmittel im wesentlichen ganz ohne System, so daß die Beweise für die Wirkung eines neuen Mittels meist bald durch die weitere Erfahrung widerlegt werden. Und wenn ein Mittel nützt, wie gerade das kalte Wasser, so geben wir uns damit viel zu leicht zufrieden und prüfen nicht mit dem nötigen Eifer, ob es nicht auch Fälle gibt, wo es schadet oder nichts nützt, und welche dies sind, oder ob Nebenwirkungen, wie die Charaktererziehung den Erfolg bedingen. Und durch die Erfahrungen lassen wir uns viel zu schwer belehren, wenden ein Arzneimittel, das nicht wirkt, immer wieder an, und glauben immer wieder an die Heilkraft neuer Mittel, die nicht besser belegt ist, als die der vorhergehenden Generationen von Anwendungen, die ruhmlos dahingestorben sind.

Diese Fehler gehören zu denen, die einzeln für sich genommen einem jeden begegnen können. Aber das wissenschaftliche Urteilen soll sich eben vom gewöhnlichen Denken dadurch unterscheiden, daß es vermeidbare Irrungen vermeidet. Die Gründe, warum die Relikte aus vornaturwissenschaftlicher Zeit gerade in der Medizin mehr vorkommen und größere Bedeutung gewinnen, als in jeder andern Wissenschaft, haben wir in der Einleitung nur angedeutet; sie verlangen noch genaueres Eingehen.

Zuerst das brennende Verlangen des Kranken, daß ihm Hilfe zuteil werde, und der Trieb des Arztes, ihm zu helfen. Dieses Bestreben beruht auf einem allgemeinen menschlichen Instinkt, — ja wir finden diesen deutlich, wenn auch nicht so ausgesprochen, bei den meisten sozial lebenden Tieren. Wenn jemand im Wasser, im Feuer umzukommen droht oder etwa beim Einsteigen in einen Schacht durch Gasvergiftung, dann stürzt man sich ihm nach, ohne jede Überlegung, oft nicht nur ohne Rücksicht auf eigene Gefahr, sondern sich ganz unnütz aufopfernd oder gar dabei noch die Situation verschlimmernd, während ein bißchen Überlegung den richtigen Weg zur Rettung hätte zeigen können. Auch in der Medizin ist der Trieb zu helfen noch zu prompt und ungehemmt; die Überlegung, wie und wo zu helfen, noch zu langsam und zu zurückhaltend. Man hat immer noch zu sehr den Trieb, „etwas" gegen die Krankheit zu tun, statt der Überlegung: „wie" kann ich helfen. Daher die vielen Fehlgriffe und das eifrige ärztliche Bemühen bei von selbst heilenden und bei unheilbaren Krankheiten[1]).

Der Trieb, der Instinkt zu helfen, ist allerdings das Erste, und wenn man ihn mit der Ethik in Verbindung bringen will, das Höchste; für solche komplizierte Aufgaben, die etwas ganz Neues, die Bekämpfung von Krankheit und Schmerz und Tod in das Geschehen der Lebewesen einführen, ist er aber nicht entstanden, noch kann er ihnen in seiner jetzigen Gestalt (und wohl nimmer) gerecht werden. **Der Trieb zu heilen kann nur mehr der Antrieb und die Triebkraft unseres Handelns sein; die Richtung desselben, das Wo und das Wie zu bestimmen, das ist ganz allein Sache des Verstandes.** Daß wir uns dieser neuen Arbeitsteilung endlich bewußt werden, ist eine notwendige Voraussetzung der Besserung.

Durch das Triebhafte unterscheidet sich das „autistische" Denken vom einfach nachlässigen. Es ist bloß nachlässig, wenn ich hundert Grippefälle mit Aspirin behandle und daraus, daß sie gut verlaufen, den Schluß ziehe, daß Aspirin gut gegen Grippe sei. Ich vernachlässige die Tatsache, daß überhaupt die meisten Fälle von Grippe gut verlaufen. Es ist aber autistisch, wenn ich den Hypnotismus ablehne, weil er den Willen schwäche; denn das bilde ich mir nur ein, und ich bilde es mir deshalb ein, weil mir der Hypnotismus mit seiner Beeinflussung des intimen Ich nicht in den Kram paßt; ich habe einen bloß affektiven Grund, ihn abzulehnen, und die autistische Logik ist bloß Mittel zum Zweck des Ablehnens. Es ist autistisch, wenn der Primitive sich die Erschaffung der Welt ausdenkt. Er will sein Kausalitätsbedürfnis befriedigen und kümmert sich dabei nicht um die von der Erfahrung gezeigten Möglichkeiten und Unmöglichkeiten. Es ist autistisch, wenn der Schizophrene oder der Träumer sich für den glücklichen Geliebten einer in Wirklichkeit unerreichbaren Schönen hält; beide sperren die Unerreichbarkeit ab und setzen dafür etwas anderes, der Wirklichkeit nicht Entsprechendes. Will man den Patienten erheben, so kommt seine Nervosität von der Überarbeitung; will man sich auf Kosten des Patienten herausstreichen, so kommt sie von der Onanie; beides ist autistisch. Das nachlässige Denken sucht mit der Realität zu rechnen, tut es

---

[1]) Wenn ich zur Zeit der Abfassung die Arbeit K r e t s c h m e r s über den sensitiven Beziehungswahn (Verlag von Julius Springer, Berlin 1918) gekannt hätte, so hätte ich diese Handlungsweise einem Begriffe der „n i c h t p s y c h o p a t h i s c h e n P r i m i t i v r e a k t i o n" subsummiert. Dahin gehört auch unsere übliche Reaktion gegenüber dem Pfuschertum und ferner in gewisser Beziehung die triebhafte Art, auf jede Frage gleich eine Antwort zu geben (ohne nur zu bemerken, daß man sich die Mühe geben sollte, streng zwischen Realität und Wunsch oder Phantasie zu unterscheiden), wie wir sie bei kleineren Kindern, bei Wilden, bei Ärzten, in der Mythologie, z. T. auch in der Philosophie und dann in krankhafter Weise besonders bei der Schizophrenie sehen. — Diese Art der Reaktion hat übrigens nicht nur Nachteile. Auf diesem primären Trieb beruht überhaupt die Kraft des medizinischen Handelns. Nur der Arzt erfüllt die Pflicht ganz, dessen Hauptmotiv das Wohl und das Leben des Patienten bildet, das Motiv, vor dem alle andern Nützlichkeitsüberlegungen in die zweite Linie zurücktreten (aber nicht ausgeschaltet werden dürfen).

aber in ungenügender Weise; das autistische kümmert sich um die Wirklichkeit nur insofern es sie braucht und schließt sie aktiv aus, wo sie ihm hinderlich scheint. Das nachlässige Denken ist oligophren und führt zum Irrtum, das autistische ist paranoisch und führt zur Wahnidee.

Daß beide Mechanismen einander begünstigen, ist selbstverständlich; wenn man einmal nachlässig denkt, so können Wünsche, deren Erfüllung die rauhe Wirklichkeit nicht erlaubt, leichter Einfluß auf die Logik gewinnen als beim streng disziplinierten Denken. und wenn einmal eine irgendwie gewonnene Vorstellung unsere Wünsche befriedigt hat, so begeht man leichter die ,,Nachlässigkeit'', nicht mehr weiter zu prüfen, ob sie haltbar sei. So wird gerade die erst erwähnte Idee von der Wirksamkeit des Aspirins bei Grippe nicht eine chemisch rein nachlässige sein, sondern die Nachlässigkeit wird dabei unterstützt durch das Bedürfnis des Arztes, zu helfen, etwas zu tun, und durch die Abneigung, zu sagen, er könne nichts machen.

Bei dieser Unterscheidung ist der Begriff des Triebes im weiteren Sinne zu verstehen, so daß er nicht bloß die komplizierteren instinktartigen Triebe umgreift; alles, was Affekt ist, hat die gleiche Wirkung: das Denken in bestimmte Bahnen zu lenken, unbekümmert um den Wahrheitswert, um die Realität. Jeder Affekt hat die Tendenz, das, was ihm gleichsinnig ist, zu bahnen, das ihm Widersprechende zu hemmen[1]). Der Liebende sieht nur die guten Eigenschaften der Angebeteten und unterdrückt die Vorstellung der schlimmen; der Hassende verfährt umgekehrt.

So sehen wir denn auch bei genauerem Beobachten, daß die meisten Denkfehler in der Medizin nicht zufällig, sondern streng gerichtet sind nach bestimmten guten oder schlechten, klaren oder unklaren Zielen. Das größte Ziel, das helfen Sollen und helfen Wollen, haben wir eben genannt. Es gibt dem ärztlichen Handeln in jedem Falle die Hauptdirektive. Diese übertönt auch viel zu oft den andern unwidersprochenen und bis zur Banalität wiederholten Grundsatz des ,,Vor allem nicht schaden'', so daß man oft handelt, ohne genügende Überlegung, ob die Chancen des Schadens nicht zu groß seien[2]).

Zum Helfen gehört auch das Trösten, und dieses kann möglicherweise die unangenehme Pflicht mit sich bringen, etwas zu tun, wo nichts zu tun ist, oder etwas zu versuchen, wo man es besser unterließe. Wo das therapeutische Handeln und wo das Unterlassen — letzteres natürlich wenn irgend möglich unter Ersatz durch

---

[1]) Es ist das eine allgemeine Eigenschaft aller Psychismen, die aber aus leicht erklärlichen Gründen bei den Affekten eine ganz besondere Stärke und Bedeutung bekommt.

[2]) Natürlich ist der Grundsatz des Nichtschadens nur in diesem Sinne zu verteidigen. Niemand wird auf eine lebensrettende und nicht einmal auf eine sehr nützliche Operation verzichten, weil eine kleine Möglichkeit eines Mißlingens und damit eines Schadens vorhanden ist. Abzuwägen sind die Wahrscheinlichkeiten von Schaden und Nutzen im Verhältnis zur Größe der beiden.

eine andere Form des Trostes[1]) — am Platze ist, ist wiederum Sache der Erwägung aller Umstände; aber eine solche wird, wie wir gesehen, oft zu wenig gründlich gemacht, und zwar meist so, daß die Grenzen für das Handeln zu weit gezogen werden. Auch der Arzt ist eben ein Mensch, und er sagt nicht gern, „ich weiß es nicht", oder „ich kann nichts machen", wo gerade das Helfen von beiden Seiten so lebhaft gewünscht wird. Das würde seinem (meist unbewußten) Gefühl nach ihn und seine Wissenschaft vor sich selber und vor den Laien herabsetzen. Die ganzen Mythologien und vieles andere sind aus dem Widerwillen entstanden, sich und den Nebenmenschen das Nichtwissen und Nichtkönnen einzugestehen. Bei Kindern und bei Naturvölkern tritt diese Abneigung alltäglich in lächerlicher Weise in die Erscheinung. Auf eine Frage antworten sie „in den Tag hinein" irgend etwas, was gerade nahe liegt, und — das wird namentlich bei den Naturvölkern hervorgehoben — besonders gern in dem Sinne, wie der Fragende es wünscht oder erwartet, eine Richtung, die gewöhnlich mit großer Treffsicherheit erraten wird[2]). Bei einem Wilden könne man ziemlich sicher sein, daß er auf die Frage, ob ein Weg noch weit sei, je nach dem Tone des unvorsichtigen Fragenden ja oder nein sagt, eventuell seine ganz unzutreffende Auskunft noch weiter ausführend. Das klare und von Affekten unabhängige Aussprechen des „Ich weiß es nicht" verlangt eine höhere Stufe des Verhältnisses zur Realität[3]). So bringt der Ungebildete unverständliche Dinge viel leichter in einen Zusammenhang als der vorsichtigere Gebildete; kausale und andere „Erklärungen" kann er oft aus dem Ärmel schütteln. Ebenso kann auch in der Medizin mancher nur deshalb so klugen Rat geben, weil er weniger weiß als wir oder weniger denkt, denn „in der Dummheit (und wie ich hinzufügen möchte, in der Unwissenheit) liegt eine Zuversicht, die einen rasend machen könnte". Reuters Bauern können sich nicht vorstellen, daß ein Wagen ohne Pferd läuft, und sind deshalb überzeugt, daß in der Lokomotive ein Pferd steckt.

---

[1]) In weitaus den meisten Fällen ist bei den heilenden Krankheiten der beste Trost „man muß eben warten, dann kommt es schon gut", bei den nicht heilenden „man muß sich abfinden", wobei der Arzt sehr nützliche Räte über das Wie? geben kann.

[2]) Kinder haben oft daneben noch einen anderen Grund, „ich weiß es nicht" zu sagen. Das Wort bedeutet dann: „ich mag nicht antworten", sei es, daß das Kind sich nicht gerne besinnt, oder daß es sich in der gegebenen Situation nicht wohl fühlt, geniert, im Denken und Antworten gehemmt ist, und vor allem, wenn es eine Schuld eingestehen müßte.

[3]) Bis zur Banalität wiederholt man, daß der wahre Forscher nur zu der Erkenntnis komme, daß er nichts wisse. Das ist eine reaktive Übertreibung, mindestens so arg wie die Alleswisserei dessen, der erzählt, von wem und wie die Welt geschaffen ist, warum die Neger schwarz geworden sind, oder daß die Natur einen horror vacui in sich habe. Nun ist es richtig, jede einzelne neue Erkenntnis bringt viele neue Fragen mit sich, so daß das Bekannte relativ abnimmt; aber je mehr man beobachtet hat, um so mehr lernt man kennen, und die höchste Erkenntnis ist nicht die, daß man nichts weiß, sondern die, daß man unterscheidet zwischen dem Bekannten und dem Unbekannten, daß man weiß, was man weiß, und was man nicht weiß.

Daß man sich so gern vorstellt, man wisse alles, ist auch eine der Ursachen der Autoritätenkalamität, die in den ärztlichen Äußerungen über die Alkoholfrage eine so große Rolle spielt. Wenn man die Sache ins Positive übersetzt, so möchte man sich gerne wichtig machen, und auch bei Dingen, in die man sich nicht mischen müßte, seine Meinung orakeln. Das ist eine sehr schlimme Gewohnheit und die Quelle von tausenden von einzelnen Vorurteilen und medizinischen Glauben, indem es immer heißt, das hat mir ein Doktor oder gar der berühmte Doktor Soundso gesagt.

Fast so schwer wie das „ich kann nicht helfen" und „ich weiß es nicht", jedenfalls für viele zu schwer, ist das „ich finde nichts" bei der Untersuchung. Wenn man ohne genügenden Anhaltspunkt sich etwas zu finden verpflichtet fühlt, sei es gegenüber dem Patienten, sei es gegenüber sich selbst, so stellt man oft recht Böses an. Der Patient ist nicht immer so leicht geneigt, eine „Herzerweiterung" als bedeutungslos zu betrachten, besonders wenn der Arzt seine wichtige Miene aufsetzt. Dauernde hypochondrische Tendenzen, ja nicht allzu selten schwere ängstliche Neurasthenien, können die Folge von solchen Diagnosen sein, besonders wenn dann ein solcher fingierter oder aufgebauschter Befund, eine eingesunkene Spitze, eine kleine Anomalie der weiblichen Genitalien oder ähnliches, mit der Erkrankung, die den Arzt rufen ließ, in Beziehung gebracht wird. Weil das gefundene Leiden als unheilbar gedacht wird, muß es auch seine Folge sein, meist irgend eine „nervöse" Störung, die man nun mit Kuren und Schonen und Faulenzen behandeln und vor Verschlimmerung hüten muß[1]).

Überhaupt das Wichtigmachen, nämlich den Befund und damit sich selbst! Da hat ein junges Mädchen eine Ozäna. Der Doktor sagt der Mutter, sie müsse aufpassen, daß es ihm nicht auf das Hirn schlage. Wie soll denn die Mutter aufpassen? Und irgend eine Aufpasserei würde auch nicht nützen, das ist ohne weiteres klar. Deswegen ist also die Warnung nicht ausgesprochen worden. Aber aus folgendem autistischem Grunde: die Krankheit ist sehr wichtig; der Herr Doktor hat das gleich gesehen; wenn es schlecht geht, hat er es auch gleich gesagt, und die Mutter hat eben nicht aufgepaßt; wenn es aber gut geht, so ist sein Verdienst um so größer. Natürlich denkt das Bewußtsein des Arztes nicht so; es denkt am besten gar nichts, wenn es solche Aussprüche tut. Aber eine Prüfung seines Unbewußten müßte eine derartige Begründung des Diktums ans Licht bringen.

An einer andern Art Wichtigtuerei ist zunächst bloß unser Nichtwissen schuld. Unsere diagnostischen Mittel sind leider der

---

[1]) Die beherzigenswerte Satire von Raimond, das Buch vom gesunden und kranken Herrn Meier, ist in dieser Beziehung ganz nach dem Leben gezeichnet, indem der Herr Meier durch den Versicherungsarzt, der überall etwas findet, zum Hypochonder gemacht wird. Poetische Lizenz ist es, daß bei ihm der Humor das Heilmittel ist; denn befreiend wirkt nur frisches Ignorieren von als krankhaft aufgefaßten Kleinigkeiten, die nichts zu bedeuten haben.

Erkenntnis der Notwendigkeit und der Nichtnotwendigkeit des
therapeutischen Eingreifens sehr stark vorausgeeilt. Ist es gut,
bei jedem positiven Wassermann gleich wieder Salvarsan in die
Venen zu spritzen? Man diagnostiziert manche „latente" Schizophrenie für sich ganz zweifellos; deswegen fällt einem noch nicht
ein, daraus die Konsequenzen zu ziehen: Irrenanstalt, Entmündigung,
Berufaufgeben oder ähnliches. Man behält die Diagnose, die doch
niemand in ihrer Bedeutung richtig auffassen würde, für sich,
ordnet an, was momentan zu machen und namentlich, was nicht
zu machen ist, und erinnert höchstens daran, man soll es melden,
wenn das und das Auffällige eintreten sollte. Oder: Von einer
Grippe erholte ich mich vor 11 Jahren lange nicht recht. Alles
stürmte auf mich ein, ich solle mich auf Tuberkulose untersuchen
lassen. Ich hätte es um kein Geld getan. Ich habe verschiedene
Gründe, eine Tuberkulose nicht zu fürchten, auch wenn ich ein
paar aktive Bazillen im Leibe hätte (Heredität; in der Pflegeanstalt
einige Jahre lang maximale Gelegenheit zur Infektion usw.); wenn
man also ein bißchen Spitzenkatarrh oder einmal ein Tuberkulin-
fieber gefunden hätte, so hätte man — ich bin Familienvater —
nicht geruht, bis ich ein Jahr ausgesetzt, nach Davos oder wer weiß
wohin gegangen wäre. So mußte es sonst wieder in Ordnung kommen.
Befindet sich nicht mancher leichte Diabetes ohne besondere Therapie
oder mit Anwendung ganz leichter Vorsichtsmaßregeln besser als
bei einer rigorosen Diät?
    Eine der wichtigen Fragen der Therapie ist eben
zur Zeit die: bei welchem Grad einer Krankheit soll
man eingreifen, und bei welchem soll man so schweres
Geschütz auffahren wie volle Änderung der Lebens-
weise, Eintritt in ein Sanatorium, Aussetzen oder gar
Aufgeben des Berufes? Es ist für den Arzt leicht, vorsichtig
zu sein und gleich die „beste" Maßregel anzuwenden; aber das hat
auch seine Nachteile. Ich habe in Rheinau in 12 Jahren ohne
Sanatorium keinen einzigen Angestellten an Tuberkulose verloren
und hatte eine ganze Anzahl zu behandeln, bei tuberkulösen Lungen
auch Rippen zu resezieren, Fußknochen auszuschaben usw. Die
strengere Maßregel läßt sich ja rechtfertigen, weil man eben im
Zweifel handeln muß und da das Sichere anordnen soll. Man vergißt aber, so lange laut die Frage nach genaueren Indikationen zu
stellen, bis die Erfahrung geantwortet hat, und das läßt sich nicht
rechtfertigen.
    Die Leichtherzigkeit, mit der man bei vielen Krankheiten
langes Arbeitsaussetzen oder Sanatoriumbehandlung anordnet, steht
in einem bezeichnenden Gegensatz zu der Ängstlichkeit, die die
rechtzeitige Einweisung eines Alkoholikers in die Heilstätte zu
verzögern pflegt. Man findet den Mann immer „noch nicht reif
genug" dazu und vergißt die Selbstverständlichkeit, daß eine volle
Wiederherstellung nur möglich wird, wenn das Gehirn noch nicht
anatomisch geschädigt ist. Ich weiß, daß das Publikum in dieser
Beziehung noch schlimmer ist als der Arzt; aber dieser ist nicht da,

dem Bequemlichkeitsbedürfnis des Publikums die bessere Einsicht — und seinen Patienten — zu opfern, läßt er sich doch auch nicht durch das Mitleid wegen eines augenblicklichen Schmerzes von einer Operation oder überhaupt von der Sorge für die Zukunft zurückhalten. Aber auch seine eigene Bequemlichkeit sollte ihn nicht locken, trotzdem es so verführerisch ist, dem Kranken einfach ein Pülverchen zu verschreiben, statt alle Umstände zu erwägen und zu versuchen, ihm andere Räte verständlich zu machen, die er zunächst nicht gut erfassen kann und vielleicht noch weniger gern erfassen mag.

Der Bequemlichkeit nahe ist die Höflichkeit. Der allzu massive Arzt ist nicht mein Ideal, obschon es grobe Käuze gibt, die für ihre Patienten ein Glück sind und zugleich ihre Praxis in gutem Gang zu halten wissen. Aber ist es wirklich nötig, immer von der Überanstrengungskrankheit Neurasthenie zu sprechen, wo umgekehrt Scheu vor den realen Aufgaben des Lebens die Krankheitsursache ist, und, bildlich gesprochen, ein Klaps unter Umständen dem zu nachlässigen Gesundheitsgewissen am besten nachhelfen könnte? Und wenn man in solchen Fällen erst noch Aussetzen der Arbeit verordnet, so schadet man nicht nur, sondern man überschreitet die Zone der Höflichkeit und ist in die der nicht mehr berechtigten Gefälligkeiten übergegangen. Und zu diesen Gefälligkeiten gehören auch viele ärztliche Zeugnisse. Ich weiß aus Erfahrung, daß an den Orten, da man viel auf ärztliche Zeugnisse abstellen muß, gewisse nicht so spärliche Ärzte einen sehr schlechten Ruf genießen, und daß man den andern gegenüber auch mißtrauisch zu sein pflegt, leider nicht ganz ohne Recht im Hinblick auf die wechselnde Qualität solcher Urkunden, aber zum Schaden auch der Patienten, die sich einen ganz gewissenhaften Arzt ausgewählt haben. Das gute Herz des Arztes und gewiß auch sein Verhältnis zum Patienten, das das eines Fürsorgers und Beauftragten zum Klienten darstellt, verführen zu sehr, ein bißchen Partei für den Kranken zu nehmen. Für seine Bekannten steht man ja in Fällen, wo es nichts kostet, überhaupt gerne ein, das weiß jeder, der vor Gericht Zeugeneinvernahmen gehört hat; wenn aber die Gegenpartei erst noch ein ganz Unbekannter oder ein unpersönliches, fernliegendes Etwas ist, wie eine Kasse oder eine Versicherungsgesellschaft oder der Staat, so ist es ungemein schwer, ganz objektiv zu bleiben, wobei ich indessen der individuellen Ansicht, wie viel man einer solchen Institution zumuten und abknöpfen solle, einen nicht kleinen Spielraum gestatten möchte.

Längere Zeit nachdem das geschrieben, kam die Periode der Not in den Zentralstaaten und der Arbeitslosigkeit in der Schweiz und damit ein Zufluß von Einwanderern, die nicht ernährt werden konnten. Die Kontrollbehörden hatten sich schwer über die ärztlichen Zeugnisse zu beklagen, die massenhaft die Arbeit der Sichtung der Gesuchsteller unmöglich machten. Es wäre uns ja trotz der eigenen Schwierigkeiten schlecht angestanden, da, wo wirklich medizinische Gründe den Aufenthalt in der Schweiz verlangten, sich des Kranken nicht anzunehmen. Aber wie ich von kompetenten Personen hören mußte, wurden die Zeugnisse so mißbraucht, daß gerade Leute, die es am wenigsten verdienten, von der Wohltat des Asyls Gebrauch machen konnten, und daß die Behörden einfach gezwungen waren, die ärztlichen Zeugnisse zu ignorieren und mit den vielen Unwürdigen auch manchen Bedürftigen auszuschließen. Man nennt bestimmte Ärzte, die im Rufe stehen, daß man immer ein Zeugnis von ihnen erhalten könne. Es ist eine schwierige, aber nicht mehr zu umgehende Aufgabe der ärztlichen Organisationen, auch hier einmal Abhilfe zu schaffen. Es gibt auch Ärzte, die so einseitig feinfühlig sind, daß sie es unter allen Umständen für ihre Pflicht halten, einen nicht absolut moralisch Defekten, der ein Verbrechen begangen, zu ,,retten", wenn er droht, sich das Leben zu nehmen, falls er bestraft werde. Ich fühle mich ebensogut verpflichtet, an Allgemeinheit und Gesetz und staatliche Ordnung zu denken, ohne aber den einzelnen aus dem Auge zu lassen.

Komplexgründe verschiedener Art fließen zusammen mit dem oft recht offensichtlichen Bestreben, mit den Wölfen zu heulen, nichts Auffallendes zu machen, diejenige therapeutische Krawatte zu tragen, die allgemein Mode ist. Man ist dann vor vielen Diskussionen sicher, und namentlich die Verantwortlichkeiten sind so am geringsten. Es ist aber auch am bequemsten für das Denkorgan. Und vor allem befriedigt es die philiströse Abneigung gegen das Neue.

Das Gegenteil, daß man durchaus etwas Besonderes haben will, gehört meiner Erfahrung nach, nicht so sehr ins Gebiet des autistischen Denkens, wie in das des bewußten Konkurrenzkampfes, wenn es nicht, wie gewöhnlich, ganz unschuldig und zufällig ist, indem jeder Arzt natürlich auch seine besonderen Erfahrungen hat und oft aus guten Gründen das eine oder andere Mittel bevorzugt oder mit besonderm Geschick anwenden kann.

Eine weitere Anzahl individueller und allgemeiner Komplexe, die das autistische Denken in der Medizin mitdirigieren, haben die Beispiele der Hypnose, der Tiefenpsychologie und der Alkoholfrage gezeigt. Die speziell dem Gelehrten angehörigen Komplexe müssen aber auch noch hinzugezählt werden. Das Bedürfnis, so viel wie möglich zu verstehen, führt den Arzt wie den Mythendichter der alten Zeit dazu, Zusammenhänge anzunehmen, die doch nicht so sicher sind, wie er glauben möchte; weil er gerne Entdeckungen machen möchte, seien es rein theoretische oder therapeutische, nimmt er die Beweisführung viel zu leicht und findet als Grundlage einer Krankheit anatomische Befunde, ohne daß er sich vergewissert hätte, daß sie nicht auch ohne diese Krankheit vorkommen. Er kommt auch in Enthusiasmus für oder gegen eine neue Idee und handelt darnach, ganz vergessend, daß die Wissenschaft mit Enthusiasmus nichts zu tun haben sollte. Dieser kann ihn nicht nur dazu verführen, mehr oder weniger leichte Verdrehungen in eine Polemik hinein schleichen zu lassen, sondern auch wissenschaftliche Diskussionen ins Publikum zu tragen, 'das natürlich in seiner Blindheit am besten das defintive und allein richtige Urteil abgibt wie ein Schwurgericht. Es ist noch nicht lange her, so hat man bei uns in den Laienblättern für und wider die Psychanalyse gezankt, und der verdiente Erfolg war, daß die Pflichttreue eines Staatsanwaltes es für nötig fand, die Ärzte des Burghölzli darauf aufmerksam zu machen, daß, wenn wir seine Untersuchungsfälle einer solchen Behandlung unterziehen würden, er uns mit Gutachtenaufträgen in Zukunft verschonen müßte.

Diese Musterkarte der Triebe ist natürlich nicht vollständig. Sie zeigt aber zur Genüge, wie diese bei Nachlässigkeit des Denkens und bei Denkzielen, die unser Wissen übersteigen, in manchen Einzelheiten die Führung übernehmen können.

Dadurch wird das nachlässige Denken in der Medizin zum autistischen Denken. Kann der Psychanalytiker oder in den einfacheren Fällen auch der gewöhnliche Zuschauer, die Triebe, die es leiten, aufdecken, so heißt das gar nicht, daß sie dem, dem sie die Tücken spielen, bewußt werden; dieser würde sich ja in den meisten Fällen vor solchen Denkfehlern hüten, wenn er sie einsehen könnte, oder er würde sie zum allermindesten vor andern zu verdecken suchen. Hier wie überall in solchen Sachen liegen die Zusammenhänge der treibenden und richtenden Kräfte mit den Erfolgen im Unbewußten, gelegentlich vielleicht auch einmal im Halbunbewußten verborgen. Deshalb ist das autistische Denken von dem sonstigen Wissen, von dem Stande der Intelligenz und von dem Charakter unabhängig, und vor allem sind diese Mechanismen der Korrektur nicht so leicht zugänglich wie Irrtümer im bewußten logischen Denken. Auch die Aufdeckung einiger Wurzeln wird dem Arzte kaum mehr nützen als dem Hysterischen die einfache Erkenntnis, daß es eine Folge irgend einer Autosuggestion ist, wenn er von einem Frühstück mit mehr als einer Tasse Milch Diarrhöe bekommt. Auch dem momentanen Erfolg meiner Anregungen stellt diese Konstatierung keine gar günstige Prognose, sogar für den Fall, daß sie in allen Teilen richtig wären.

Da das autistische Denken hier auf der Basis des nachlässigen Denkens entsteht, hat es mit dem gewöhnlichen Denken die Ideenassoziationen und die logischen Funktionen gemeinsam; diese fehlen ihm nicht; es zieht u. U. Schlüsse in der gewöhnlichen Weise, nur oft ohne genügende Umsicht, unklar, manches auslassend, nicht dazu Gehöriges zuziehend.

Früher war der Kampf gegen Krankheit und Tod so viel wie aussichtslos; er mußte also, wenn überhaupt, mit den gleichen Waffen geführt werden, wie der gegen das Schicksal durch Zauberei und ähnliches. So haben Medizinmann und Zauberer und Priester gleichartige Funktionen, die teils in einer Person vereinigt, teils wenigstens prinzipiell nicht unterschieden sind. Eine gewisse spärliche Empirie, wie das Auflegen von Tabakblättern gegen unter der Haut sich entwickelnde Fliegenlarven, ein Nähen von Wunden z. B. mit Ameisenkiefern gab es natürlich auch; ich kenne auch die schönen Ansätze realistischer Medizin und Chirurgie im Altertum und in Indien; aber all das kommt quantitativ nicht in Betracht und gehörte auch wohl zum großen Teil gar nicht zur Tätigkeit des Medizinmannes. Nach und nach erst, und zwar hauptsächlich in den letzten Jahrhunderten, ist die Medizin als Ganzes zur Erfahrungswissenschaft geworden, die in der Hauptsache nur mit Realitäten rechnen möchte. Die autistischen Relikte kleben ihr aber immer noch als Eischalen an, kaum einen einzelnen Mediziner ganz verschonend, wenn auch genug Praktiker, teils aus natürlicher Intuition, teils aus persönlicher Erfahrung heraus, im ganzen richtig zu handeln wissen. Daß man das Autistische noch nicht ganz abgeworfen hat, ist schon deswegen erklärlich und sogar entschuldbar, weil man bei den vielen medizinischen Aufgaben, die über unser Wissen hinausgehen, zum voraus aufs Raten angewiesen ist, und da verliert man das Bewußtsein des Unterschiedes zwischen streng logisch-realistischer Deduktion und autistischer Spekulation, wie Goldstein[1]) bei Anlaß von organischen Störungen des Verständnisses hervorhebt.

Trotz aller exakten Pharmakologie ist der Unterschied zwischen autistischem Denken des Zauberers und Medizinmannes und dem des modernen Arztes wirklich kein prinzipieller; er besteht ausschließlich darin, daß der letztere neben dem autistischen Wissen sehr viele, der erstere aber nur sehr wenige realistische Errungenschaften besitzt. Qualitativ sind die modernen und die alten, die kultivierten und die primitiven Autismen gleichwertig. Man darf sich nicht vorstellen, daß die Beschwörungen des Medizinmannes sicher erfolglos sein müssen, während bei den autistischen Anwendungen des Modernen der Erfolg nur nicht bewiesen sei. Zunächst ist bei primitiven Verhältnissen der Zauber eine Denkmöglichkeit. Aber wenn nun der Moderne die möglichen Einwirkungen, die er nicht versteht, stark eingeschränkt hat, so versucht er doch noch manches ohne genügenden empirischen und logischen Beweis des Erfolges. Die Elektrizität erschien nach ihrer Entdeckung als eine geheimnisvolle Kraft, die man früh mit der „Lebenskraft,, in Zusammenhang brachte, und darauf ist die Elektrotherapie zurückzuführen, wenn auch später einige Überlegungen von Übung gelähmter Muskeln und von Kat- und Anelektrotonus den Anwendungen ein empirisches Mäntelchen umhängen konnten; und was man alles von dem Unterschied von ab- und aufsteigenden Strömen erzählte, bewährte sich auch gar nicht, soweit die Therapie in Betracht kommt. Die zauberhaften Wirkungen, die die Hydrotherapeuten dem Wasser zuschreiben, sind weder logisch noch empirisch genügend gestützt. Charcot schrieb seine Empfehlung des (übrigens jetzt als schädlich geltenden)[2]) Chinins bei Menière einer Inspiration zu, und kleinere Geister wissen ihre Entdeckungen nicht immer

---

[1]) Goldstein und Gelb, Psychol. Analyse hirnpatholog. Fälle. Zeitschrift f. die ges. Neur. u. Psych. O. 1918. 41. S. 107.
[2]) Anmerkung bei der Korrektur der 1. Auflage: es ist doch wieder nützlich.

besser zu begründen. Kurz, wie Astronomie und Chemie aus Astrologie und Alchemie heraus sich entwickelt haben, so ist die Arzneiwissenschaft auf dem Wege über den Kräutermann mit seiner nur äußerlich realistisch gefärbten, aber in Wirklichkeit fast ganz autistischen Tätigkeit aus der Zauberei des Medizinmannes herausgewachsen — leider aber noch nicht ganz, der Arzt steckt noch mit einem Fuße drin und der Laie bis an die Brust.

Daß der normale Kulturmensch und sogar der akademisch gebildete das autistische Denken noch nicht überwinden konnte, wird verständlich, wenn man sich die Entwicklung des Denkens klar macht. Ein Reflex kann nur auf aktuelle Reize reagieren, und wenn auch eine gewisse Übung bei ihm nicht ausgeschlossen ist, so spielt doch die Erfahrung des einzelnen dabei eine ganz minime Rolle. Es ist die phylogenetische Erfahrung, die diese Einrichtungen geschaffen hat, auf Reize in zweckmäßiger Weise zu antworten; der reflektorische Mechanismus ist Produkt der Anpassung des Genus, nicht aber der des Individuums an die Umgebung. Mit der Engraphie von Erlebnissen des einzelnen, d. h. dem individuellen Gedächtnis, kommen die Erfahrungen im gewöhnlichen Sinne zur Wirkung. Der einzelne, der sich einmal an der Flamme gebrannt hat, vermeidet sie; eine frühere Erfahrung, ein Engramm, bekommt gleiche Wirkung wie ein aktueller Reiz. Verschiedene Engramme, die etwas Gemeinsames haben, werden, psychologisch gesprochen, zu Vorstellungen kombiniert, die im großen und ganzen ein Abbild der Wirklichkeit sind, und zwar im gleichen Sinne wie eine Wahrnehmung, so daß auch darauf hin gehandelt wird. Die Vorstellungen assoziieren sich nach Analogie der Erfahrungen und bilden so Zusammenhänge, wie sie in der Wirklichkeit bestehen, nach: das ist das (logische) Denken. Die Resultate des Denkens, die Erkenntnis von logischen und andern Zusammenhängen, sind wieder ein Abbild der Wirklichkeit so gut wie die direkt wahrgenommenen Zusammenhänge und bilden wieder Grundlage des Handelns. Das Gedächtnistier braucht nicht mehr zu warten, bis etwas geschehen ist, es kann „voraussehen", weil es die Folgen an die Voraussetzung assoziiert; es kann durch Einwirkung auf die Ursachen die angenehmen Folgen herbeiführen, die unangenehmen vermeiden, weil es mit den Ursachen den Erfolg assoziativ verbunden hat (der Hund hütet sich vor Handlungen, die ihm die Peitsche zuziehen, tut aber diejenigen, die ihm Belohnung verschaffen. Sogar Küchenschaben vermeiden bestimmte Wege, auf denen sie z. B. elektrische Schläge bekommen).

Die Kombinationen von Vorstellungen sind aber, besonders in einem Menschengehirn mit seinen unbegrenzten Möglichkeiten der Verbindung, ganz unübersehbar zahlreich. Je genauer sie sich an das Erlebte halten, um so geringer ist einerseits die Anpassung an ungewöhnliche Fälle, anderseits die Gefahr, eine falsche „Analogie" in den Verbindungen zu bilden. Je weiter die Analogie ge-

faßt wird, je geringer die Ähnlichkeiten in den Situationen sind, die
in den Assoziationen als gleiche behandelt werden, um so größer
die Gefahr, daß eine zufällige Ähnlichkeit wie eine wesentliche wirke,
und daß man im Denken wie im Handeln einen Fehler begehe.
Die relative Loslösung des Denkens von der Wirklichkeit ist also
eine Bedingung der neuen Kombinationen, der Anpassung und der
Erfindungen, aber auch die Quelle der Irrtümer. Das Denken muß
deshalb immer wieder an der Wirklichkeit gemessen und korrigiert
werden.

So beruht aller Denkfortschritt zunächst auf einem
Tasten, Übertreiben und Zurückgewiesenwerden. In der
unmittelbaren Umgebung, im Alltagsleben, d. h. in den unendlich
zahlreichsten Funktionen, geht man die einmal gefundenen ge-
wohnten Bahnen. Wo neue Aufgaben sich stellen, zu denen in
der bisherigen Erfahrung keine strengen Analogien vorhanden
sind, benützt man entferntere Ähnlichkeiten und geht notwendiger-
weise zunächst viel häufiger irre als ans gewünschte Ziel, denn der
falschen Wege sind von einem Punkt aus unendlich viele, der richtigen wenige oder nur einer.

Solches Irren unseres Denkens hat keine andere Bedeutung als
das Versagen der Wirkung irgend einer andern allgemeinen Funktion
im einzelnen Falle: Samen, die sich mit Flügeln ausstatten, um vom
Wind auf keimfähiges Erdreich getragen zu werden, oder die sich
mit eßbarem Fleisch umgeben, um von Tieren dahin verschleppt
zu werden, erreichen nur zum kleinsten Teil ihren Zweck; die
Mehrzahl kommt an Orte, wo sie nicht auswachsen kann. Diese
Einrichtungen sind aber doch zur Erhaltung der Art geeignet und notwendig, wenn auch die Natur ganz anders verfährt als die menschliche Technik, die in der Pflanzenkultur den Samen möglichst vollständig sammelt, für jede Art den geeigneten Boden auswählt und
dann so viel Samen ausstreut, als daselbst ihre günstigen Existenz-
bedingungen finden. Der in der Natur unentbehrliche Wandertrieb
führt die Tiere meist in Gegenden, in denen sie oder ihre Nachkommen zugrunde gehen müssen; von den Myriaden, die jährlich
wandern, werden in großen Zeiträumen nur einzelne die Stifter
einer neuen Besiedelung. Der Trieb nach Erkenntnis sucht überall Erklärungen und bringt uns vorwärts, wo das Wissen ausreicht;
verursacht uns aber unnütze Arbeit und führt uns in Irrtum, wo die
Voraussetzungen ungenügende sind; das Bedürfnis nach Abwendung
von Schicksalsschlägen aller Art führt zum Eingreifen auch da,
wo die Unkenntnis der kausalen Verhältnisse uns nicht gestattet,
das richtige Mittel auszuwählen oder wo überhaupt nichts mehr
zu ändern ist. Erst die Überlegung des Kulturmenschen sucht
systematisch die Produktionskosten im Handeln und Denken auf
ein Minimum zu verringern und Zufall und blindes Probieren durch
Berechnung zu ersetzen oder doch so weit als möglich zu beschränken.
Aber auch er steht hierin noch lange nicht auf der erträumten Höhe;
in vielen Dingen fehlt ihm die Denkdisziplin noch ganz wie dem
Primitiven.

Die gewöhnlichen Ideen entsprechen der Wirklichkeit; ihr Inhalt *ist* Wirklichkeit im gleichen Sinne wie der einer Wahrnehmung; auch die momentan nicht gesehene, aber gefürchtete Peitsche ist für den Hund Wirklichkeit, denn wenn er nicht gehorcht, bekommt er sie zu sehen und zu spüren. Wir rechnen aus guten Gründen mit allen den Dingen, die wir einmal wahrgenommen haben, auch wenn wir sie momentan nicht sehen, und auch mit den bloß erschlossenen als wirklich existierenden; man kann sich über einen Geldgewinn freuen, auch wenn man ihn nicht gerade vor sich sieht. Mit unseren Gedanken und Vorstellungen, ausgedrückt in Mitteilungen und Suggestionen und Bitten und Befehlen, beeinflussen und dirigieren wir die Umgebung. Wir handeln aber analog auch da, wo es nichts nützt, in Wünschen, Gebeten und Zaubersprüchen, wobei wir Naturmächte und Schicksal wie Menschen behandeln. Wie der Kegler durch Verdrehungen des Körpers der entglittenen Kugel die gute Richtung anweisen möchte, so erwarten wir vom Segnen und Fluchen einen Erfolg, der erst in der Idee von der ,,Allmacht der Gedanken'' bei den Zwangsneurotikern ins Pathologische spielt. Wenn man einen Feind nicht mit der Waffe umbringen kann, vernichtet man sein Bild, bei den Primitiven in der Erwartung, daß das ihm direkt schade, indem in zu weitgehender Analogie das Bild an die Stelle der Person gesetzt wird, beim Modernen als symbolische Handlung, die an sich ohnmächtig ist, aber indirekt doch die gewünschte Wirkung haben kann, indem sie bei sich selber und bei andern den Fanatismus, die Überzeugung, daß der Gehaßte als ein großer Schandfleck der Menschheit auszutilgen sei, ausbreitet und verstärkt und in Taten umwandeln läßt.

So gibt es keine Grenze zwischen richtigem und zu weitgehendem Denken, und deshalb muß die Richtigkeit in den einzelnen Fällen immer wieder festgestellt werden. Als der Mensch anfing, den Kampf mit Elementen und Schicksal bewußt und überlegt aufzunehmen, mußte er sich auch um die entfernteren Zusammenhänge, um das Weltganze kümmern, das zu verstehen er noch keine Mittel hatte. Daher die gelegentlich bespöttelte Tatsache, daß er sich zunächst um die Sterne interessierte und erst viel später um eine ganze Menge näher liegender Dinge; daher auch die alten kosmischen, astrologischen und mythologischen Vorstellungen, die uns jetzt recht kindlich konfus anmuten. Mit seiner geringen Weltkenntnis war der Primitive auch nicht imstande, die gebildeten Vorstellungen nachträglich als unmöglich zu erkennen, und so behielt er den Glauben an seine Phantasien. Die Erklärung der Weltzusammenhänge war für ihn eine Notwendigkeit, der das autistische Denken gerecht werden mußte. Ist ein Denkziel in der Realität nicht zugänglich, so wird es eben in der Phantasie irgendwie als erreicht dargestellt. Ähnlichen Bedürfnissen entspricht die Schöpfung von Zauberformeln und der Glaube an ihre Wirksamkeit oder das Sichhineinträumen in Situationen, die nicht möglich sind. Wenn der Wunsch oft der Vater des Gedankens in einem zu tadelnden Sinne wird, so ist nicht zu vergessen, daß für gewöhnlich das Wort in gutem Sinne gilt, indem man, um sich ihnen anzunähern, sich auch Ziele als erreichbar vorstellen muß, die überhaupt oder doch den momentan bekannten Mitteln unzugänglich sind.

Ein besonderer Anreiz zum autistischen Denken liegt auch darin, daß der Mensch in dem kritischen Augenblick, da er vom instinktiven Handeln zum bewußt überlegten übergeht, ohne dazu genügende Kenntnisse zu haben, für einige Zeit besonders hilflos ist. Wer sich im Gebirge oder auf dem Meere auf Kompaß und Karte verläßt, der verliert sehr rasch die natürliche Orientierung, die z. B. früheren Generationen den Verkehr mit Island über das neblige Nordmeer erlaubte. Damit ist aber noch nicht gesagt, daß ihm die neue Orientierungsmethode die alte gleich vollständig ersetze, und daß er sie genügend handhaben gelernt habe. Eine weitgehende graphologische Intuition kann zugrunde gehen, sobald man anfängt, bewußt nach graphologischen Zeichen zu suchen und seine Diagnosen zu begründen. Am verblüffendsten ist das bei vielen psychologischen Fähigkeiten, die zunächst jedem angeboren sind, so daß er sich z. B. im Verkehr mit den Menschen nach den kleinsten affektiven Nüancen richten kann und auf hundert Schritte ohne weiteres einen Imbezillen von einem Vollsinnigen unterscheidet. Die nämlichen Leute aber stehen im psychiatrischen Kolleg hilflos vor solchen Aufgaben, die sie schon 10 Jahre früher mit dem natürlichen Instinkt spielend gelöst haben, ohne nur zu merken, daß es sich nicht um eine direkte Wahrnehmung handelt. Und wenn sie gar sich zu Spezialisten der Psychiatrie hinaufgeschwungen haben, dann finden sie es „unwissenschaftlich", auf Affekte überhaupt zu achten. Was sie bei solchen Voraussetzungen über die feineren Zusammenhänge der Affektivität mit unserem übrigen Seelenleben aussagen können, trägt natürlich einen recht autistischen Charakter.

Die Beobachtung, daß man infolge anderer Einstellungen Fähigkeiten, die doch noch in uns vorhanden sind, nicht benutzen kann, zeigt sich auch auf andern Gebieten, so beim Aphasiker, der im Affekt aufs beste fluchen, die nämlichen Worte aber nicht auf Befehl nachsprechen kann. In ähnlicher Weise sehen wir die gewöhnlichen Schwierigkeiten der Geburt und Menstruation vom Eingreifen des Bewußtseins abhängig, und es ist ganz sicher, daß viele Magenstörungen nur von der ungeschickten Beschäftigung unserer Psyche mit den Verdauungsangelegenheiten herrühren. Die beiden letzten Beispiele scheinen vielleicht zunächst von dem Aphasiker und dem Anfänger im bewußten Überlegen etwas weit abzuliegen. Das Eingreifen des Bewußtseins in instinktives Handeln und Denken hat aber doch eine sehr nahe Analogie mit dem Hineinreden der Psyche in körperliche Funktionen. Die Instinkte, der Denkinstinkt eingeschlossen, sind ja im Individuum ebenso vorgebildet wie die physischen Funktionskomplexe, die wir Menstruation und Geburt nennen. Sogar das rein Chemische fehlt dabei nicht, wie wir aus den Einwirkungen von Durst und Hunger, ja von Partialbedürfnissen wie Salzhunger, auf unser Fühlen und damit unser Denken und Handeln, und aus den Einflüssen der Sexualhormone nicht nur auf die Energie sondern auch die Richtung des Sexualtriebes ersehen.

Ganz abgesehen von der genetischen Notwendigkeit des autistischen Denkens und seinem Nutzen als tastendes Vorschieben unseres Wissens, hat es einen nicht zu verkennenden Wert als Denkübung. Wie das Kätzchen im Spiel sich für den Mäusefang vorübt, so übt das Kind, das sich Märchen spinnt, in denen es als

Held auftritt, seine Kombinationsgabe und bereichert es seine Vorstellungen über die Möglichkeiten seiner Beziehungen zur Außenwelt und seine Ideen, darnach zu handeln und sich wirkliche Ziele zu setzen. Und auch beim Erwachsenen erweitert das autistische Denken zunächst das Denk- und Forschungsgebiet über das momentan Bekannte hinaus und regt uns an, Probleme in Angriff zu nehmen, die von unseren aktuellen Kenntnissen aus in exakter Weise noch nicht beantwortet werden können, bei denen aber gerade beständige Versuche schließlich das Material doch schaffen, auf Grund dessen man zu einer wissenschaftlichen Erkenntnis kommt. Die Hirnmythologie Meynerts hat ungemein befruchtend gewirkt, die Astronomie ist aus der Astrologie hervorgegangen, die Chemie aus der Alchemie. Und wenn das Denkbedürfnis, allem einen logischen Sinn und einen Zusammenhang zu geben, zu einer Menge Irrungen führt, so kommt man schließlich doch auf diese Weise zu neuen Erkenntnissen, wenn auch langsam und auf ungeheuren Umwegen. So hatte die Pharmakomythologie einmal auch wissenschaftlich einen gewissen Sinn — jetzt aber nicht mehr.

Wir haben bis jetzt das autistische Denken dem „gewöhnlichen" Denken gegenübergestellt. Das ist nicht ganz richtig insofern, als das gewöhnliche Denken das autistische nicht ausschließt, sondern eine Mischung von realistischem und autistischem darstellt, wobei numerisch das erstere unendlich vorwiegt; in selteneren Situationen aber, wenn affektive Bedürfnisse in erster Linie zu befriedigen sind, oder wenn die Realität keine genügenden Anhaltspunkte für ein ersprießliches logisches Denken bietet, dann überwiegt der Autismus. Für die Bedürfnisse des Alltags reicht nun das gewöhnliche Denken aus; man verkehrt mit seiner Umgebung, ohne sich große logische Blößen zu geben, man macht auch recht komplizierte Überlegungen, soweit sie nicht ungewohnt sind, man übt sich in gewisse Gebiete ganz gut ein, wie der Durchschnittskaufmann in sein Geschäft, in dem nicht viel Autistisches durchschlüpfen darf, ohne es zu gefährden. Bei außergewöhnlichen Aufgaben aber versagt das ungeschulte Denken mehr als nicht; es überläßt das Feld dem Autismus oder kommt nicht weiter[1]). Was muß es gekostet haben, bis man die komplizierten Entgiftungs-

---

[1]) Für die Wissenschaft und den Fortschritt überhaupt sind gerade diese ausnahmsweisen Situationen die wichtigen. Für die Natur, d. h. zur Erhaltung der Individuen und Genera, sind umgekehrt nur die häufigen Situationen von Bedeutung. Wir sind deshalb nur auf diese gut eingerichtet. So leisten die Affekte im ganzen ausgezeichnete Dienste, solange nicht außerordentliche Erregung Schrecklähmungen oder Wutanfälle oder ähnliche maximale Wirkungen hervorbringt, wo sie besser unterblieben wären. — Es gibt Funktionen, die nur ganz ausnahmsweise maximal ausgenutzt werden, wie z. B die Muskelleistung und das Gedächtnis, während viele andere häufig bis zı ihrem Maximum angespannt werden, wie z. B. die Atemfähigkeit, und wieder andere existieren, die, wie eben die Affekte und das Denken, wenn außerordentliche Anforderungen an sie gestellt werden, weniger versagen als qualitativ und quantitativ auf Abwege geraten. Es wäre interessant, einmal zu untersuchen, welche Funktionen jeder der drei Kategorien angehören und warum.

prozeduren, die einzelne Völker für irgend eines ihrer Nahrungsmittel benutzen, bis man die Gewebe, die Bearbeitung von Metallen
so weit fertig bringen konnte, um sie technisch zu verwerten. Und
dabei hat man gewiß mehr als 10000 Jahre gebraucht, um die
Wasserfahrzeuge mit einem bequemen Steuer zu versehen, eine
Aufgabe, die einem Schüler der Physik mit ganz wenig Kenntnissen der einschlägigen einfachen Verhältnisse keine großen
Schwierigkeiten bieten sollte; man muß ja nur daran denken, daß
es bequemer wäre, mit einem einzigen Werkzeug das Schiff nach
beiden Seiten dirigieren zu können; dann wird die Versetzung der
Steuereinrichtung in die Mittellinie selbstverständlich, und daß sie
hinten besser angebracht wird als vorn, würde mindestens jeder
Versuch ergeben. Was muß die Auswahl und Züchtung der Kultur-
pflanzen und -tiere den Primitiven für Zeit und Mühe gekostet
haben, während jetzt die Kenntnis der Mischnatur der üblichen
Sorten erlaubt, diese in wenigen Generationen umzugestalten.
Wie lange hat man gebraucht, um die alltäglichen physikalischen
Beobachtungen zur Perkussion und Auskultation anzuwenden,
ruhmreiche Entdeckungen, die bei der heutigen Denkrichtung von
jedem einzelnen Medizinschüler gemacht werden müßten, wenn sie
nicht schon vorhanden wären. Man hat das Gefühl, daß auch von
dem gewöhnlichen Denken, soweit es seltenere Gegenstände betrifft, das gelte, was Lange von der sogenannten Zweckmäßigkeit
in den Natureinrichtungen sagt: es sei, wie wenn einer einen Hasen
haben wollte und dazu in den Wald ginge und nach allen Seiten
schösse, bis ein Hase getroffen werde.

In bezug auf die Beobachtung läßt sich der Unterschied
zwischen gewöhnlichem Vorgehen und dem geschulten vielleicht
noch deutlicher ausdrücken (im Prinzip ist in den Punkten, auf die
es uns ankommt, kein Unterschied zwischen Denken und Beobachten).
Jeder, der auf dem Lande nur wenige Zeit zugebracht, unterscheidet
ohne weiteres einen Apfelbaum von einem Birnbaum; wenn man
ihn aber fragt, wo denn die Unterschiede seien, so kann er es nicht
sagen; und wenn bei einem einzelnen Baum, den man erkennen
sollte, irgend ein abnormer Wuchs vorliegt, so bleibt der Ungeschulte stecken, solange er nur die Eigentümlichkeiten des Wuchses
zum Auseinanderhalten benutzen kann. Lernen muß man die
Unterschiede aus der Zahl der gleichen Eigenschaften herauszulösen,
sie bewußt für sich allein zu erfassen, so daß man sie als Maßstab
an neue Beobachtungen anlegen kann. Jeder Bauer unterscheidet
eine Menge von Schmetterlingen, aber er ist weit davon entfernt,
sie so auseinander zu kennen, wie der Spezialist. Wenn der Laie,
und leider auch mancher Arzt, zu einer Leiche kommt und die
Todesursache feststellen sollte, so konstatiert er viel weniger als
der gerichtliche Mediziner, der alles, was nach menschlichem Wissen
in Betracht kommen kann, untersucht und so leicht den üblichen
Herz- oder Hirnschlag in eine Vergiftung oder einen Unglücksfall
umdiagnostiziert. Bei einer sonst recht verdienstlichen Disser-
tationsarbeit konnten wir die Zeitmessungen nicht benutzen, weil

der Beobachter sich durch die Gewohnheit hatte verleiten lassen, unbewußt seine Messungen auf 5 oder 10 abzurunden, so daß diese Endzahlen auf Kosten von 4 und 6 und von 9 und 1 ganz unverhältnismäßig oft vorkamen. Mein erster Vorgesetzter in der Irrenanstalt hatte einen großen therapeutischen Entdeckungseifer und fand immer einen Grund, irgendwelche Chemikalien probeweise zu injizieren. Von dieser Behandlung sah er täglich schöne Erfolge, die mir gänzlich verborgen blieben. Um ein möglichst genaues eigenes Urteil zu bekommen, verschaffte ich mir die Erlaubnis, alle Injektionen selber zu machen, was mich nach drei Vierteljahren zu der entschiedenen Überzeugung kommen ließ, daß nicht ich gegenüber den Erfolgen, sondern der Sekundararzt gegenüber den Mißerfolgen blind war. Die Abrundung der Zahlen und die Erdichtung von Erfolgen in diesen beiden Beispielen sind typisch für die zwei Formen der Illusionen, die einerseits das Eingeübte, das Gewöhnliche, anderseits das Affektentsprechende vortäuschen.

Bildet das gewöhnliche Denken eine Mischung von autistischem und realistischem Überlegen, so kann man es von einem andern Standpunkt aus auch einteilen in aufmerksames und nachlässiges Denken. Bei den gewöhnlichen Aufgaben des Alltags kommen auch diese Unterschiede kaum in Betracht, indem alles fast automatisch richtig abläuft; aber sobald die Aufgaben etwas schwieriger oder ungewohnt werden, kommt es sehr darauf an, welche Aufmerksamkeit und Sorgfalt man anwendet. Die Gesetze der Logik sind jedem durch die Erfahrung gegeben, und die gewöhnlichen Begriffe sind auch leidlich klar, so daß sie für den Hausgebrauch genügen. Je schwieriger oder ungewöhnlicher aber die Aufgabe wird, um so größer wird die Gefahr der Entgleisung, der durch eine stärkere Assoziationsspannung[1]) entgegengearbeitet werden sollte.

Jung[2]) unterscheidet das Phantasieren und Träumen von dem „gerichteten" Denken. Er meint dabei eine ganz ähnliche Unterscheidung wie wir, wenn wir von realistischem und autistischem Denken sprechen. Der Ausdruck ist aber irreführend. Es gibt allerdings ein Denkbummeln, ein ungerichtetes Denken; aber das spielt nur eine ganz sekundäre Rolle. Sobald man sich irgendwie in seinen logischen Bedürfnissen gehen läßt, bemächtigen sich die Affekte, unsere Triebe des Denkens, so daß es beim Gesunden eigentlich nie steuerlos wird. Wie wir hier schon konstatiert haben, ist das autistische Denken eigentlich viel mehr zielgerichtet, als das gewöhnliche oder gar das realistische, das eben gerade deshalb in diesen Fällen sein Ziel nicht erreichen kann, weil es alles berücksichtigt, alle Schwierigkeiten und Unmöglichkeiten in Betracht zieht und nur mit der Wirklichkeit rechnet. Das autistische Denken der Religionen verspricht uns eine ausgleichende Gerechtigkeit und

---

[1]) Bleuler, Störung der Assoziationsspannung ein Elementarsymptom der Schizophrenie. A. Zeitschr. f. Psychiatrie. Bd. 74.
[2]) Jung, Wandlungen und Symbole der Libido. Jahrb. f. psychoanalytische Forschung. III. 1911.

ewiges Leben und viele andere solche Bedürfnisse unseres Herzens, die das realistische Denken verneint oder — im besten Falle — nur nicht als unmöglich bezeichnet.

Dem gewöhnlichen Denken mit seinen nachlässigen und autistischen Seitensprüngen stellt man gerne das „wissenschaftliche" gegenüber. Ich verwende das Wort nicht, weil es zu viel mißbraucht wird und auch deswegen hier nicht ganz am Platze ist, weil gerade außerhalb der Wissenschaften, wenn die Anforderungen des praktischen Lebens dazu zwingen, beim Kaufmann, Fabrikbesitzer, Fürsprech usw. ein strammes, logisches Denken besonders häufig vorkommt. Vorsichtige und unvorsichtige Wissenschaft machen beide gleicherweise Anspruch auf „wissenschaftliches" Denken, und der Ausdruck bezeichnet nicht nur streng realistisch-logisches, von allen Bummeleien und Autismen befreites Denken, sondern auch Denken im Sinne einer bestimmten Wissenschaft, wie sie gerade aufgefaßt wird, namentlich auch im Sinne bestimmter „Grundsätze" und Denkformeln, die wissenschaftlich genommen so eine Art Eselsbrücken sind, und für den Schüler, der sich auf bekanntem Gebiete bewegen muß, einen Sinn haben mögen, deren Tragfähigkeit aber gerade dann immer zuerst geprüft werden muß, wenn man sich auf ein neues Gebiet begibt. Wenn man in der Jurisprudenz „nach wissenschaftlichen Prinzipien" Begriffe bildet und anwendet, so ist man oft näher dem autistischen als dem realistischen Denken[1]), indem irgend welche willkürlichen Definitionen dasjenige sind, nach dem die Tatsachen beurteilt werden sollen (Wegnehmen von elektrischer Energie soll kein Diebstahl sein; bei der vom Strafgesetz angenommenen „Bewußtlosigkeit" fehlt in Wirklichkeit das Bewußtsein nie; die Willensfreiheit ist nach manchen Juristen eine der Säulen des Staates — sie existiert aber gerade in dem philosophisch-juristischen Sinne gar nicht; die „eheliche Gemeinschaft" soll noch erhalten sein, wenn eine verrückte Frau ihrem Gatten von Zeit zu Zeit einen Brief schreibt, in dem sie ihm wahnhafte Vorwürfe macht usw.). Überall, wo man ein großes Gewicht auf Definitionen legt, also namentlich in der Jurisprudenz und in gewissen Disziplinen der Philosophie, finden wir das wissenschaftliche Denken ungenügend. Denn gute, wirklich genau zutreffende Definitionen für richtig abgeleitete realistische Begriffe gibt es, wenn überhaupt, nur wenige; die Definition eines Hauses, eines Menschen, eines Baumes, irgend einer Spezies, einer psychischen Eigenschaft, einer Krankheit, muß immer ungenügend sein; jeder der Realität entsprechende Begriff ist eben aus vielen, manchmal unzähligen Erfahrungen abgeleitet, die nicht in wenigen Worten angedeutet und noch weniger in ihren gemeinsamen und ihren verschiedenen Bestandteilen in ein paar Sätzen zu umschreiben sind.

Dem Inhalt genau entsprechen können nur diejenigen De-

---

[1]) Das scholastische Denken, von dem sich die Jurisprudenz noch nicht ganz freigemacht hat, ist gerade eine Spezialform des autistischen Denkens.

finitionen, bei denen sich der Inhalt nach der Definition richten muß, diejenigen, die aus irgendwelchen mehr doktrinären und willkürlichen Gesichtspunkten festgesetzt sind, und nach denen die Tatsachen zu beurteilen sind oder gar sich zu richten haben: Diebstahl ist das Wegnehmen einer beweglichen Sache. . . . Was allerdings „Wegnehmen" und „bewegliche Sache" sei, das muß wieder durch Entscheide einer kompetenten Behörde festgelegt werden, hat dann aber so lange Gültigkeit, als es nicht wieder gültig umgestoßen ist. Der Philosoph kann den Willen, die Seele, die Assoziationen oder den Pessimismus nach seinem Privatbedürfnis abgrenzen und definieren, und dann mit solchen Begriffen operieren, wie es ihm beliebt. Was in die Definition nicht paßt, „fällt eben aus derselben heraus", so daß die Definition a priori dem Inhalt entspricht. Ob sie sich mit den Tatsachen deckt, ist dann mehr Sache des Zufalles. Und nehmen wir die ganze Philosophie, so enthält sie eine Menge autistischer Bestandteile. Wenn man unter Wissenschaft das verstehen will, was man in den andern Disziplinen darunter versteht, ein Bestreben, uns neue Erkenntnisse von Tatsachen und ihren Zusammenhängen (Erkenntnisse, die objektiven Wert haben) zu verschaffen, so ist sie, soweit sie Wissenschaft ist, nicht Philosophie, und soweit sie Philosophie ist, nicht Wissenschaft, sondern ein logisches Spiel zur Befriedigung autistischer Bedürfnisse, die wir realistisch überhaupt nicht befriedigen können, weil es z. B. einen Zweck der Welt außer uns nicht gibt — „Zweck" ist ja ein relativer und menschlicher Begriff — und daß pessimistische und optimistische „Weltanschauung" von der affektiven Anlage des Philosophen und nicht von den ihren Anschauungen scheinbar zugrunde gelegten Tatsachen abhängen, wissen jetzt auch die Philosophen.

Beliebt ist auch die Forderung nach exaktem Denken, und es gibt Leute, die eine Wissenschaft nicht mehr recht anerkennen wollen, wenn sie nicht „exakt" ist. Wir können aber den Ausdruck hier nicht brauchen, schon weil man damit unnötigerweise nur das Denken in Maßen und Zahlen zu verstehen pflegt. Dieses umfaßt ja nur den kleinern Teil des wissenschaftlich notwendigen Denkens; denn ihrer Natur nach sind alle qualitativen Unterschiede der zahlenmäßigen Behandlung unzugänglich, und ebenso ihrer Komplikation wegen, oder weil die Anlegung eines Maßstabes zur Zeit oder prinzipiell unmöglich ist, auch viele von den quantitativen Abstufungen. Was für eine Macht nichtmathematisches (aber gleichwohl exaktes) Denken sein kann, zeigt nichts besser als die Beherrschung der Völkerpsychologie durch die Engländer im Weltkriege. Wo die Präzision ihrer „Berechnungen" versagte, da fehlte es nicht am Denken, sondern an den Grundlagen, weil sie sich zu wenig über die wirklichen Zustände in den Feindesländern informiert hatten.

Die Beschränkung des Namens des exakten Denkens auf die mathematische Bearbeitung von Problemen ist insofern berechtigt, als die üblichen mathematischen Funktionen unbestreitbar und in der Beziehung exakt sind, daß 2 mal 2 nicht „ungefähr" 4, sondern immer ganz genau 4 ist, und man die Genauigkeit auch da, wo man nur Annäherungswerte bekommt, wie bei den Umrechnungen der meisten gewöhnlichen Brüche in Dezimalbrüche, beliebig weit treiben kann. Immerhin wollen wir nicht vergessen, daß wir auch in der abstraktesten Mathematik und natürlich erst recht in der Physik viel häufiger mit Annäherungswerten als mit absolut genauen Zahlen zu tun haben. Das „exakt" ist also auch ein relativer Begriff; darauf lege ich indessen kein Gewicht. Unendlich viel bedeutsamer ist, daß eine mathematische Exaktheit nur dann Wert hat, wenn die Grundlagen der Zahlen ihrer Genauigkeit entsprechen, wenn das Maß, das die Zahlen ausdrücken, ebenso genau ist wie die Zahlen, und wenn die Zahlen richtig und unter Berücksichtigung alles in Betracht Kommenden abstrahiert sind und richtig kombiniert werden. Ich kann eine Statistik über die Zeiten der optischen Wahrnehmung beim tachistoskopischen Lesen machen und aus 10 Versuchen einen Mittelwert bis auf die xte Dezimale ausrechnen; diese Genauigkeit ist aber Pseudoexaktität, denn sie gibt mir von der Wirklichkeit kein richtigeres Bild, als eine ganze Zahl, und das nicht nur weil ich zu wenig Versuche gemacht habe, sondern weil die Messung nicht entsprechend genau ist — bei Anwendung der Fünftelsekundenuhr kann ja kaum die erste, bei Benutzung des Chronoskops höchstens die dritte Dezimale richtig sein — und weil ich eine Menge Umstände, die persönliche Gleichung der Versuchsperson, ihre Sehschärfe, ihre Bildung und Leseübung, ihre momentane und Tagesdisposition und manches andere nicht berücksichtigt habe, und weil ich nur eine Versuchsperson genommen und deshalb gar kein Recht habe, die Resultate auf andere Personen oder den Menschen überhaupt zu übertragen. Man kann auch die Zahlen falsch kombinieren und die gewonnenen falsch auslegen; die exakteste Mathematik kann dagegen nichts tun, denn die Mathematik an sich sagt uns über die realen Verhältnisse nichts, sie sagt uns nur: *wenn* zwei Winkel in einem bestimmten Dreieck zusammen 60° sind, so ist der dritte 120°; ob die Bedingung zutrifft, muß die Beobachtung entscheiden; wenn ein Platz in der Irrenanstalt in einem Jahre 5mal gewechselt hat, so ist jeder Patient durchschnittlich $\frac{365}{5}$ Tage in der Anstalt gewesen — vorausgesetzt, daß der Platz jeweilen am nämlichen Tage, da der eine Patient austrat, vom folgenden wieder besetzt worden ist. Wenn ich aber finde, daß in meiner Anstalt beim gleichen Bestand im letzten Jahre 3mal mehr Patienten entlassen worden sind als vor 10 Jahren, so ist der Schluß, den ich bei einer vorläufigen Überlegung gemacht hatte, daß nun die Behandlungsdauer auch durchschnittlich 3mal kürzer gewesen sein müsse, falsch, wie die Probe mit der Berechnung des durchschnittlichen Anstaltsaufenthaltes ergab. Ich, und auch ein Statistiker, den ich beizog, hatte eben vergessen, statt des gleichgültigen Bestandes die Anzahl der wechselnden Plätze in Betracht zu ziehen, was mir erst klar wurde, als ich systematisch anfangen wollte, mit einem Bett, dann mit zweien zu rechnen. Wenn man bei so einfachen Fragen Fehler machen kann, wieviel mehr bei den oft unübersehbar komplizierten, die die Wirklichkeit uns bietet, und bei denen wir auch auf die Hilfe der Mathematik nicht verzichten wollen! Deshalb war ja auch die Statistik bei vielen in Verruf gekommen, daß sie alles beweisen könne. Die wirkliche Exaktheit des Denkens und der gewonnenen Resultate liegt eben nicht in der Anwendung der Mathematik, sondern in ihrer *richtigen* Anwendung, d. h. das Hauptgewicht ist auf die Exaktheit des Denkens zu legen.

Die exaktesten Zahlen und Formeln können uns irreführen, und sie tun es oft gerade deshalb, weil sie exakt sind. In den mathematischen Diskussionen über die vierte Dimension, die ich gelesen oder gehört habe, legte man Gewicht auf die Überlegung, daß es gelinge, unser Koordinatensystem und ähnliches in n-dimensionale Vorstellungen umzurechnen und die Resultate wieder in unsere dreidimensionalen Vorstellungen zurückzuführen. Das ist selbstverständlich und berechtigt auch gar nicht zu der Vermutung der Existenz von etwas, das man n-dimensional nennen könnte. Wenn ich nach einem falschen oder richtigen Prinzip eine Division mache und den Quotienten nach dem nämlichen Prinzip mit dem Divisor wieder multipliziere, so bekomme ich die Ausgangszahl. Oft liegen die Fehlerquellen in den begleitenden Umständen: es ist eine Scheingenauigkeit, wenn man die Nahrungsaufnahme nach Schwankungen des täglich konstatierten Körpergewichtes regulieren will, besonders bei Geisteskranken, wo die zufälligen Schwankungen des Körpergewichtes (z. B. durch willkürliche Zurückhaltung der Exkrete, durch in der Krankheit liegende Beeinflussung des Stoffwechsels, plötzliche Wasserausscheidung und manches andere) die täglichen Schwankungen des Ernährungszustandes um ein Mehrfaches übertreffen können.

Ein hübsches Beispiel, wie die Zahlen oft nur der Bequemlichkeit dienen, den wirklichen Sachverhalt aber zu verdecken geeignet sind, bieten die Schulnoten, die ein höchst kompliziertes Gemisch von Eigenschaften in eine Zahl verdichten, die einigermaßen der subjektiven Beurteilung des Lehrers entspricht, aber sehr wenig von der objektiven Wirklichkeit mehr enthält. Als ich eine Anstalt übernahm, weigerte ich mich, den Wärtern Noten zu geben; die Aufsichtsbehörde wollte mir begreiflich machen, daß ich unrecht habe, denn nach den Noten müßten sich die Lohnsteigerungen richten. Zufällig aber war ich in der Lage zu konstatieren, daß umgekehrt die Noten bisher so gegeben worden waren, daß die primär gewünschte Lohnsteigerung herauskam.

Weil nicht der mathematische Teil, sondern die abstrahierende Zusammenfassung der Tatsachen in Zahlen der schwierige Teil der Statistik ist, deshalb konnte diese exakte Wissenschaft in den Verruf kommen.

Während der Korrektur sehe ich in einem hervorragenden wissenschaftlichen Buche die folgende schöne Formel von Klages benutzt:

$$R = \frac{T}{W},$$

wo R die charakterologische Reagibilität, T die Triebstärke, W den Hemmungswiderstand bedeutet. Woher weiß der Erfinder, daß das Spiel zweier psychischer Kräfte gerade nach dem nämlichen Gesetze verläuft, wie die Elektrizität in einem Leiter? Es ist ja denkbar, aber äußerst unwahrscheinlich, daß es einmal ein solches Verhalten in unserer Psyche gibt; jedenfalls weiß Klages so wenig davon wie wir. Der Begriff „Widerstand" ist in der Formel für Elektrizität, ein prinzipiell anderer als die verschiedenen Widerstandsarten, die in unserem psychischen Getriebe bekannt oder wahrscheinlich sind. Er hat in der Beziehung, worauf es hier ankommt, eine Ähnlichkeit mit der Veränderung der Quantität (und auch der Qualität) des Lichtes, das in einen zweiten durchsichtigen Körper übergeht und an der Oberfläche zu einem bestimmten Prozentsatz zurückgeworfen, von dem durchsichtigen Körper zu einem bestimmten Prozentsatz absorbiert und eventuell in Schwingungen anderer Wellenlänge umgewandelt wird. Von solchen Vorgängen in der Psyche oder im Zentralnervensystem wissen wir wirklich nichts. Es käme auch dabei gar nicht zur Aufhebung der Reaktion, auch wenn der „Widerstand" größer wäre als die Triebkraft, die Reagibilität oder die Reaktion wäre dann bloß durch einen Bruch auszudrücken; wir sehen aber die Aufhebung alle Tage. Außerdem ist in der Physik beim Spiel zweier Kräfte gegeneinander, seien es entgegengesetzte elektrische Ströme, oder Stöße, oder Bewegung und Reibung, die Resultante kein Quotient, sondern eine Differenz, so daß schon bei gleich starken Kräften die Wirkung null herauskommt. Es ist aber selbstverständlich, daß die komplizierten psychischen Verhältnisse mit ihren innewohnenden Kraftzentren und Kraftauslösungen und Auslösungsverhinderungen sich überhaupt nicht auf eine so einfache Formel bringen lassen; auf sexuellem Gebiet z. B. erhöhen die Hemmungen für gewöhnlich geradezu die Triebkraft. Außerdem lassen sich die in Betracht kommenden Verhältnisse nicht nur nicht in Zahlen, sondern auch nicht in irgend etwas anderem ausdrücken, was vergleichbar wäre — außer eben in der Wirkung R, die gesucht ist, so daß man sich nur in einem Kreise bewegen könnte. Klages' mathematische Formulierung sagt also etwas, was er gar nicht weiß, und das ist das Gegenteil von Präzision und gewiß etwas recht Schlimmes, während die gewöhnliche Formulierung von gegeneinander wirkenden Trieben alles enthält, was wir wissen, aber auch nichts anderes. — Ist der Begriff des Widerstandes und seines Verhältnisses zur treibenden Kraft in der Formel gefälscht, so ist auch der der Triebkraft ein ganz ungenügend umschriebener. Gemeint ist offenbar die Kraft, mit der man auf Reize und Situationen reagiert. In dieser drückt sich aber in den allermeisten Fällen der Widerstand gar nicht aus. Wenn jemand sich nach reiflicher Erwägung entschlossen hat, von zwei Möglichkeiten des Handelns die eine zu wählen, so handelt er in der nun gewählten Richtung gewöhnlich mit der ganzen Kraft seiner Persönlichkeit, die weder geometrisch noch arithmetisch von den (erledigten) gegenteiligen Strebungen beeinflußt wird. Kraft und Widerstand kämpfen um die Schaltung, nicht in der Reaktion selbst. Will Klages aber die Energie des Kampfes um die Schaltung mit seiner Formel ausdrücken, so passen alle seine charakterologischen Schlüsse nicht mehr zu dieser Vorstellung. Außerdem gibt es sehr verschiedenartige Triebkräfte, die in der Graphologie zum Ausdruck kommen müssen, aber kein gemeinsames Maß haben und gar nicht in dieser Weise vergleichbar sein können; die Energie, die sich im Handeln ausdrückt, ist z. B. eine ganz andere als die, die in einer plötzlichen Aktion verpufft wird. Die sich als exakt gebende Formel ist also in solchen Fällen das Unexakteste, was es geben kann, und man täte schon klüger, bei der gewöhnlichen Formulierung in Worten zu bleiben, und sich nicht den Anschein zu geben, etwas Neues und Klareres zu bringen, wo man nur fälscht und verdunkelt.

Was uns also unangreifbare neue Kenntnisse der Realität einbringt, das ist nicht die Anwendung mathematischer Operationen an sich, sondern die Exaktheit im Beobachten und Denken, auf der dann erst die Anwendung ein für allemal gewonnener abgekürzter Denkformeln (also besonders der mathematischen Regeln und Formeln) möglich und gewinnbringend ist. In diesem Sinne gibt es ein „exaktes Denken" auch außerhalb der Mathematik. Es besteht darin, daß man zunächst einmal seine Begriffe aus genau beobachteten Tatsachen richtig ableitet, ihre Tragweite prüft, sie an der Realität immer wieder mißt, niemals duldet, daß die nämliche Bezeichnung zweier verschiedener Nüancen oder gar verschiedener Begriffe uns verführt, ohne es zu merken, statt des einen den andern einzusetzen, d. h. den beliebten Fehler der Erschleichung zu begehen. Dann sind alle Voraussetzungen möglichst scharf zu bestimmen, zu sehen, ob keine weggelassen, keine nicht zugehörige zugezogen worden sei usw.

So reden wir weder von wissenschaftlichem, noch von exaktem, sondern von diszipliniertem Denken, einem Denken, das besonders darauf erzogen ist, die Fehler der andern Denkformen zu vermeiden, oder positiv ausgedrückt, allein diejenigen Tatsachen als Grundlage zu dulden und daraus Schlüsse zu ziehen, die sich nur so weit von ihnen entfernen, als klare Analogien erlauben, oder dann das Resultat ausdrücklich als Vermutung oder Hypothese zu erkennen, die noch der Bestätigung bedarf. Dazu gehört vor allem ein ins eigene liebe Fleisch Schneiden, ein unerbittliches Prüfen, was wir wissen, was wir halb und was wir gar nicht wissen, ein rücksichtsloses Ausscheiden des letzteren, eine scharfe Klärung, inwiefern wir über halb Gewußtes urteilen dürfen, und eine strenge Sichtung des Zweifelhaften nach Graden der Wahrscheinlichkeit, dann ein gewissenhaftes Aufsuchen und Ausschließen aller möglichen Fehlerquellen. Man muß durch Übung Gewandtheit bekommen, alles nachlässige und autistische Denken zu erkennen, um es zu vermeiden. Notwendig ist ferner eine beständige Überprüfung der Grundlagen und der Resultate unserer Schlüsse an den Tatsachen, sei es durch Beobachtung, sei es durch das Experiment. Denn auch in scheinbar streng logisch oder sogar mathematisch abgeleiteten Schlüssen kann irgend ein Faktor vergessen sein. Wer würde ein neues Geschütz ohne Probe als brauchbar erklären, obschon wir die meisten der in Betracht kommenden Bedingungen kennen?

Zum disziplinierten Denken gehört aber auch die Selbständigkeit, die Fähigkeit, sich frei zu machen von allen bloßen Meinungen, und wenn sie noch so verbreitet und noch so alt sind, von allen Vorurteilen, von allem, was nicht auf Beobachtung beruht; und ferner gehört dazu die Fähigkeit, selber neue logische Kombinationen zu bilden, ohne autistische Wege zu gehen. Man muß ein Problem anpacken lernen; es genügt nicht, aus dem Beispiel des an einer Schnur geschwungenen Gewichtes den Lauf der Gestirne um ihren Zentralkörper ungefähr zu verstehen; man muß auf die Frage, die man sich selber zu einer gewissen Zeit stellt: warum fällt der Mond nicht herunter? und warum fliegt er nicht fort? die Antwort haben: weil er genau so schnell geht, daß die Distanz zwischen Tangente und Kreis (oder Ellipse) gleich ist dem Fall in der nämlichen Zeit.

Bei vielen Denkzielen, namentlich den naturwissenschaftlichen, kommt in dieser Beziehung noch etwas anderes dazu, das kausal verstehende Denken („verstehend" in einem ganz anderen Sinne als bei Jaspers). Man muß lernen, bei jeder wissenschaftlichen Beobachtung sich die Ursachen und die Folgen vorzustellen und daraus eventuell wieder Anregung zu neuen Beobachtungen und Untersuchungen schöpfen (z. B. bei der forensischen Besichtigung einer Leiche). Es darf nicht mehr vorkommen, daß ein Versicherungsschwindler zwanzig Jahre lang mit der nämlichen Armverletzung hausieren geht und nach jedem neuen „Unfall" wieder Ärzte findet, die gar nicht daran denken, daß eine Verletzung auch alten Datums und ein Unfall auch fingiert sein kann. Man kann eine Krankheit einfach in ihren Symptomen beschreiben; oder man kann ihre Ursachen und die physiologischen Folgen dieser Ursachen möglichst kennen lernen und dann daraus neue Symptome ableiten und nachher auffinden, und weil man sie so versteht, Schlüsse auf die Behandlung ziehen; man kann aus dem verstandenen Zusammenhang der Symptome auf die Ursachen schließen und dann diese bekämpfen; man kann die psychischen Mechanismen einer Neurose erforschen und daraus den Weg der Heilung erschließen.

Ein solches diszipliniertes Denken läßt sich bis zu einem gewissen Grad lehren und lernen. Es handelt sich dann aber nicht immer um eine Angewöhnung, die das ganze Denken eines Individuums betrifft; man kann auf einem Gebiete autistisch oder nachlässig denken, auf einem andern vorzüglich. Schon der Ungeschulte hat oft Gebiete, auf denen die Überlegung gar nichts zu wünschen übrig läßt — man denke an einen gewiegten Kaufmann —, aber selbstverständlich würde eine allgemeine bessere Schulung des wissenschaftlichen Denkens da und dort auch gute Folgen für das gewöhnliche haben. Zunächst indessen liegt uns daran, daß nicht gerade die Medizin so weit hinter den Bedürfnissen nachhinke.

Viele legen auch ein großes Gewicht darauf, ob man in der Wissenschaft induziere oder deduziere. An sich ist der Wahrheitswert der beiden Formen des Gedankenganges gleich groß; es kommt nicht auf diese Unterschiede, sondern auf die Handhabung an. Nur ist die Gefahr, daß eine Deduktion (Anwendung des Allgemeinen aufs Einzelne) falsch sei, größer, als die einer Induktion, die von der bestimmten Erfahrung ausgeht. Beim Schluß vom Speziellen aufs Allgemeine ist die Umschreibung des Allgemeinen gerade durch das Einzelmaterial gegeben. Man hat bloß zu fragen, mit welcher Sicherheit erlauben die Beobachtungen (Tatsachen) den Schluß? Wenn man aber einen allgemeinen Grundsatz auf etwas Spezielles anwenden will, so muß man sich immer zunächst fragen, gilt der Satz auch für diesen speziellen Fall? Und dazu gehört eine genaue Erwägung der Kraft des Satzes, d. h. der Erfahrungen, aus denen er gewonnen ist, die uns gewöhnlich gar nicht mehr zur Verfügung stehen. So bedarf die Deduktion ganz besonders der Verifikation durch die Beobachtung. Aber nicht sie allein. Ein exakter Gedankengang geht nicht: Beobachtung — Induktion — Deduktion, sondern Beobachtung — Verifikation — Induktion — Verifikation — Deduktion — Verifikation. Erst dann ist die gewünschte Sicherheit gegeben. Nun gibt allerdings auch die Reihe: Beobachtung — Induktion — Verifikation eine gewisse Sicherheit, wenn die Umstände so liegen, daß die letzte Verifikation auch die Richtigkeit der Beobachtung und Induktion gewährleistet. Dies wird gewöhnlich der Fall sein, ist aber jedesmal besonders zu erweisen.

F. Forderungen für die Zukunft.

Schon bei den Beobachtungen sollte der Mediziner gewöhnt werden, sich die Dinge ganz anders klar zu machen als im gewöhnlichen Leben[1]). Die Einstellung sollte viel eher wie die zu einem forensischen Tatbestand sein, aber mit dem Unterschied, daß immerhin eine Auswahl dessen herausgehoben wird, was für den gegebenen Fall wichtig ist. Die ganze Tücke dieser letztern Einschränkung ist mir voll bewußt: nicht so selten führt eine ganz zufällige Beobachtung in einer Richtung, an die man gar nicht dachte, zur Diagnose; und um zu wissen, was wichtig ist, sollte man eben schon zum voraus alles verstehen, und da würde man sich im Kreise herumdrehen, wenn man den Satz zu wörtlich nehmen wollte. Ein gewisses, sagen wir „flüchtiges" Erfassen und ein vorläufiges Erwägen alles zu Beobachtenden muß ja natürlich jeder Untersuchung vorausgehen. Aber zwischen einseitiger Beschränkung auf das, was den einzelnen gerade interessiert und was er für wichtig hält, und dem wahllosen Beobachten aller mit den Sinnen erkennbaren Einzelheiten gibt es ein optimales Mittel, dem man sich möglichst annähern sollte. Ein Beispiel kann vielleicht am besten zeigen, was not tut und was zu vermeiden ist. Bei Sektionen findet man gewöhnlich nur Dinge, die man schon kennt. Wenn man die Sektionsberichte vollständig ausnutzen wollte, so müßte eigentlich alles darin stehen, was überhaupt zu sehen ist. Aber das hineinzubringen, ist unmöglich; dazu langt die Zeit keines Menschen, und noch weniger langt sie dazu, eine größere Anzahl solcher Sektionsprotokolle

---

[1]) Die undisziplinierte Beobachtung trifft die Auslese (und eventuelle Verfälschungen) etwa nach folgenden Gesichtspunkten: beobachtet wird 1. das Gewohnte, was viele Assoziationen besitzt. 2. Das den Affekten, den Denkzielen Entsprechende, dazu gehört auch das Gesuchte, Gewünschte. 3. Das durch seine Art Auffallende (heftiger Reiz, Neger in Europa usw.). 4. Das, wofür man eine besondere Anlage oder besondere Assoziationen hat (dem Maler das Malerische, dem Techniker, was technisch interessant ist). So wird es begreiflich, daß eine unendliche Menge von Vorurteilen scheinbar von Beobachtungen abgeleitet sind. Bei Epilektikern ist es z. B. gewöhnlich, daß die Angehörigen auch bei Widerspruch behaupten, der Patient habe seine Anfälle nur bei bestimmten Mondphasen. Ich habe das durch Zehntausende von Anfällen nachgeprüft, ohne daß es je gestimmt hätte.

Eine besonders ausgebildete Technik der Beobachtung besitzt die Astronomie.

zu durchforschen. Und wenn man von allem dem absehen wollte, so könnte man sicher sein, daß bei der Beschränktheit der menschlichen Beobachtungsmöglichkeiten zwar tausend Gleichgültigkeiten notiert würden, aber gerade deswegen in der Regel das Wichtige übersehen und erst recht das nicht beachtet würde, was unter einem später neu entdeckten Gesichtspunkt von Bedeutung sein wird. Der zentrale animalische Sinnesapparat ist keine photographische Kamera, die fähig ist, alles in brauchbarer Form aufzunehmen, sondern ein wählendes und kombinierendes Wesen, für das es Zusammengehöriges und Nichtzusammengehöriges, Wesentliches und Unwesentliches gibt. Aus dem Chaos der optischen Empfindungen hebt es die einzelnen Gegenstände heraus, es benutzt die Schatten und die Verkleinerungen zur Tiefengebung usw. usw. Der Frosch hört offenbar gut; aber er beachtet nur (wenigstens reagiert er nur auf) diejenigen Geräusche, die für ihn von Bedeutung sind. Irgend ein gewöhnlicher Lärm läßt ihn unbeweglich, während das leise Summen einer Fliege sofort seine Aufmerksamkeit erregt. Daneben kann er Außergewöhnliches beachten, wie z. B. in der Gefangenschaft die Fütterung durch den Menschen.

So muß man bei einem Sektionsprotokoll und bei den ärztlichen Beobachtungen überhaupt sich damit begnügen, alles was für unsere jetzigen Kenntnisse wichtig ist und im gegebenen Falle in Betracht kommen kann, zu berücksichtigen, und außerdem alles, was von einem bestimmten Gesichtspunkt aus, der den Forscher momentan interessiert, von Bedeutung ist, und drittens alles andere, was bei offenen Augen auffällt und später einmal von Bedeutung werden könnte. Mehr kann man unter menschlichen Verhältnissen nicht verlangen, dafür aber so viel mit Bestimmtheit. Daß diese Vorschrift der mathematischen Exaktheit entbehrt, weiß ich; vielleicht aber ist es kein Fehler; jedenfalls kann der Intelligente damit auskommen.

Mit der Auswahl des zu Beobachtenden ist aber die Technik der Beobachtung noch nicht bestimmt, und gerade in dieser Beziehung ist besonders viel zu ändern. Man muß nicht einfach „beobachten" wollen, daß auf ein bestimmtes Mittel hin eine Besserung eingetreten sei, sonst geht es einem wie meinem Vorgesetzten, der von allen seinen Injektionen einen Nutzen sah. Sondern man muß sich gewöhnen, in jedem einzelnen Falle zu fragen, was ist denn eigentlich besser? inwiefern? wie kann ich das formulieren? Ist nicht auf der andern Seite irgend etwas schlechter geworden? Die Formulierung ist deswegen so wichtig, weil sie uns zum scharfen Abgrenzen zwingt, gerade wie ganze Ideen, die man irgendwie konzipiert hat, oft erst ihre brauchbare Bestimmtheit und Klarheit dadurch bekommen, daß man sie schriftlich oder mündlich auszudrücken sucht. So ist eine Diskussion über die Beobachtung, und wenn auch mit jemandem, der viel weniger weiß als der Beobachter, immer von Nutzen. Diese ist aber vor allem deshalb von besonderem Wert, weil dann die subjektive Note beschränkt oder u. U. ausgeschaltet wird. Geht man in dieser Richtung nur noch einen kleinen Schritt weiter, notiert man sich bei schwierigeren oder

komplizierteren Tatbeständen die verschiedenen Ansichten und
zerlegt man die Beobachtung in ihre Einzelheiten, so kommt es zu
einer Technik der Beobachtung mit Wahrscheinlichkeiten und Bestimmung des mittleren Fehlers, die nicht nur dem speziellen Falle,
wo sie angewendet wird, den wissenschaftlichen Wahrheitswert
geben, sondern auch für andere Beobachtungen Übung in der Genauigkeit und einen Prüfstein abgeben soll. Es sollte nicht mehr
vorkommen, daß bei Maßablesungen die Zehner sich als bevorzugt
erweisen.

Wir beobachten, ein Patient „sehe schlecht aus“. Das ist
wissenschaftlich ungenügend. Wir müssen uns klar zu machen
suchen, aus was für Elementen sich dieser „Eindruck“ zusammen-
setzt: Blässe als Funktion von Hämoglobingehalt oder Hautdurch-
blutung; diese wieder als Folge enger oder verengerter Gefäße;
Magerkeit, Haltung, Mimik im allerweitesten Sinne inklusive die
Bewegungen der Glieder, Anzeichen von Schwäche oder Müdigkeit usw. Ähnlich bei einer Depression: welche Muskeln sind ge-
spannt? welche erschlafft? Namentlich im Gesicht? Stimme?
Sprache in Kraft und Geschwindigkeit und Wortreichtum? Gefäß-
innervation? usw. Auf diese Weise wird man gewiß finden, daß es
verschiedene Arten von Depression mit verschiedener Bedeutung
gibt. Oder für die Abgrenzung der Grippe: wie stark ist der für die
ausgesprochenen Fälle charakteristische Stich der Gesichtsfarbe ins
Violette? Wie steht es mit den initialen Kreuzschmerzen in Stärke
und Art? Wie werden sie vom Patienten beschrieben? Wie steht
es mit der übrigen Abgeschlagenheit? Wie ist das Verhältnis von
Herztätigkeit zu Temperatur? Wie der Husten und der Auswurf
in Art und Menge? Wie der Ablauf der Krankheit? usw.[1].

Natürlich weiß ich genau, daß auf alle diese Dinge jeder Arzt
von jeher aufpaßt, und daß der Praktiker ebensowenig wie der
Kliniker Zeit hat, in jedem Falle ein genaues Register des Beobachteten zu machen. Was ich an den jetzigen Gewohnheiten auszusetzen habe, ist, daß man sich in diesen Dingen mit ein bißchen mehr
oder weniger begnügt und nicht daran denkt, daß das Verfahren,
wie es in Wirklichkeit geübt wird, wissenschaftlich unbrauchbar ist. Das eine Mal beobachtet man das, das andere Mal etwas
anderes, und niemals verfolgt man alles genau unter schriftlicher
Feststellung. Und gerade das wäre notwendig für jeden Fall, den
man z. B. in diagnostischer Richtung benutzen möchte. Daß es Zeit
und Mühe kostet, ist selbstverständlich. Ich bin aber überzeugt, daß
man, wenn man nur einmal von der Vorstellung durchdrungen ist,
daß der bisherige Schlendrian sich noch weniger lohnt, man an unnützer Arbeit so viel Zeit erspart, daß man in der nötigen Zahl der
Fälle auch genauer vorgehen kann. Und wenn diese Einstellung in
Fleisch und Blut des Arztes übergegangen ist, wird eine gewisse Aus-

---

[1]) Der Chirurg K o c h e r soll vor jeder Operation seinen Befund diktiert
haben und dieses Diktat rücksichtslos mit dem ebenfalls unfrisierten Opera-
tionsbefund verglichen haben. Das sei mutatis mutandis überall zur Nach-
ahmung empfohlen.

wahl des zu Beobachtenden sich von selbst wieder ausbilden, ganz abgesehen davon, daß das, was jetzt scheinbar unerschwingliche Mühe
kostet, nachdem es für alle wissenschaftlichen Arbeiten selbstverständlich geworden ist, auch sehr viel weniger Kraft und Zeit
in Anspruch nehmen wird. Auch wenn man so weit ist, daß man
mit dem Fahrrad sicher balancieren kann, kostet es noch längere
Zeit eine große Anstrengung, sich aufrecht zu erhalten und allen
Hindernissen auszuweichen, während nach einigen Wochen nur
noch die physikalisch notwendige Kraftaufwendung für das vor-
wärtsbewegende Treten gespürt wird.

Unter den speziellen Grundlagen des statistischen Denkens
haben wir zunächst den scheinbar trivialen Grundsatz in seiner Tragweite zu prüfen, daß zu einem statistischen Vergleich nur
ein Material sicher brauchbar ist, das in allen Momenten
außer dem zu vergleichenden vollständig gleich ist.
Theoretisch kann man allerdings sagen, daß diese Formulierung
zu streng sei; denn es gibt sicher unzählige Eigenschaften, die
für eine bestimmte Frage ganz gleichgültig sind; aber für welche
es zutrifft, vergessen wir meist zu untersuchen. So nehmen wir
an, daß die Intelligenz, die Form der Nasen, ja sogar die Haarfarbe
für eine Statistik über die Wirkung eines Behandlungsverfahrens
bei Typhus gleichgültig sei; aber wissen tun wir das nicht — man
denke an die Hautkrankheiten. Nun wird allerdings ein allfälliger
Einfluß solcher Dinge bei den gewöhnlichen Statistiken meist von
selbst ausgeschlossen dadurch, daß man durch den Zufall gleichmäßig gemischtes Material zur Verfügung hat; aber Haarfarbe
und Intelligenz könnten in dem einen Spital in anderem Verhältnis
vertreten sein als in einem andern des nämlichen Ortes, und da
sie Zeichen von Unterschieden der Klassen, der Rassen und der
Konstitution sind, mögen sie bei einzelnen Krankheiten mit erheb-
lichen Unterschieden der Prognose verknüpft sein. Vorsicht wird
also gut sein, und sie ist in dieser Richtung eben deshalb besonders
nötig, weil wir uns bei solchen Prüfungen gewöhnlich auf einem
unbekannten Felde bewegen; jedenfalls müßten die Verschiedenheiten des Materials in jedem Falle geprüft und soll ihre Bedeutung
soweit eben möglich festgestellt werden. In manchen Fällen wird
man dann mit der Zeit irgendwie herausbringen, ob ein Merkmal
für eine bestimmte Frage gleichgültig ist oder nicht; und wenn
es eine Bedeutung hat, so ist sein Einfluß auf den Erfolg festzustellen.
Je nach dem kann man es dann ignorieren oder in Rechnung bringen.

Wegen der Bedeutung der Gleichheit des Materials sind ein
großer Teil von Vergleichungen, die sich auf Material verschiedener
Ärzte oder verschiedener Orte beziehen, von geringer, oft von ganz
ungenügender Wahrscheinlichkeit; die hygienischen Verhältnisse,
der Kräftezustand der Patienten, begleitende Infektionen und vieles
andere kann variieren und das Resultat ändern. Da es sich bei
Vergleichen der Mortalität oder Heilungsdauer von Krankheiten
oft nur um Unterschiede weniger Prozente handelt, so können
auch Nebenumstände von geringer Wirksamkeit das Resultat

fälschen. Man kann also nicht vorsichtig genug sein. Ebenso sind Vergleiche zeitlich verschiedenen Materials bei den meisten Krankheiten höchstens bei Kenntnis aller Verhältnisse zu machen. Die Epidemien und viele andere Umstände wechseln mit der Zeit in ihrer Gefährlichkeit in ganz hohem Maße.

Soweit größeres Material zur Verfügung steht, kann wohl meistens ein richtiger Vergleioh von zwei verschiedenen Behandlungsmethoden nur so gemacht werden, daß man jeden zweiten Eintretenden nach der einen, die dazwischen Ankommenden nach der andern Methode behandelt.

Das geschieht aber so selten! Kann man das nicht, so ist durch die Menge des Materials, durch Kritik der Schwere der Epidemie und aller andern begleitenden Umstände der Fehler möglichst zu verkleinern und jedenfalls in seiner Bedeutung möglichst genau kennen zu lernen. Die Dermatologie ist in der ausnahmsweise glücklichen Lage, zu gleicher Zeit am nämlichen Patienten verschiedene äußere Mittel anzuwenden. Sie hat aber die Gelegenheit lange Zeit ganz ungenügend benutzt.

Auch da, wo es sich nicht um Vergleiche handelt, ist die Nachprüfung der Auslese des Materials mit größerer Sorgfalt als bisher zu machen. Entspricht es dem Durchschnitt der Krankheitsform, ist es repräsentativ, d. h. kann es in allen den Verhältnissen, auf die es ankommt, in Qualität und Zahlenverhältnis genau der Gesamtheit der betreffenden Krankheitsfälle entsprechen? Da ist eine hübsche Arbeit über Epilepsie; sie stellt aber die Krankheit in einem viel zu milden Lichte dar, weil sie Soldatenmaterial, d. h. eine Auswahl allerleichtester Fälle beschreibt. Die ganz richtigen Beobachtungen und Schlüsse beziehen sich also nicht auf „die Epilepsie" sondern auf eine bestimmte Gruppe aus dieser Krankheit.

Das, was wir mit oder ohne Recht in nosologischer Hinsicht als eine einheitliche Krankheit bezeichnen, ist oft gerade in der Beziehung, worauf es ankommt, nicht einheitlich. An die verschiedene Schwere der einzelnen Epidemien der nämlichen Krankheit haben wir schon erinnert. Oder nehmen wir die Furunkulose, so haben wir zu untersuchen, wie die Furunkel abgegrenzt seien, wie sie selbst aussehen, ob sie ein Bläschen haben, an welcher Körperstelle sie sitzen; wir haben den Kräftezustand des Patienten zu berücksichtigen, eventuell sogar, wenn wir das kennen, seine Reaktion gegen frühere Furunkel, dann die Schmerzhaftigkeit, die Dauer der Krankheit zur Zeit des Eingriffs, dann die Art der Heilung, plötzliche Schmerzlosigkeit und Stillestand gleich nach der Applikation des Mittels usw. Man wird auch nicht vergessen, daß es verschiedene Arten von Lungenentzündungen je nach Mikroben, Epidemien, begleitenden Infektionen, nach dem Kräftezustand des Patienten gibt. Wenn man ein Mittel gegen Husten anwendet, nützt es sehr wenig, einfach zu konstatieren, daß der Patient behauptet, es gehe ihm besser oder es habe ihm gut getan. Man sollte natürlich zunächst den Ablauf der Krankheit in Betracht ziehen können; vielleicht handelt es sich ja um eine Infektion, die sonst in wenigen Tagen abläuft, wie die meisten Grippefälle. Erst wenn man eine Art Husten vor sich hat, die nicht innert weniger Tage zu bessern pflegt, dann kann man aus einem Erfolg auf die Wirksamkeit des Mittels schließen. Aber auch dann sollte man viel mehr kennen als den üblichen subjektiven und objektiven Eindruck. Mein Lehrer der innern Medizin sagte einmal in der Klinik von der gegen Husten empfohlenen Salmiakmedizin: das Mittel ist ganz gut; aber ob Sie es dem Patienten in die Stiefel schütten oder ihm mit dem Löffel eingeben, das macht keinen Unterschied; und ähnlich despektierlich drückte er sich über die übliche Ipecacuanha-Morphium-Medizin aus: „Man gibt Ipecac, daß es kratzt und man husten kann, und Morphium, damit es nicht kratzt.“ Daß man von in der ganzen Welt seit langem verschriebenen Mitteln so reden kann, beweist, wie wenig Vertrauen die übliche Beobachtung der Wirkung auf den Husten verdient. Ich meine nun, man sollte nie ein Mittel empfehlen, wenn man sich nicht die Mühe genommen hat, die Hustenstöße zu zählen, die Dauer der einzelnen Hustenanfälle so weit als möglich zu bestimmen und die Menge und die Zähigkeit des Auswurfes vor und nach Einnahme des Mittels und den zwischen Einnahme und Änderung verflossenen Zeitraum zu konstatieren.

Von besonderer Wichtigkeit für manche Fragen ist die Formulierung der zu vergleichenden Unterschiede. Kommt es uns auf die Zahl der Strahlen einer Fischflosse an, so haben wir leicht zu gewinnende klare Verhältnisse, wenn es keine rudimentären gibt. Müssen wir aber Farbenschattierungen eines Pelzes untersuchen, so geht es oft ohne künstliche Grenzen nicht ab. Will man eine Statistik über die Häufigkeit der Phthise in verschiedenen Familien machen, so hat man den Begriff des Phthisikers festzustellen, was nicht leicht ist, da ja fast jeder Mensch seine Tuberkelinfektion durchmacht, und zwar je nach Disposition, Stärke der Infektion, hygienischen Verhältnissen und Behandlung in ganz verschiedenem Grade. — Wir möchten wissen, ob und inwiefern die Schizophrenie eine hereditäre Krankheit sei. Was haben wir zu tun? Die Antwort scheint sehr leicht und ist bis jetzt auch ganz leichten Gewissens so gegeben worden, daß man sich begnügte, mehr oder weniger sichere Fälle der Krankheit, wie man sie in den Irrenanstalten fand, auf ihre Verwandtschaft zu durchforschen und zu sehen, wie viele Geisteskranke, abnorme Charaktere, Nervöse, Trinker sich unter denselben befinden und die erhaltenen Zahlen dann mit den Diemschen, bei Gesunden gewonnenen, zu vergleichen. Dabei ist das herausgekommen, was man schon wußte, daß in den Familien der Schizophrenen von diesen Kategorien von Leuten mehr sind als bei Gesunden. Die meisten wollen namentlich eine viel größere direkte Belastung mit Geisteskrankheiten gefunden haben, als bei den Gesunden. Bei Rüdin[1]) aber fehlt dieses letzte Resultat, und die

---

[1]) R ü d i n , Studien über Vererbung und Entstehung geistiger Störungen. Monogr. aus dem Geb. der Neurol. u. Psychiat. Julius Springer, Berlin 1916.

Schlüsse, zu denen die einzelnen Forscher gekommen sind, zeigen überhaupt Verschiedenheiten, die bis jetzt verbieten, solche Ergebnisse im Ernste zu verwerten. Das kommt nicht nur von der sehr verschiedenen Genauigkeit, mit der die Familiengeschichten aufgenommen werden, sondern auch davon her, daß die Begriffe, auf die es hier ankommt, von den einen eng, von andern weit gefaßt werden. Schon die Schizophrenie selbst hat keine scharfen Grenzen, nicht nur gegen andere Krankheiten, wo es sich meist um Unterschiede der systematischen Auffassung handelt, sondern namentlich auch gegen die Gesundheit hin; es gibt eine latente Schizophrenie und eine Menge Fälle der nämlichen Krankheit, die ganz gelinde verlaufen; ja es gibt sicher viele, die als irgend eine Form von Nervosität oder als bloße Charakteranomalien gelten. Wenn wir also die Heredität der Schizophrenie auf diese Weise prüfen, daß wir nur die Anstaltspatienten, d. h. eine Auslese von schweren Fällen berücksichtigen, so kommen wir wahrscheinlicherweise zu einem falschen Resultat; denn niemand kann uns bürgen, daß diese die nämliche Heredität haben wie die leichteren Fälle; wir wissen ja gar nicht, ob es ein Gen der Schizophrenie gibt, oder ob verschiedene Gene zu ihrer Erzeugung zusammenwirken müssen, und nicht, ob es überhaupt eine in bezug auf die Erblichkeit einheitliche Krankheit Schizophrenie gibt (ich persönlich glaube nicht daran). Und wenn wir die Unsicherheit der Diagnosen der Schizophrenie selbst[1]), der andern Geisteskrankheiten, der Neurosen und der Charakteranomalien, die gerade in solchen Fällen zu einem großen Teil wohl Äußerungen der schizophrenen Familiendiathese (oder einer von verschiedenen schizophrenen Diathesen) sind, in Betracht ziehen, so kommen wir zu dem Resultat, daß wir überhaupt zur Zeit nicht imstande sind, durch solche Untersuchungen bessere Kenntnisse über die Schizophrenie, wie sie sich vererbt, die „Erbschizose", zu gewinnen[2]).

Einen der Wege, wie die Ruedinsche Auswahl der schweren Fälle, die er für die sicheren Fälle von Dementia praecox hält, die Schlüsse beeinflussen kann, zeigt folgende Überlegung: die schweren Schizophrenen kommen zum größten Teil nicht zur Heirat, haben also keine bekannten Nachkommen; wenn eine direkte Heredität besteht, so kann sie in größerem Maßstab nur bei den Fällen nachweisbar sein, die leicht erkrankte oder ganz latent kranke Eltern haben. Damit ist auf einmal der auffällige Befund einer ganz geringen direkten und gleichartigen Heredität in eine andere Beleuchtung gerückt.

---

[1]) Nicht selten findet man die Notiz: „Dementia praecox ausgeschlossen"; meist ohne Angabe, wie man sie ausgeschlossen habe. Manchmal soll das durch eine „Intelligenzprüfung" geschehen sein, was ein Unsinn ist. Außerdem läßt sich eine Schizophrenie nicht ausschließen, sondern höchstens nicht nachweisen, etwa wie eine Lues vor der Wassermannzeit.

[2]) Vgl. Bleuler, Mendelismus bei Psychosen, speziell bei Schizophrenie. Schweizer Archiv f. Neurol. u. Psychiatrie, 1917, S. 19. Jetzt würde ich die Ablehnung der betreffenden Untersuchungen noch schärfer ausdrücken als damals.

Man sieht aus dem letzteren Beispiel, welche Umsicht auch die Auslegung der gefundenen statistischen Resultate verlangt. Allgemein bekannt sind ja auch die Statistiken der Heilmittelerfolge, die sich in Wirklichkeit gar nicht auf das Mittel, sondern auf die nebenhergehende Suggestion beziehen. Die häufige Notiz, die das Gewissen des Schreibers und des Lesers beruhigen soll, ,,Suggestion ist ausgeschlossen'', ohne strengen Nachweis wie, wirkt meist gar nicht überzeugend, sondern erscheint als ein Zeichen von Leichtsinn und Oberflächlichkeit. Da hilft auch die genaueste Technik der Statistik nichts, sondern nur Erwägen aller Möglichkeiten und Prüfung auf anderm Wege, welche von ihnen die ausschlaggebende sei. Und wenn man auf statistischem Wege einen Zusammenhang zwischen einer bestimmten Thoraxform und Phthise nachweist, so ist damit noch nicht klar gemacht, daß die Thoraxform die Disposition oder gar die Ursache der Tuberkulose oder umgekehrt die Folge einer früher entstandenen Infektion ist, welch letztere bei irgend einer Gelegenheit als Phthise manifest wird.

Ein besonderes Kapitel ist die Abwägung der statistischen Wahrscheinlichkeiten, die eigentliche statistische Technik, die in andern Wissenschaften sehr weit gediehen ist, aber in der Medizin meistens noch recht naiv gehandhabt wird. Zunächst hat man meist eine ungenügende Vorstellung, was die Wahrscheinlichkeit überhaupt ist. Da mag es gut sein, daran zu erinnern, daß sie sich prinzipiell von den meisten andern Kenntnissen nicht unterscheidet. Die meisten unserer Induktionen und Deduktionen bieten keine Sicherheiten; sogar mathematische Schlüsse fangen von einem gewissen (sehr hohen) Grade der Komplikation an, unsicher zu werden, weil die Möglichkeit des Übersehens einzelner Faktoren nicht auszuschließen ist und in Wirklichkeit zuweilen zu Kontroversen führt. Die Annahme, daß die Erde sich um die Sonne drehe, ist genau genommen nur eine Wahrscheinlichkeit, wenn auch höchsten Grades (vgl. unter psychologische Wahrscheinlichkeiten). Man hat ja die astronomischen Erscheinungen auch anders erklären können. Daß ein Glas Wasser, das man über eine Flamme bringt, nicht gefriert, sondern zum Sieden kommt, erscheint uns eine absolut sichere Tatsache; es ist aber nur eine Wahrscheinlichkeit, wenn auch eine fast (aber eben nicht ganz) unendlich große; denn wenn einmal die Großzahl der sich bewegenden Moleküle auf ein einzelnes oder eine Anzahl Moleküle so stoßen würden, daß sie ihre Energie auf dieses einzelne oder diese wenigen übertragen und ihnen die Richtung nach der Oberfläche geben würden, so könnte dem Wasser so viel Wärmeenergie entzogen werden, daß es gefrieren würde. Das Gravitationsgesetz, das absolute Gültigkeit haben soll, beruht für uns darauf, daß wir ausnahmslos sehen, wie die Körper der Erde zustreben; die Ausnahmen, wie der Luftballon, sind scheinbare, d. h. solche, die die Regel bestätigen. Wer garantiert uns aber, daß wir nicht einmal eine wirkliche Ausnahme finden? Wir beobachten erst seit einigen hundert Jahren im Sinne unserer Naturwissenschaften, und vorher war ein lebhafter Verkehr mit feurigen

Wagen und andern Vehikeln von und zum Himmel. Wenn nun wirklich einmal eine Ausnahme gefunden würde, so müßten wir annehmen, daß entweder die Gravitation in ihrer Wirkung irgendwie aufgehoben werden könnte (wie v. Laßwitz in seiner Novelle von den Marsmenschen voraussetzte, wo eine solche Aufhebung durch einen abarischen Apparat willkürlich erzweckt wird), oder daß wir uns getäuscht hätten, d. h. daß die Himmelskörper gar nicht notwendig die bewegende Kraft in sich gehabt hätten, sondern irgend etwas anderes, was für gewöhnlich oder zufällig gleich gewirkt hatte wie eine gegen das Zentrum der Körper hinwirkende Kraft. Wir sehen, wie die Natur bei der Erhaltung der Lebewesen mit viel geringeren Wahrscheinlichkeiten operiert, und dabei Pflanzen und Tiere kontinuierlich durch Reflexe, die nur den Durchschnittsfällen angepaßt sind, durch zufälliges Ausstreuen des Samens, dem Zufall anheim gegebenen Befruchtungsvorgang usw. erhält, so gut wie eine Versicherungsgesellschaft, die auf prinzipiell gleicher Basis fungiert, sich ihren Bestand und ihre Rendite sichert.

Wir selber rechnen in unserem ganzen Leben alltäglich mit Wahrscheinlichkeiten, daß die Uhr richtig geht, daß kein Erdbeben kommt, daß der Zug nicht entgleist, daß wir mittags das Essen bereit finden, daß ein Nachbar uns beneide und wenn er könnte benachteilige usw. usw. Die Gerichte, die den ungerechtfertigten Glauben genießen, nach Sicherheiten zu urteilen, urteilen fast immer nach Wahrscheinlichkeiten, und sehr oft nach nicht sehr großen. In Wirklichkeit sind fast alle die „Sicherheiten", die wir im Leben voraussetzen, nur große Wahrscheinlichkeiten. Die Wahrscheinlichkeitsabwägungen in der Wissenschaft sind also an sich nichts Besonderes, sondern nur zahlenmäßige Darstellung der Wahrscheinlichkeitsgrade der Richtigkeit von Schlüssen. „Wahrscheinlichkeit ist nichts anderes als der auf scharfen Ausdruck gebrachte gesunde Menschenverstand" (Laplace).

Will man also möglichst wenig fehlgehen, so ist bei fast allen Schlüssen der Grad ihrer Wahrscheinlichkeit besonders zu bestimmen, wenn möglich in Zahlen, eventuell in Größenordnungen, oder dann in Vergleichen mit Wahrscheinlichkeiten, die wir als bestimmt genügend oder als bestimmt ungenügend betrachten. Von welchem Grade der Wahrscheinlichkeit wir mit ihr wie mit einer Sicherheit rechnen wollen, das hängt von vielen Umständen, u. a. auch vom Temperament des einzelnen ab, so bei einer Spekulation. Man kann aber nicht nur zu leichtfertig, sondern auch zu vorsichtig sein; und wenn Gelehrte die Behauptung aufstellen, daß das Wochenbett mit gewissen Psychosen, die Traumen mit gewissen Neurosen nichts zu tun haben, weil der Zusammenhang ein bloß zeitlicher, „ein rein zufälliger" sei, so haben sie so lange unrecht, als sie diese Behauptung, die mit den Erfahrungen anderer im Widerspruch steht, nicht beweisen. Denn das Negative ist ebensogut zu beweisen wie das Positive.

Bei den medizinischen Wahrscheinlichkeitszusammenhängen spielt die Zeit eine wichtige Rolle. Wenn ein Heilmittel sich als wirksam erweisen soll, so muß eine Änderung innerhalb einer bestimmten Zeit nach Anwendung, die natürlich für jeden Fall wieder anders bemessen ist, eintreten; namentlich darf nicht vorher schon die Besserung sich angekündigt haben. Soll ein Einfluß als Krankheitsursache sich darstellen, so muß auch eine bestimmte Zeit zwischen Ursache und Wirkung verflossen sein. Gegen diese Selbstverständlichkeiten wird immer noch schwer gesündigt. Leute, die schon lange, gar nicht selten schon seit der Geburt, krank sind, sollen ihr Leiden auf einmal infolge irgend einer Einwirkung bekommen haben, die vor kurzem statthatte. Bei Heilmitteln ist umgekehrt das unberechtigte propter hoc bei zeitlichem Zusammentreffen der Besserung und irgend einer Anwendung der alltägliche Fehler.

Besser berücksichtigt wird theoretisch die Notwendigkeit genügend großer Zahlen. In der Praxis aber sündigt man dagegen alltäglich. Die Hauptfrage ist eben, was sind genügend große Zahlen? Und die Antwort ist ganz verschieden je nach den Umständen, in bezug auf die sie gestellt wird. Zunächst ist sie abhängig von der Größe des Ausschlages. Wenn bei einer Behandlungsmethode fast alle Kranken sterben, bei einer andern fast alle davonkommen, so braucht es nicht ein so großes Material, um die Vorzüge der einen zu zeigen, wie wenn die beiden Resultate einander näher stehen. Wenn eine Krankheit in bezug auf das untersuchte Merkmal, sei es die Heilbarkeit, den tödlichen Ausgang oder die Dauer, wenig variiert, so braucht es ebenfalls kleinere Zahlen als bei einer sehr verschieden verlaufenden Krankheit. Wenn einer ein Mittel bei hundert Fällen von Pest angewandt und alle geheilt hätte, so würden wir seinem Mittel einen großen Heilwert zuschreiben. Wenn aber jemand hundert Fälle von Grippe in 2 bis 5 Tagen geheilt hätte, so würde ich seinem Mittel ebensowenig trauen, wie ich, wenn er 10% durch den Tod verloren hätte, sagen möchte, daß seine Behandlung daran schuld gewesen sei. Da heißt es eben aus den Umständen die „Streuung", den „wahrscheinlichen Fehler" und daraus die Zahl oder die Größenordnung zu bestimmen, die notwendig ist, um eine genügende Wahrscheinlichkeit zu geben. Manchmal können schon ganz wenige, ja einzelne Vorkommnisse einen Zusammenhang zweier Geschehnisse mit großer Wahrscheinlichkeit feststellen. In einer Anstalt, wo seit langen Jahren kein Typhus vorgekommen, erkrankt eine Patientin, die nach außen keinen Verkehr hatte, an Typhus, und als mögliche Quelle findet man einzig eine noch nicht gar lange eingetretene Bazillenträgerin, die die nämliche Abteilung bewohnt. Ich kann die Wahrscheinlichkeit in diesem Falle nicht in Zahlen ausdrücken, aber wer wird nicht annehmen, daß die Bazillenträgerin die andere angesteckt habe? Andere Quellen sind so unwahrscheinlich und die genannte ist an sich so wahrscheinlich, daß der eine Fall schon eine gewisse Beweiskraft besitzt. Wäre aber noch eine andere Anstaltsinsassin

erkrankt, die mit der Bazillenträgerin weder direkten noch in-
direkten Kontakt gehabt hatte, so wäre die Wahrscheinlichkeit auf
einmal eine viel geringere, weil man dann noch einen zweiten An-
steckungsherd vermuten müßte.

Oder es wird in Stockholm, wo im Durchschnitt wöchentlich
4,6 und im Maximum 9 Fälle von Delirium tremens in die Spitäler
kommen, der Schnapsausschank verboten. In der nächsten Woche
kommen 16 Fälle zur Aufnahme, in der folgenden einer, dann keiner
mehr bis zu Ende des Streiks, worauf die Zahlen wieder steigen[1]).
Das ist ein einzelnes Vorkommnis, aber doch mit größter Wahrscheinlichkeit beweisend für einen Zusammenhang des Deliriums mit dem
Schnapsgenuß. Wie wären die Schwankungen sonst zu erklären?
Die großen Zahlen liegen in den Erkrankungsziffern der Delirien
in der gewöhnlichen Zeit. Sie dürften kleiner sein, wenn das Verbots-
experiment mehrfach wiederholt würde. Es kommt also nicht
bloß auf die absoluten Zahlen am einzelnen Ort an;
die reichliche Größe am einen Orte kann die geringe
am andern kompensieren.

Ein ganz anderer Fall: ich möchte einer Patientin einen Zahn
in hypnotischer Analgesie ziehen zur Demonstration in einem ärztlichen Verein. Am Morgen sagt sie mir, leider gehe das nicht, da sie
eben die Periode bekommen habe. Ich fürchte mich, gegen das allgemeine Vorurteil, daß Zahnziehen während der Menstruation lebens-
gefährlich sei, anzukämpfen, ich konstatiere die Blutung, suggeriere
der Patientin in der Hypnose, die Periode werde aussetzen bis am
Abend, lasse sie ein Bad nehmen, konstatiere selbst und durch die
Oberwärterin gleich nachher und abends das Aussetzen der Blutung
und nach dem Zahnziehen wieder ihr Erscheinen. Daß der Unterbruch
der Periode mit der Suggestion im Zusammenhang sei, ist in diesem
Falle trotz des einzelnen Experiments ungeheuer wahrscheinlich, und
das deshalb, weil die Periode sonst am ersten Tag keine solchen
Pausen zu machen pflegt, auch nicht bei meiner Patientin, weil das
Aussetzen zeitlich genau der Suggestion entsprach, und gewiß auch
noch, weil wir sonst wissen, wie sehr die Periode von der Psyche abhängig ist. Hier liegt die „große Zahl" in der Alltäglichkeit der Erfahrung, daß die Periode sonst nicht so aussetzt, d. h. nicht im
Beobachtungs-, sondern im Vergleichsmaterial und in dem zeitlichen
Verhältnis, das in einem solchen Falle die nämliche Bedeutung hat
wie das Eintreffen einer mathematischen Voraussetzung nach Art
derjenigen, daß die Umlaufzeit des Mondes gerade sein Fallen auf
die Erde oder ein Entfernen von derselben verhindert. Wäre aber
die Einwirkung der Suggestion für uns undenkbar oder gar im Widerspruch mit andern Erfahrungen, so würde die Wahrscheinlichkeit
wieder herabgesetzt, eventuell bis auf Null, und wir würden die
Beobachtung als merkwürdigen Zufall buchen.

Um den wesentlichen Teil der Wahrscheinlichkeit der Richtigkeit

---

[1]) Wigert, Frequenz des Del. trem. in Stockholm während des Alkohol-
verbotes. Zeitschr. f. d. ges. Neurol. u. Psychiatrie, 1910. Or. I. S. 556.

des Schlusses[1]) wenn nicht in Zahlen, so doch in Größenordnungen auszudrücken, käme etwa folgendes in Betracht: Wenn nach der Erfahrung die Periode ohne psychisches Ereignis am ersten Tag kaum je eine 12stündige Pause macht, dann braucht es keine weitere Berechnung: das Beispiel ist für die Wirkung der Suggestion beweisend, sobald jeder andere psychische Einfluß ausgeschlossen ist. Kann man aber das nicht behaupten, ist auf 100000 Perioden einmal ein Aussetzen beobachtet worden, oder hat man ebenso viele Perioden ohne Aussetzen beobachtet, und möchte man daraus noch nicht auf vollständiges Fehlen der zufälligen Pausen schließen, sich aber mit einer Minimalzahl der wirklichen Wahrscheinlichkeit annähern, so wäre die Wahrscheinlichkeit eines Zufalles $\dfrac{1}{100000}$, die der psychischen Einwirkung $\dfrac{1}{100000}$ zu setzen (immer vorausgesetzt, daß nur Zufall oder psychische Einwirkung die Pause bewirken können).

Diese an sich schon sehr hohe Wahrscheinlichkeit wäre nun noch zu vergrößern im Sinne folgender Zahlenverhältnisse:

Um das Verschwinden und Wiederauftreten der Periode zu konstatieren, braucht es ca. eine Viertelstunde. Die ganze Periode dauert n Viertelstunden, die Pause m Viertelstunden. Wie groß ist die Wahrscheinlichkeit, daß die Pause mit der suggerierten Zeit zusammenhänge, vorausgesetzt, daß überhaupt eine Pause eintrete und die Pause erstens gerade die beobachtete Zahl von Viertelstunden oder zweitens eine beliebige Zahl Viertelstunden habe.

Sehr schwer in ähnlicher Weise in Größenordnungen zu bewerten wären die Gegenwahrscheinlichkeiten und die unterstützenden Wahrscheinlichkeiten, die aus Beobachtungen resultieren, daß die Periode schwer oder leicht durch psychische Einwirkungen zum Fließen oder zum Stehen gebracht werden kann. Aber wenigstens relative Wahrscheinlichkeitsgrade sollte man auch in solchen Verhältnissen festzustellen vermögen. Ich verlange also gar nicht, wie einzelne gelesen haben wollen, in jedem Falle genaue Zahlen, sondern nur so weit es möglich ist, und an den andern Orten vergleichsweise Abschätzung an Beispielen von allgemein benutzten Wahrscheinlichkeitsschlüssen.

Wie sehr die sonstige Erfahrung die Beweiskraft verändern kann, dafür ein anderes negatives Beispiel: Ein Forscher, den ich als sehr fleißig und gewissenhaft kenne, hat an vielen Fällen gezeigt, daß die Verteilung der beiderartigen Homo- und der Heterozygoten mit schizophrener Anlage schon bei vier Geschwistern den Mendelschen Gesetzen entspreche (unter der Voraussetzung, daß die Schizophrenie ein rezessives Gen habe), und daß eine größere Anzahl Kinder sich immer in Vierergruppen teilen, von denen jede z. B. einen

---

[1]) „Wahrscheinlichkeit der Richtigkeit des Schlusses." Dieser Begriff ist ein ganz anderer als der der mathematischen Wahrscheinlichkeit. Siehe S. 118 ff. und folgenden Abschnitt, Anhang.

gesunden Homozygoten, zwei Heterozygoten und einen kranken
Homozygoten aufweise; die Ausnahmen erwiesen sich als Be-
stätigungen der Regel insofern, als man jeweilen eine Frühgeburt
fand, deren Mitberechnung die Regel wieder herstellen konnte.
Und ein anderer Kollege wollte sogar an Material aus der Literatur
den gleichen Befund erhoben haben. Die Zahlen des Beweismaterials
schienen genügend. Da aber eine solche Anwendung der Wahrscheinlichkeit und der Mendelschen Gesetze mit der Erfahrung
im Widerspruch steht, war die Sache trotz der Häufung von Material
geradezu unglaublich und stellte sich denn auch als eine Täuschung
heraus, deren Quelle ich noch nicht kenne.

Umgekehrt kann die Einreihung einer neuen Erfahrung in
alltägliche einem Ereignis einen großen Beweiswert geben. Wenn ein
Katatoniker zehn Jahre lang unbeweglich dagesessen ist und nicht
gesprochen hat, dann aber plötzlich bei Anlaß eines Besuches sich
benimmt wie ein Gesunder, um gleich nachher wieder in seinen Stupor
zu versinken, so wird niemand einen Zufall annehmen, sondern das
veränderte Benehmen dem Besuche zuschreiben, zunächst wegen
des zeitlichen Zusammentreffens, das mathematische Bedeutung
hat; denn während der vielen tausend Stunden seines Krankseins
hat der Patient nie so reagiert als gerade in der Stunde des Besuches.
und der Eintritt des Wechsels in beiden Richtungen fällt sogar auf
die Minute mit dem Kommen und Gehen des Besuches zusammen.
Wir sind uns aber klar, daß wir einen kausalen Zusammenhang
von Besuch und Benehmen auch dann voraussetzen würden, wenn
der Stupor nur einen Tag gedauert hätte, obschon dann die obige
zahlenmäßige Überlegung viel weniger überzeugend gewesen wäre
Die Wahrscheinlichkeit wäre von der alltäglichen Erfahrung aus-
gegangen, deren Häufigkeit aber vorläufig nicht in Zahlen auszudrücken ist, daß man auf Besuche anders reagiert als sonst, und
daß man mit Leuten, gegen die man feindlich eingestellt ist (wie
meist der Katatoniker gegen seine gewohnte Umgebung), wenig zu
reden pflegt, viel mehr aber mit seinen Freunden.

Wir kommen da auf die psychologischen Wahrscheinlichkeiten,
die später besprochen werden sollen. Aber auch außerhalb der
Psychologie rechnet die Medizin fast täglich mit Wahrscheinlichkeiten,
die nur von einem einzelnen Falle hergeleitet werden. Wenn jemand, der sonst gesund ist, plötzlich schwer erkrankt, so sucht
man nach einer ungewöhnlichen Ursache. Und wenn er z. B. kurz
vorher etwas gegessen hat, was er sonst nicht ißt, und von dem
bei der Gelegenheit auch andere nicht gegessen haben, so schließt
man auf Verursachung durch diese Nahrung. Analog bei plötzlichen Besserungen. Die Zulässigkeit solcher Schlüsse,
d. h. die Größe der Wahrscheinlichkeit für ihre Richtigkeit sollte einmal gründlich untersucht werden. Wenn
ich dieses Verlangen aufstelle, so weiß ich ganz gut, daß kein Fall
ist wie der andere, und daß noch manche andere Schwierigkeiten
bestehen; aber eine allseitige und klare Beleuchtung des Problems
könnte doch zahllose unberechtigte Schlüsse unmöglich machen,

und anderseits Umstände herausheben, wo die Wahrscheinlichkeit genügend wäre, um als Basis für ärztliches Handeln zu dienen.

Aus all dem ergibt sich der zwingende Schluß: Es ist dringlich, daß die medizinischen Wahrscheinlichkeiten überhaupt einer besonderen Durcharbeitung in bezug auf Grundlagen und Formulierung unterzogen werden. Die Formulierung soll soweit als möglich eine mathematische sein (in Zahlen oder Größenordnungen); es ist aber denkbar, daß man durch allgemeinere logische Vergleiche schon genügend Sicherheiten gewinnen kann[1]). Natürlich wird man in so komplizierten Fragen wie den meisten medizinischen bei Prüfung im speziellen Fall nicht immer so weit kommen, daß man wirklich den Grad aller in Betracht kommenden Wahrscheinlichkeiten bestimmen kann. Dann weiß man aber, daß und wo Unsicherheiten vorhanden sind, und der wesentlichste Gewinn wird sein, daß das Bedürfnis nach genauer Prüfung der Tragkraft aller einzelnen Grundlagen und der Wahrscheinlichkeiten aller Schlüsse ein ganz instinktives sein wird. Die Gewohnheit wird es wesentlich erleichtern, sich in jedem Falle alle denkbaren Komplikationen, die Mit- und Gegenwahrscheinlichkeiten und ihre allfällige Bedeutung vorzustellen, und alle Fehlerquellen werden auf einmal eine unvergleichlich geringere Wichtigkeit bekommen, wenn man nur überhaupt an sie denkt und sich nicht mehr auf die naiven Überlegungsformen verläßt.

Unsere nächste Aufgabe wird es also sein, auch in der Medizin alles das, was einer mathematischen Bearbeitung nicht widersteht, mathematisch zu formulieren. Dabei rechne ich den direkten Vorteil, daß wir für viele Schlüsse den Wahrscheinlichkeitsgrad ihrer Richtigkeit zahlenmäßig bestimmen, noch nicht so hoch, wie den Gewinn, den darauf die Disziplin des Denkens ziehen wird, die Gewöhnung, so scharf als möglich alle benutzten Faktoren zu werten und sich immer genau zu überlegen, ob nicht noch andere, nicht bekannte Einflüsse im Spiele sein könnten. Die bisherige Technik der Wahrscheinlichkeitsschätzung kann allerdings weder der Kompliziertheit noch der Unabgeschlossenheit vieler Kausalreihen der medizinischen Probleme gerecht werden. Es sind da neue Seiten der Wahrscheinlichkeitsrechnung zu studieren. Ich habe mit mehreren Mathematikern über diese Dinge gesprochen, unter ihnen einem hervorragenden Spezialisten der Wahrscheinlichkeitsrechnung. Meine Forderung wurde aber zunächst bestimmt als prinzipiell unerfüllbar abgelehnt. Ich kann aber nicht zweifeln, daß jeder Schluß aus Größenverhältnissen sich auch mathematisch formulieren und irgendwie in Zahlen ausdrücken lasse. Man muß sich nur klar sein, daß die „Wahrscheinlichkeit der Richtigkeit eines logischen Schlusses" ein ganz anderer Begriff ist als die Wahrscheinlichkeit, wie sie die Mathematiker formuliert haben.

---

[1]) Siehe noch folgenden Abschnitt.

Bei einem Assoziationsversuch wird das Wort aliquis in „a"
und „liquis" zerlegt. Daraus unter anderem schließt Freud, daß
ein gefühlsbetonter Komplex aus dem Unbewußten heraus den
Gedankengang beeinflußt habe, während seine Gegner dies als eine
willkürliche Annahme bezeichnen. Nun sagen uns unsere Erfahrungen, daß eine solche sinnlose Teilung zwar bei Schizophrenen
vorkommen kann, bei über 100 000 Assoziationen Gesunder aber
nicht zu finden war[1]. Daraus ist für den nicht Voreingenommenen
zu schließen, daß mit großer Wahrscheinlichkeit ein besonderes
bedingendes Moment die Assoziation leitete. Der Schluß beruht
darauf, daß, wenn auch die Möglichkeit einer solchen „zufälligen"
Assoziation nicht ganz geleugnet werden kann, doch zum mindesten
die konstatierte große Seltenheit eines solchen Zufalles die Wahrscheinlichkeit, daß es sich um Zufall handle, fast auf Null herabsetzt. Nach unseren Erfahrungen kommt also die zufällige Entstehung einer solchen Idee höchstens 1 mal auf 100 000 Assoziationen
vor (vielleicht noch viel weniger; 100 000 ist eine Minimalzahl).
Es ist somit etwas, das wir im populären Sinne als „Wahrscheinlichkeit" einer solchen Assoziation bezeichnen, ausgedrückt durch
das Verhältnis 1 : 100 000. Dadurch, daß diese unwahrschein-
liche Assoziation in Wirklichkeit vorgekommen ist, wird es „wahrscheinlich", daß sie in diesem speziellen Falle keine zufällige sei,
sondern daß sie infolge einer gerade hier vorhandenen besondern
Bedingung entstanden sei. Diese Wahrscheinlichkeit der besonderen
Bedingung findet wieder einen Ausdruck in dem Verhältnis der
beiden Zahlen, aber in umgekehrtem Sinne: 100 000 : 1. Wären
diese Zahlen anders, hätten wir z. B. statt 100 000 nur 10, oder 10 000
statt 1, so wäre der Schluß unberechtigt: mit der Größe des Zahlen-
verhältnisses wächst die Wahrscheinlichkeit des Schlusses.

Diese Überlegungen sehen nun die konsultierten Mathematiker
alle als falsch an[2]. Ich weiß natürlich von jeher, daß sie der üblichen Formulierung der Wahrscheinlichkeit, die von 0 bis 1 geht,
nicht entspricht. Es wäre auch nicht unmöglich, ungefähr das
nämliche mit ihren Formeln auszudrücken — aber dann würde
unsere Denkoperation von der Art des logischen Schlusses, wie sie
regelmäßig in diesen Sachen angewendet wird, abweichen; und
wir tun zunächst wohl gut, für unsere Zwecke die Parallele aufrecht
zu erhalten[3]. Ob man später einmal für nützlich finden wird, sich
auch in diesen Dingen an die für einfachere Verhältnisse bequeme
Wahrscheinlichkeitsformel der Mathematiker zu halten, wollen
wir der Zukunft zu entscheiden überlassen. Es gibt Gründe dafür

---

[1] Wir schließen hier aus dem allgemeinen Nichtvorkommen so gearteter
Assoziationen auf die spezielle Seltenheit der Teilung des lateinischen Wortes
aliquis. Viel größere Sicherheit würden wir natürlich bekommen durch vielfache Wiederholung des Experimentes speziell mit dem Worte aliquis.

[2] Siehe Anhang nach dem folgenden Abschnitt.

[3] Die hier beispielsweise angeführte zahlenmäßige Bestimmung der Wahrscheinlichkeiten entspricht der, die die Sprache meint, wenn sie von „großer"
Wahrscheinlichkeit redet (statt von Wahrscheinlichkeit nahe an 1). Borel
nennt das nämliche in wenig abweichender Formulierung „probabilité relative".

und dagegen; jedenfalls aber ist der formelle Unterschied Neben-sache, und ob man die beiden Zahlen $\frac{1}{100000}$ und $\frac{99999}{100000}$ neben-einander stelle oder die oben genannten, macht materiell für unsere Zwecke gar nichts aus. Wir verlangen auch zum Unterschied von den Versicherungsgesellschaften mehr eine relative als eine ab-solute Genauigkeit. Sogar ob eine Wahrscheinlichkeit $\frac{1}{100000}$ oder $\frac{5}{100000}$ sei, ist für uns gewöhnlich gleichgültig. Für viele Fälle würde es vollständig genügen, mit Größenordnungen zu rechnen.

Wichtiger ist der materielle Einwand der Mathematiker: man könne die Wahrscheinlichkeit einer besondern Ursache nur dann in Zahlen ausdrücken, wenn man nicht nur die Wahrscheinlichkeit der „zufälligen" Assoziation, a — liquis, kenne, sondern auch die Erwartung ihres Zustandekommens infolge einer oder verschiedener besonderer Ursachen, die noch in Frage kommen könnten, z. B. unter dem Einfluß eines Komplexes. Gelegentlich gingen sie in dieser Beziehung — von ihren Voraussetzungen aus natürlich ganz mit Recht — noch viel weiter und wollten vorher wissen, wie groß die Wahrscheinlichkeit sei, daß man einen solchen Komplex oder eine andere Ursache finde usw. Wir hätten dann allerdings ein einfaches und klares mathematisches Exempel, auf das einzugehen sich aber nicht lohnt; denn es nützt uns nichts. Der logische Schluß möchte ja gerade aus der Seltenheit des zufälligen Vorkommens eine Ursache ableiten, die man noch nicht kennt. So schließen wir im Leben und in der Wissenschaft millionenfach, und der Erfolg gibt uns recht. Größenverhältnisse wie die oben angegebenen dienen unserer Logik als Wegweiser und als Maß für den Wahrscheinlichkeitsgrad der Schlüsse, auch wenn sie nicht in Zahlen umgesetzt sind. Das wollte man mir nicht glauben, auch nicht, wenn ich andere Beispiele anführte: wenn in einer Urne auf 100000 schwarze Kugeln eine weiße ist, und es zieht einer in einem einzigen Zuge gerade diese, so liegt in dem Verhältnis von 1:100000 ein Grund zu der Vermutung, daß diese weiße Kugel besonders erreichbar war, oder daß der Ziehende gemogelt habe, kurz, daß nicht das Ursachendurcheinander, das wir Zufall nennen, sondern eine bestimmte Ursache das Resultat bedingt habe. Die nämliche Überlegung kann ich auch in folgender Weise machen: Bei jeder Ziehung kann es Zufall oder Folge eines Tricks sein, daß die weiße Kugel gezogen wird. Welches wahrscheinlicher ist, weiß ich zum voraus nicht. Daß aber, wenn in einem Zuge die weiße Kugel ge-zogen wird, gemogelt worden sei, ist wahrscheinlicher; denn es ist bloß 1/100000 Wahrscheinlichkeit, daß der Zufall gerade die weiße ziehen ließ. Die Wahrscheinlichkeit, daß gemogelt worden, wächst genau mit der Unwahrscheinlichkeit des Zufalls (wenn nicht noch ein drittes in Frage kommen kann). Diese Art Wahrscheinlichkeit, daß gemogelt worden sei,

ist also reziprok zur Wahrscheinlichkeit, daß nicht
gemogelt worden sei, d. h. daß der Zufall den Zug bedingt habe.

Würde die weiße Kugel gar in zwei Zügen zweimal gezogen,
so würde diese Wahrscheinlichkeit noch 100 000 mal größer oder
so groß, wie wenn unter 10 000 Millionen Kugeln eine weiße sei
(ich kümmere mich hier absichtlich nicht darum, ob *zu* den 100 000
Kugeln eine schwarze komme oder ob *unter* 100 000 Kugeln ins-
gesamt eine weiße sei, und rechne immer nur mit den runden Zahlen,
wie meist der Logiker). Der Mathematiker ist aber damit nicht
zufrieden; er will noch die Wahrscheinlichkeit kennen, daß der
Ziehende mogle oder daß die weiße Kugel nicht besonders erreichbar sei. Selbstverständlich wächst die Wahrscheinlichkeit, daß der
Ziehende mogelt, auch mit der Wahrscheinlichkeit, daß er einen
zum Mogeln geneigten Charakter hat, aber außerdem noch mit
vielem andern, was doch weder der Mathematiker noch der Logiker
berücksichtigen kann.

Auch durch die Fiktion des über der Gasflamme gefrierenden
Wassers konnte ich nicht überzeugend wirken: es ist „möglich",
daß im Spiel der Moleküle eines über eine Flamme gesetzten Bechers
Wasser einzelne mit so viel Energie beladen werden, daß nach ihrem
Fortfliegen das Wasser gefriert. Die Wahrscheinlichkeit, daß so
etwas vorkomme, ist aber so gering, daß, wenn einmal ein solches
Vorkommnis beobachtet würde, der Gescheiteste wie der Dümmste
davon überzeugt wäre, daß eine besondere Ursache und nicht das
Spiel der Moleküle das Wasser zum Gefrieren gebracht hätte, und
ein Physiker könnte mit Recht einen Teil seines Lebens aufwenden,
diese Ursache aufzudecken. Auch hier wollte der Mathematiker
die andern Möglichkeiten und ihre Wahrscheinlichkeiten kennen,
bevor er einen zahlenmäßigen Schluß auf die besondere Ursache
aus der Zahl der Moleküle und ihrer Zusammenstoßmöglichkeiten
erlauben wollte. Ich wurde auch gewarnt, solche Grenzfälle zu
benutzen, weil wir da außerdem an der Grenze unserer Schluß-
fähigkeit stehen. Und doch ist das Problem hier genau das nämliche
wie in den andern Fällen, und es ist auch ebenso durchsichtig.

Ich fand dann schließlich in dem mir zur Verfügung gestellten
kleinen, aber hübschen populären Buche Borels[1]) einige ähnliche
Beispiele, so daß ich nun für diejenigen, welche einem mathematischen Laien mißtrauen, durch eine Autorität gedeckt bin. Er
sagt S. 263: „Précisons cette distinction par un exemple: supposons
que l'on ait lu à haute voix une même page dans un grand nombre
d'écoles primaires et demandé à chaque enfant d'indiquer par écrit
quel est le mot qui revient le plus souvent dans cette page. Si les
trois quarts des réponses s'accordent pour désigner le même mot,
on peut conclure avec certitude que cette coincidence n'est pas
fortuite, mais a une raison. Cette raison peut être le fait que le
mot désigné est effectivement celui qui figure le plus souvent dans

---

[1]) Le Hasard, Paris, Alcan 1914.

la page lue; elle peut aussi être tout autre; mais c'est l'existence même d'une raison qui est le resultat essentiel fourni par la méthode des majorités dans cet exemple particulier."

Ich füge hinzu: ein einziger nenne ein Wort als das häufigste, das nur einmal vorkommt; auch das müßte einen Grund haben, dem man nachgehen kann.

S. 271. „Si un jeu de pile ou face, sur 63 épreuves, donne 53 fois pile et 10 fois seulement face, la certitude est presque absolue que le jeu était truqué."

S. 275ff. Eine Serie von 40 Kinderphotographien wird 20 Beobachtern gezeigt, die ihr Urteil über die Kinder als normal oder abnorm (in bezug auf die Intelligenz) abzugeben haben. Borel berechnet nun die Wahrscheinlichkeiten für die verschiedenen möglichen Kombinationen der Urteile der 20 Beobachter für jedes einzelne Kind und findet, daß die wirklich abgegebenen Urteile stark davon abweichen. So wäre die Erwartung für ein einstimmiges Urteil bloß eins auf rund eine Million, während der Versuch 5 einstimmige Urteile auf 40 ergab. Der Unterschied dieser Verhältnisse beweist ihm wie uns, daß in den Photographien etwas lag, das das Urteil leitete, und die genauere Untersuchung ergab, daß dieses Etwas eine Folge des Intelligenzgrades der Kinder war, indem die Urteile mit großer Majorität der Wirklichkeit entsprachen.

S. 279. „Dans une ville comme Londres, renfermant environ 1 000 000 d'hommes adultes, 40 individus investis du pouvoir suprême sont forcés de démissionner pour remettre le pouvoir à 5 citoyens tirés au sort parmi le million, et le tirage au sort désigne précisément 5 des démissionnaires. Le peuple sera sûr qu'il y a fraude; et il aura raison."

Auch der Mathematiker kann also mit solchen Zahlen die Wahrscheinlichkeit von Schlüssen bestimmen. Er unterläßt es nur, diese Wahrscheinlichkeit selbst direkt in einer Zahl auszudrücken. Borel kennt außerdem auch einen Wahrscheinlichkeitsbegriff, der insofern dem unsern entspricht, als er nicht von 0 bis 1 geht, sondern die „große" Wahrscheinlichkeit entsprechend dem Sprachgebrauch durch große Zahlen ausdrückt. Er nennt diese Wahrscheinlichkeit des Sprachgebrauches die „relative", weil sie darauf beruhen soll, daß man zwei Wahrscheinlichkeiten mit einander vergleicht: die Wahrscheinlichkeit, die einzige weiße Kugel aus 100 000 zu ziehen, ist 1/100 000, die, eine der schwarzen zu erwischen, 99 999/100 000, also die relative Wahrscheinlichkeit, die schwarze zu ziehen, $\frac{99 \cdot 999}{100\,000} : \frac{1}{100\,000} = 99\,999.$ Unser Begriff ist ein etwas anderer, indem er direkt eine Reziprozität verlangt; aber man könnte natürlich das, was er sagt, auch in den Zahlen der „relativen Wahrscheinlichkeit" ausdrücken. Die Wahrscheinlichkeit des Sprachgebrauches faßt offenbar Borels relative und unsere Wahrscheinlichkeit in einen Begriff zusammen, und sie führt dabei zu keinen falschen Konsequenzen, ist also ein richtiger und brauchbarer Begriff — auch der Zoologe L a n g benutzt in seinem klassischen Werke[1]) gelegentlich relative Wahrscheinlichkeiten.

Der wesentliche Unterschied zwischen dem von uns benutzten Begriff und dem üblichen mathematischen liegt aber gar nicht in dem zahlenmäßigen Ausdruck, der in dem einen Fall ein arithmetisches Verhältnis von zwei Brüchen benutzt, die zusammen 1 ausmachen, im andern Fall zwei beliebig große Brüche, die zueinander in geometrische Beziehung gebracht werden, oder einen einzigen Bruch, der mit seinem reziproken Wert verglichen wird. Viel wichtiger ist der materielle Unterschied: der bisherige mathematische Begriff der Wahrscheinlichkeit ist ein abgeschlossener, oder er ist doch als ein abgeschlossener gedacht; der hier vorgebrachte ist trotz seines zahlenmäßigen Ausdrucks ein vorläufiger; die endgültige Wahrscheinlichkeit, daß in dem Beispiel aliquis ein Komplex die Assoziationen bestimmt habe, daß eine noch unbekannte Eigenschaft der Wärme das Gefrieren des Wassers über der Flamme verursacht habe, daß der Zieher der weißen Kugel gemogelt habe, kann durch andere Faktoren von der Wahrscheinlichkeit 0 bis zur vollen Sicherheit (Wahrscheinlichkeit 1 der Mathematiker) verändert werden. Dafür erlauben unsere Wahrscheinlichkeiten auf früher unbekannte Verhältnisse zu schließen, während die abgeschlossene Wahrscheinlichkeitsrechnung im Prinzip nur die Wahrscheinlichkeit schon bekannter oder vermuteter Zusammenhänge in Zahlen ausdrückt; jene geben uns Fingerzeige, Ursachen und andere Zusammenhänge zu suchen, wo wir vorher nicht daran gedacht haben.

Diese „offene Wahrscheinlichkeit“ (im Gegensatz zur gewöhnlichen, abgeschlossenen, endgültigen) gibt also keine definitive Zahl[2]). Ihre Verhältniszahlen sind Faktoren in einer komplizierten und meistens noch gar nicht übersehbaren Schlußrechnung, aber Faktoren, deren Bedeutung wir ebensogut kennen wie die eines Divisors n, der unter allen Umständen seinen Dividenden, sei der groß oder klein, einfach oder kompliziert, durch die Zahl n teilt. Ich möchte deshalb Zahlenverhältnisse wie 100000:1 in dem Beispiel von a — liquis vorläufig als „Wahrscheinlichkeitsfaktoren“ bezeichnen.

Wie wir damit operieren, zeigt vielleicht am besten eine weitere Verfolgung des Beispiels von der unterbrochenen Menstruation. Eine Unterbrechung (nicht ein vorzeitiges definitives Aufhören)

---

[1]) L a n g , Experimentelle Vererbungslehre. Fischer, Jena 1914. S. 305.

[2]) In Wirklichkeit sind auch die gewöhnlichen Wahrscheinlichkeiten nicht so abgeschlossen, wie man sich denkt; es spielen immer noch Dinge hinein, die man nicht berücksichtigt, oder an die man noch nicht gedacht hat. Darum kann man sich auch über genaue statistische Ergebnisse streiten. Es ist mir auch bei meinem Beispiel aufgefallen, wie der eine Mathematiker nur noch ein Datum haben wollte, ein anderer mehrere; an ein wirkliches Ende kommt eben der menschliche Geist nie.

einer Menstrualblutung ist äußerst selten[1]). Wir werden nicht auf Widerspruch stoßen, wenn wir als Maximalverhältnis setzen 1:100000. Das umgekehrte Verhältnis 100000:1 ist *ein* Wahrscheinlichkeitsfaktor für die Annahme, daß die Unterbrechung eine Folge meiner Suggestion gewesen sei. Nun brauchte es ja eine Viertelstunde, um das Verschwinden und das Wiederauftreten des Flusses zu konstatieren. Für die zeitlichen Verhältnisse werden wir also am besten Viertelstunden als Maß benutzen. Die Periode ist gerade in den Viertelstunden verschwunden und wieder aufgetreten, die die Suggestion bezeichnete. Sie pflegte bei der Patientin 3 Tage zu dauern, d. h. $3 \times 24 \times 4$ Viertelstunden. Würde ein Aussetzen derselben infolge Zufalles eintreten, so wäre die Wahrscheinlichkeit, daß es gerade in diese Viertelstunde falle $\dfrac{1}{3 \cdot 24 \cdot 4}$ und somit nach unserer obigen Ausdrucksweise die offene Wahrscheinlichkeit, daß es durch eine bestimmte Ursache bedingt war, $\dfrac{3 \cdot 24 \cdot 4}{1}$. Ebenso bei dem Wiedereintreten. Die Wahrscheinlichkeit, daß beides zusammengetroffen sei, wäre dann $\dfrac{1}{3 \cdot 24 \cdot 4} \times \dfrac{1}{3 \cdot 24 \cdot 4}$, und der reziproke Wert $(3 \cdot 24 \cdot 4)^2 : 1$ würde den aus diesem Teil der Betrachtung sich ergebenden Wahrscheinlichkeitsfaktor für die Annahme der suggestiven Voraussetzung darstellen. Beide Wahrscheinlichkeitsfaktoren miteinander multipliziert, also $(3 \cdot 24 \cdot 4)^2 \times 100000 : 1$ sind eine Art aus den beiden Verhältnissen sich ergebenden Wahrscheinlichkeitsfaktors für die vorausgesetzte Annahme[2]). Die Wahrscheinlichkeit wäre also eine sehr „hohe" (im vulgären Sinn).

Sie wird erhöht durch andere Tatsachen, die ich nicht in Zahlen fassen will: wir wissen aus anderen Erfahrungen, daß die Menstruation in hohem Grade von Vorstellungen abhängig ist, oder, wenn wir dieses ähnliche abgeleitete „Wissen" noch nicht voraussetzen, daß bei Unregelmäßigkeiten der Menstruation sehr häufig auch psychische Vorgänge, die sie erklären können, vorhanden, und umgekehrt entsprechende psychische Einflüsse häufig von Menstruationsänderungen begleitet sind. Dadurch wird die Wahrscheinlichkeit stark erhöht; es liegt sogar in diesen Tatsachen allein ein so starker Hinweis auf eine psychische Ursache, daß wir verpflichtet wären, in unserem Falle eine solche zu suchen (noch nicht als sicher anzunehmen), auch wenn die andern Wahrscheinlichkeitsfaktoren gar nicht bestünden. Der angenommene Kausalzusammenhang gilt also für diesen Fall mit Recht als eine Sicherheit, und das auch schon, wenn wir nur die in Zahlen ausgedrückten Faktoren berücksichtigen, noch nicht aber, wenn wir

---

[1]) Daß sich der Uterus mehr oder weniger schubweise entleert, lassen wir hier unberücksichtigt.

[2]) Das ist nur ein vorläufiger Begriff. Korrektur siehe unten S. 124 ff.

bloß die letzte Überlegung von den „häufigen" Einflüssen der Psyche auf die Menstruation kennen würden.

Supponieren wir nun aber, daß umgekehrt kausale Zusammenhänge von Psyche und Menstruation durch andere Erfahrungen als äußerst unwahrscheinlich oder gar als unmöglich dargestellt würden, so hätten wir im ersten Falle wieder einen Gegenwahrscheinlichkeitsfaktor von sagen wir: 1 000 000 000 : 1 und im letzteren sogar einen von ∞ : 1. Damit würden die Wahrscheinlichkeiten im ersteren Falle bis zur Unwahrscheinlichkeit überkompensiert, im zweiten Falle — bis auf weiteres — vollständig über den Haufen geworfen. Unsere Wahrscheinlichkeitsfaktoren aber würden deswegen ihren mathematischen Wert nicht einbüßen. Im ersteren Falle bliebe das Verhältnis $(3 . 24 . 4)^2 \times 100 000 : 1 000 000 000$; im letzteren Falle könnte es wieder Bedeutung bekommen, wenn neue Erfahrungen neue Faktoren hineinbrächten oder das „unendlich" irgendwie anzweifeln ließen.

Es wäre ja denkbar, daß gewisse Erfahrungen die Abhängigkeit der Menstruation von psychischen Einflüssen auszuschließen scheinen, während später neue Erfahrungsreihen mit großer Bestimmtheit solche Verursachungen annehmen ließen. Dann bestünde eine Antinomie, bei der wir vorläufig zwei entgegengesetzte Wahrscheinlichkeiten gegeneinander abzuwägen hätten, bis neue Erfahrungen oder eine glückliche Idee, die alle Erfahrungen unter einen Hut zu bringen gestattet, den scheinbaren[1]) Widerspruch lösen würde.

Eine besondere Aufgabe wird es sein, die relative Bedeutung der verschiedenen Wahrscheinlichkeitsfaktoren gegeneinander abzuwägen; denn ihre Zahlen sind untereinander selten direkt vergleichbar. Wir haben zwar oben nicht ganz mit Unrecht die beiden Faktoren, die aus der Seltenheit des Aussetzens der Periode und aus dem zeitlichen Zusammentreffen mit der Suggestion gewonnen worden waren, miteinander multipliziert, weil beide in ihren Grundlagen und ihrer Bedeutung eine gewisse Ähnlichkeit haben, und die gewonnene hohe Wahrscheinlichkeit für unsere logischen Schlüsse sich gleich bleibt, ob wir z. B. dem zeitlichen Wahrscheinlichkeitsfaktor sein volles zahlenmäßiges Gewicht von fast drei Millionen geben oder nur einige tausend. Aber man muß sich ganz klar sein, daß solche aus Multiplikationen gewonnenen Produkte untereinander nur unter ganz bestimmten Umständen vergleichbar wären; denn wenn wir z. B. mit einem Wahrscheinlichkeitsfaktor für die Möglichkeit, resp. das Vorkommen psychischer Beeinflussungen der Periode multipliziert hätten, so wäre es gar nicht gleichgültig, ob ein gleich großes Produkt entstanden wäre aus einem großen Faktor für diese Wahrscheinlichkeit und einem kleinen für die andern beiden oder umgekehrt. Hätten wir so gute Gründe, die Beeinflussung abzulehnen wie die

---

[1]) Wirkliche Widersprüche gibt es selbstverständlich in der Natur nicht.

Telepathiehypothese, so fielen die großen Zahlen der beiden ersten Wahrscheinlichkeitsfaktoren nicht so sehr in Betracht, und der Unterschied fände nur einen ungenügenden Ausdruck in den zahlenmäßigen Verschiedenheiten des Produktes.

Bei solchen Komplikationen und Unsicherheiten begreift man die Abneigung der Mathematiker gegen meine Wünsche. Man wird aber dennoch das Bedürfnis haben, solche Zahlen zu benutzen, und man wird es dürfen, wenn man nicht vergißt, was sie bedeuten und nur Vergleichbares vergleicht. Ähnliche Forderungen sind ja unter einfacheren Verhältnissen ganz geläufig, z. B. bei Operationen mit unendlich und mit null, wo man sich immer vor Augen halten muß, welche Bedeutung diesen Grenzzahlen zukommt. Und auch Zahlen, welche die sonst der Mathematik nachgerühmte Schärfe und Exaktheit vermissen lassen, haben schon längst in der Naturwissenschaft Eingang gefunden bei manchen statistischen Bearbeitungen in der Psychologie, in der Erblichkeitslehre und an anderen Orten, wo man z. B. mit den kleinsten Quadraten, mit Standardabweichungen, mit den erlaubten Grenzen des wahrscheinlichen Fehlers und ähnlichen Dingen rechnet, die nicht nur nicht ganz bestimmt sind, sondern insofern noch stark über unsere Forderungen hinausgehen, als sie mit Hilfe gewisser, etwas willkürlich aufgestellter Normen einen zahlenmäßigen Ausdruck für allerlei sonst schwer zu entwirrende Verhältnisse geben sollen. Aus diesen und andern Gründen halte ich an der Forderung fest, daß man, wo es gerade möglich ist, versuche, die Wahrscheinlichkeit der Schritte unserer Deduktionen zahlenmäßig festzustellen, wenn auch der größte Gewinn gar nicht in den einzelnen Zahlen liegen wird, sondern in dem Zwang der mathematischen Methodik, alles in seiner Bedeutung abzuwägen und reiflich zu untersuchen, ob man nichts hinzuzuziehen vergessen habe.

Deswegen werden natürlich die Zahlen ebensogut wie die bloßen Schlüsse in der menschlichen Wissenschaft für alle Zukunft meist nur vorläufige Resultate, „Wahrscheinlichkeitsfaktoren" und „offene Wahrscheinlichkeiten" geben, und, abgesehen von den hier dargestellten Komplikationen, kommen noch manche andere in Betracht, die wir mit Bewußtsein überwinden oder handhaben lernen müssen. So verlangt die Einreihung einer neuen Tatsache in bereits feststehende Zusammenhänge wesentlich geringere Wahrscheinlichkeiten als die Ableitung einer neuen Erkenntnis aus der nämlichen Beobachtung. Ist der Einfluß hypnotischer Suggestion auf die Periode als sicher anerkannt, so wird jedermann mit Recht in dem obigen Beispiele an den angenommenen Zusammenhang glauben; müßte man aber, wie es damals noch nötig war, gerade daraus die Macht der Suggestion beweisen, so bedürfte es unserer Überlegungen, um die Beweiskraft des Experimentes darzutun. — Solange man die Theorie der Schutzfarben als sicher annahm, durfte man ohne weiteres schließen, daß die grüne Raupe auf dem grünen Blatt sich durch ihre Farbe der Entdeckung entziehe. Nun ist die Theorie wieder ins Wanken gekommen, und um sie aufrecht zu erhalten, genügen alle die früher unbedenklich eingereihten Beispiele nicht mehr. Wäre die Existenz der Telepathie bewiesen, so müßte man manche Erfahrung dahin einreihen, die ganz ungenügend ist, um den Beweis leisten zu helfen. Da sie nicht bewiesen ist, müssen wir auch bei den frappantesten Beispielen nach anderen Zusammenhängen suchen oder Zufall annehmen. Es hat also eine Berechtigung, wenn man bei der Einreihung neuer Erfahrungen in bekannte Zusammenhänge nicht allzu ängstlich ist; aber gerade in der Wissenschaft hat man sich immer vor Augen zu halten, daß sowohl die bisherige Erfahrung falsch ausgelegt worden sein kann, als auch die Einreihung des speziellen Falles immer noch besonders zu beweisen ist, wenn man nicht merkwürdige Überraschungen erleben will.

Ich meine natürlich nicht, in den obigen Ausführungen eine fertige neue Wegleitung gegeben zu haben. Erst die Praxis wird die Methoden bestimmen müssen. Vielleicht wird man auch je nach den Fällen verschiedene Wege gehen. Es lag mir nur daran zu zeigen, daß entgegen der herrschenden Meinung auch in der medizinischen Logik unter Umständen eine Art mathematischer Wahrscheinlichkeitsbestimmung denkbar ist. Das halte ich für wichtig, weil gegenüber der Komplikation und der Unabgeschlossenheit der wissenschaftlichen Probleme die bisherige mathematische Auffassung versagt, und darum eine andere Methodik zu suchen ist, die den Verhältnissen gerecht wird.

Bei der Untersuchung von Mitteln und Behandlungsmethoden kommt es nicht bloß auf die richtige Anwendung der Statistik sowohl in ihrem mathematischen Teil, wie auch in dem Verständnis der Zahlen, die zur Verarbeitung gegeben werden, und der Deutung derjenigen, die herauskommen, an; die Arbeit zerfällt außerdem in einige Spezialfragen, die ja selbstverständlich sind, aber doch wieder so oft nur ungenügend berücksichtigt werden, daß es am Platze sein wird, sie ausdrücklich zu erwähnen.

Da ist neben der Frage, was nützt? auch diejenige zu bearbeiten, was nützt nicht? (natürlich von den vorgeschlagenen oder üblichen Eingriffen). Dann soll man versuchen zu erfahren, inwiefern und auf was für Funktionen das Mittel wirkt. Sorgfältige Prüfungen, welche von den vielen Möglichkeiten der Anwendung die einzig richtige oder die beste ist, fehlen bei einer Menge von Mitteln, auch wenn diese schon längst bekannt sind. Unter welchen Umständen ist das Mittel zu verwenden im Vorzug vor bestimmten andern? Wobei die Auslese der Fälle, die Konstitution der einzelnen Kranken, die Nüance der Krankheit (es gibt viele Arten von Furunkeln, von Pneumonie, ja von Diphtherie usw.), kurz alles, was das ärztliche Wissen als bedeutungsvoll herausheben kann, zu berücksichtigen ist.

Bei den verschiedenen Krankheiten und Zuständen sind außerdem Fragen zu erledigen, wie z. B. bei irgendwie gestörtem Schlaf: muß überhaupt ein Schlafmittel angewendet werden? Schaden wir durch dasselbe nicht, indem wir dem Patienten die Idee geben, seine Schlaffunktion müsse auf eine bestimmte Weise beeinflußt werden, wenn sie richtig ablaufen soll? Schaden wir ihm nicht auch durch die chemische Beeinflussung und Angewöhnung? Könnte nicht die einfache Empfehlung von einem Glas Milch vor dem Schlafengehen, sei es durch Ablenkung, sei es durch Suggestion den Zweck auch erreichen, wobei nicht nur die Gefahr einer psychischen und toxischen Angewöhnung an das Mittel vermieden, sondern auch der Übergang zu normalem Verhalten mit spontanem Schlaf erleichtert würde? Können wir nicht ebensoviel Nutzen stiften, ohne zu schaden, wenn wir dem Patienten die Überzeugung beibringen: das hat ja gar nichts zu sagen, wenn du nicht schläfst; der Schaden besteht nur darin, daß du dich darüber ängstigst und aufregst und deine Kraft mit der unnützen Anstrengung verbrauchst, um jeden Preis schlafen zu wollen? Man wird den Aufwand an Kosten, an Mühe, an Lebensbehinderung, die irgend eine Anwendung mit sich bringt, genau erwägen, sich in jedem Falle fragen, wie kann man den Zweck mit einem Minimum von Opfern erreichen?

All das sind jedem vernünftigen Arzte Selbstverständlichkeiten, und der bessere Praktiker richtet sich nach solchen Bedürfnissen, soweit es eben der Stand der Wissenschaft gestattet und meist aus der persönlichen Erfahrung und Intuition heraus, noch recht viel mehr, als in den Büchern steht. Anderseits wird mir niemand zu widersprechen wagen, wenn ich behaupte, daß die Behandlung für die wenigsten Krankheiten, wenn überhaupt für eine, in dieser Weise fertig nach dem gegenwärtigen Stande der Kenntnisse durchgearbeitet sei, und daß man neben ausgezeichneten Erfahrungen an Kollegen noch sehr häufig konstatieren muß, daß kostspielige, das Leben hindernde oder sonst wie übertriebene Prozeduren angeordnet werden, wo irgend etwas Einfacheres oder gar nichts den nämlichen Dienst getan hätte, und daß man bei der einzelnen Vorschrift noch viel zu wenig nach allen den verschiedenen Wahrscheinlichkeiten fragt und aus einer Abrechnung der Vorteile und Nachteile heraus verschreibt, statt weil man es eben bei der und der Krankheit so sagt oder so macht.

Weniger nötig, aber doch nicht ganz unnötig ist es, zu sagen, daß man zum Versuchen eines neuen Mittels erstens gute Gründe haben muß, einen Nutzen davon zu vermuten, und zweitens noch bessere, daß es nichts schadet[1]), sei es direkt, sei es durch Unterlassung einer andren als wirksam bekannten Behandlung. Um neue Mittel anzuwenden, haben wir zwei Wege, den rein empirischen, der bis vor kurzem so ziemlich der allein mögliche war, wo man aus einer zufälligen Erfahrung heraus oder nach einer autistischen Scheinlogik ein Mittel versuchte. Da hat dann die

---

[1]) Soeben lese ich in einer Arbeit über gynäkologische Krebsoperationen (Aebly, Zur Frage der Krebsstatistiken. Korrespond.-Bl. für schweiz. Ärzte, 1918, Nr. 25) den hoffentlich etwas zu sehr verallgemeinernden Satz: „Bei Einführung einer neuen Methodik steigt die Mortalität jeweils, oft sogar beträchtlich."

Statistik allein das entscheidende Wort über die Brauchbarkeit. Heute, wo wir die Wirkungsweisen vieler Dinge und die Reaktionen unseres Körpers in weitgehendem Maße kennen, können wir ein Mittel ausdenken, so wie man eine gewünschte Farbe auf chemischem Wege darstellen kann: so ist es auch möglich, mit einiger Wahrscheinlichkeit ein Schlafmittel zu konstruieren; das Experiment hat dann zu entscheiden, ob und inwiefern es praktisch brauchbar ist. Vor allem aber ermöglicht das Verstehen der Krankheitsmechanismen ein überlegtes Eingreifen. Die Entdeckung des Salvarsans ist etwas prinzipiell anderes als die des Quecksilbers als Antiluicum. Und wenn man ein psychogenes Syndrom genetisch erfaßt hat, so ergibt sich in vielen Fällen die Therapie von selbst.

Nun aber die wissenschaftlichen Einrichtungen. Da meine ich, daß man zwar größere Anforderungen in verschiedenen Beziehungen stellen muß: daß das aber nicht so schlimm erscheint, wenn man überlegt, was denn jetzt für Kräfte und für Geld verschleudert werden für Arbeiten mit ungenügender Methodik und deshalb auch mit geringem oder gar keinem Werte. Für Forschungen an den häufigeren Krankheiten genügen die jetzigen Einrichtungen schon. Für seltenere Krankheiten müßte man Normen finden, nach denen sich Arbeiter an verschiedenen Orten zu verschiedenen Zeiten richten könnten, damit das Material zu einer Zusammenstellung und Vergleichung einheitlich genug werde. Daß der Anreiz zur Bildung einzelner Institute mit ganz bestimmtem Forschungszweck nach Art des großartigen Kraepelinschen Institutes zur Erforschung der Geisteskrankheiten in München ganz von selber komme, wenn nur einmal das Bedürfnis besser gefühlt wird, davon bin ich überzeugt. Die Anfänge sind außer in Kraepelins Idee auch in den Instituten für Krebsforschung und ähnlichen enthalten.

Für die Kliniken wird es sich ganz von selbst machen, daß sie sich auf einzelne Aufgaben viel mehr beschränken als jetzt, da man sich zu sehr zersplittert; man wird auch lernen, da, wo das Material ein zu großes ist, eine Auslese zu treffen, um nicht die Gründlichkeit unter der Menge leiden zu lassen, wobei natürlich Rücksicht darauf genommen werden muß, daß damit nicht die Qualität verändert werde usw. usw.

Was der einzelne Arzt in der Erforschung der Krankheiten und namentlich der Therapie tun kann, ist mir noch nicht allzu klar. Meine eigenen Erfahrungen lassen keinen Optimismus aufkommen. Allein das richtige Registrieren der Beobachtungen wird für den vielgeplagten Praktiker oft eine zu mühsame Aufgabe sein. Und doch bin ich überzeugt, daß die Ärzteschaft berufen ist, der praktischen Medizin die wichtigsten Fortschritte zu bringen, und daß sie ganz von selbst die Wege finden wird, weiter zu kommen, wenn ihr nur einmal genügend bewußt ist, daß die jetzige Methode nicht aus dem Sumpfe führt, wenn sie auch da und dort ein trockenes Plätzchen entdecken läßt. Der Prak-

tiker hat ja das gesamte wissenschaftliche und intellektuelle Rüst-
zeug in sich; er allein sieht alle Krankheiten und in allen Stadien,
und er allein kann die einzelnen Individuen für gewöhnlich längere
Zeit und in mehreren Anfällen der gleichen Krankheit verfolgen.

Notwendig wird auch ihm sein, daß er seine Kräfte zusammen-
hält, daß jeder sich auf ein Gebiet beschränkt, so eng, daß seine
Zeit und seine Geduld der Aufgabe gewachsen sein kann. Multa
entspricht dem jetzigen Zustand, multum d. h. gründliche Vertiefung in das, was man tut, der disziplinierten wissenschaftlichen
Arbeit.

Besonders wichtig ist aber die Organisation gemeinsamen
Vorgehens bei der nämlichen Aufgabe, bei der Durchforschung
der nämlichen Epidemie, des nämlichen Wohnbezirkes. Und das
nicht bloß um das Material zu vergrößern und zu ergänzen, sondern
vor allem, um selbst klarer zu werden, um alle Fehlerquellen zum
Bewußtsein zu bekommen und richtig einzuschätzen. In gemein-
samer Besprechung, auch nur unter zweien, wird unendlich vieles
schärfer herausgehoben und umrissen, was der einzelne verschwommen
und nie ganz fertig denkt. Die kleineren ärztlichen Vereinigungen
könnten in dieser Beziehung sehr viel Gutes tun. Aber sie müßten
allerdings ihre jetzige Taktik wesentlich ändern. Man müßte nicht
heute das und morgen jenes Mittel empfehlen und die Einwände
oder Zustimmungen vernehmen, die meist beide gleich unsicher
sind, und damit befriedigt nach Hause gehen; sondern es wäre
eingehend zu besprechen, was der weiteren Forschung würdig sei,
wie man vorzugehen habe und wie man die Rollen verteilen wolle.
Es wird gewiß kein großer Nachteil sein, wenn nun die Eitelkeit
des einzelnen oft auf die Nennung des Namens verzichten muß;
zunächst sind doch die Ärzte eine Auslese von Leuten, die für andere
etwas tun wollen, und dann kommt bei dem jetzigen Verfahren
der Praktiker nur ausnahmsweise zum wissenschaftlichen Arbeiten,
und wenn er publiziert, so hat sein Name die gleiche Tendenz, mit
der Arbeit zu verschwinden wie der des Nichtpraktikers. Daß
Stellen da sein müßten, um das Material zu sammeln, ist selbstverständlich; vorläufig gäbe es dazu wohl genug Freiwillige; wenn
nicht, so wäre das ein gutes Zeichen, daß der Arbeit zu viel ist, und
sich der Staat ihrer annehmen sollte. In der neuen Zeit, wo der
Mensch als solcher auch außerhalb der Medizin mehr gewertet
werden soll, hat doch wohl die Allgemeinheit an dem Fortschritt
dieser Wissenschaft ein ebenso großes Interesse wie an der Prämierung
von Kälbern, und sie dürfte schon bereit sein, die nötigen Stellen
einzurichten, ich denke am besten im Anschluß an die Fakultäten.
Permanente Beamte hätten dann aber nicht nur Material zu sichten,
das ihnen zugeflogen kommt, sondern auch die Aufgaben zu formulieren, aufzuspüren, welche Fragen gerade ihrer Wichtigkeit oder
ihrer besonderen Lösbarkeit wegen anzupacken sind, und wie das
geschehen soll. Ich denke mir, daß zehn Jahre tastenden Vorgehens
dieser Art im Verein mit besserer Organisation der Kliniken und mit
der Arbeit besonderer Institute der disziplinierten Forschung einen

fruchtbaren Ackergrund erobern, und damit die Medizin auf die nämliche Höhe bringen würden wie irgend eine „exakte Wissenschaft".

Einesteils wird man sich mehr fragen müssen, welche Probleme man mit der Aussicht auf Lösung oder doch wesentliche Förderung angreifen kann, und andererseits werden, wenn man endlich einmal sich klar gemacht hat, was man alles nicht weiß, viele derjenigen Fragen, die als besonders dringlich erkannt werden, ich möchte fast sagen von selbst, sich der Lösung darbieten. Den Zeitpunkt aller Erfindungen sehen wir dadurch bestimmt, daß entweder Vorbedingungen erfüllt werden mußten, wie die. Existenz der Explosionsmotoren für die Aviatik, oder daß das Bedürfnis die Erfindung zeugte. Was hat der Krieg alles für Neuerungen hervorgebracht; und die Möglichkeit, ja die Idee der Dampfmaschine war schon lange vor ihrer definitiven Erfindung vorhanden; solange das Bedürfnis danach fehlte, blieb sie steril.

Von den tausend wichtigen Fragen, die man einmal richtig anpacken sollte, greife ich aufs Geratewohl einige heraus, um zu zeigen, wie nötig auch noch in den primitivsten Dingen eine disziplinierte Forschung wäre.

Vor zwanzig Jahren war der Bazillus der Rindertuberkulose einer der gefährlichsten Feinde der Menschen; ist er es wirklich nicht mehr? Wie verhält sich die Anlage bei der Tuberkulose zur Infektion? Mir scheint immer noch die Anlage das Wichtigere. Kann man denn nicht einmal auf diese eingehen? — Was steckt hinter dem Erkältungsbegriff? — Ist Schwitzen Ursache der Besserung bei manchen Krankheiten oder Begleitsymptom? — Mehr wert als alle die modernen Bibliotheken über die Sexualität wäre einmal die Beantwortung der Frage: Gibt es gesundheitliche Schäden der Keuschheit? Und wenn ja, welche? Unter welchen Umständen? Ist im allgemeinen oder in einzelnen Fällen der Nutzen nicht größer? — Verursachen schlechte Zähne, d. h. ungenügendes Kauen wirklich Magenkrankheiten oder ungenügende Ausnutzung der Speisen? Ist gutes Kauen überhaupt so nötig? Die Beobachtung an Geisteskranken, die sehr alt werden können, trotzdem sie jahrzehntelang alles ungekaut verschlucken, macht eine Bejahung der Frage nicht ganz leicht, wenn auch jedermann Fletcher recht geben muß, daß von vielen harten Dingen ungekaute Stücke nur zum kleinen Teil verdaut werden. — Welche Speisen werden durch Kochen besser ausnutzbar? Und durch welche Art der Zubereitung? Ist die bessere Ausnutzung auch die zuträglichere? Man hat noch zu meiner Zeit Leute mit nährwertarmer Fleischbrühe verhungern lassen; unter einem meiner Vorgänger nannte man in unserer Anstalt eine konzentrierte Fleischbrühe „Kraft". Ist die enorme Wertung einzelner Speisen, z. B. der Eier, die jetzt noch beständig ohne genauere Indikation verschrieben werden, berechtigt? Und wenn ja, wo? Und wann? Gibt es in der Wirklichkeit etwas, was dem Begriff der „kräftigen Kost" entspricht? Ist das nicht eine Verwechslung mit genügender Kost? oder mit Kost, die den speziellen physischen oder psychischen Bedürfnissen bestimmter Patienten entspricht? Wenn es eine kräftige Kost gibt, welche ist sie? Oder sind es mehrere je nach verschiedenen Umständen? Hat diejenige Richtung recht, die den Säuglingen die Kuhmilch um ein Vielfaches verdünnt, oder diejenige, die sie wenig verdünnt? — Ist wirklich der Zucker eine der Ursachen unseres Zahnverfalles? — Wäre es nicht unendlich wichtiger, diese Fragen einmal zu lösen, als neue „Nährmittel" zu erfinden, von denen niemals ein Mensch weiß, ob sie etwas nützen? Bunge mußte seine Privatmittel anwenden, um eine Statistik über den Zusammenhang von Alkoholismus mit Stillfähigkeit und Zahnkaries zu machen; und gemacht ist sie mit überraschend großen Zahlen; aber die Wissenschaft hat es noch nicht für nötig gefunden, auf diese Fragen allerhöchster Wichtigkeit einzugehen. — Birchers mit merkwürdigen Beispielen belegte Behauptung, daß der Kropf mit Trinkwasser aus bestimmten geologischen Schichten zusammenhänge, wurde mehr als ein Jahrzehnt nicht nachgeprüft, und sie wäre doch für ganze Länder von größter Wichtigkeit geworden, wenn sie sich als richtig erwiesen hätte. Silberschmidt und seine Schüler haben endlich ihre Unhaltbarkeit dargetan. Aber sollte man nicht einmal die Sache so anpacken, daß man nicht nachlassen würde, bis die Ätiologie von Kropf und Kretinismus aufgeklärt ist? — Sollte man nicht, statt immer neue Mittel mit unbekannter oder unklarer Indikation und Wirkung zu erfinden, endlich einmal die Prüfung der neuen Mittel theoretisch und praktisch ausarbeiten und organisieren? — Ist es nicht eine Schande, daß es seit bald hundert Jahren eine Hydrotherapie gibt, und daß unsere Wissenschaft als Wissenschaft nicht viel mehr davon als ihre Existenz kennt, obschon die Praxis sie täglich braucht? Und die Massage; wäre es nicht gut, einmal zu bessern Indikationen zu kommen, als sie so und so oft nur zu verschreiben, weil man nichts anderes weiß, — sogar gegen Schizophrenie? — Warum erfindet man immer noch elektrische Apparate und Prozeduren, statt diesen Scharfsinn auf die allein nützliche Arbeit zu verwenden, das Gute, das an der Sache ist, chemisch rein als physiologische und suggestive Wirkung herauszuscheiden aus dem Kehricht und diesen definitiv aus der Welt zu schaffen?

G. Von den Wahrscheinlichkeiten der psychologischen Erkenntnis.

Die psychologischen Wahrscheinlichkeiten (nicht etwa bloß in statistischer Beziehung, sondern für jede Erkenntnis überhaupt) bedürfen einer besonderen Beleuchtung. Man wendet zwar die gewöhnlichen statistischen und logischen Methoden in der experimentellen Psychologie und Psychopathologie in reichlichem Maße an; so stellt man fest, daß auf „rot„ in mehr als 90°/₀ der Fälle „grün" assoziiert wird; man bestimmt im Assoziationsexperiment die Reizzeiten und damit die Komplexe, man macht mit Hilfe der Statistik Gedächtnisuntersuchungen, Lernversuche und noch sehr vieles andere.

Manches aber, das Meiste und Wichtigste, was wir auf diesem Gebiet wissen sollten, ist der Statistik schwer oder gar nicht zugänglich oder so geartet, daß man auf ihre Hilfe aus guten oder schlechten Gründen verzichtet. Bewußte oder unbewußte Motive des Handelns, die Wurzeln eines Symptoms sind nicht durch die gewöhnlichen statistischen Methoden aufzudecken. Wir lassen uns alltäglich durch ein einfaches Flair leiten, das nicht mehr und nicht weniger unwissenschaftlich ist, als wenn wir Größen abschätzen, ohne sie genau zu messen. Unser ganzer Verkehr mit den Nebenmenschen beruht ja auf den nämlichen „instinktiven" Beobachtungen und Schlüssen, und wir gehen dabei nur ausnahmsweise fehl. Wir sind eben auf diese Dinge von Natur eingerichtet und geübt, genau wie darauf, ob ein Gegenstand größer oder kleiner, näher oder ferner als ein anderer sei. Daß wir diese Fähigkeiten nicht überschätzen dürfen, sobald wir sie unter ungewohnten Verhältnissen, also namentlich in der Wissenschaft, bewußt anwenden, haben wir früher ausgeführt. Aber unterschätzen oder gar aus der Wissenschaft ausschließen, wie es manche wollen, dürfen wir sie so wenig wie das unbewaffnete Auge nach Erfindung des Mikroskops.

Der scheinbare Mangel an im Sinne der andern Wissenschaften „greifbaren" Beobachtungen und Zusammenhängen und an mathematischer Erfaßbarkeit ist mit ein Grund für die Behauptung, daß die Psychologie prinzipiell von den andern Wissenschaften verschieden sei, daß sie keine Naturwissenschaft und namentlich keine „exakte" Wissenschaft sein könne. Der Unterschied ist aber kein prinzipieller. Mit vorübergehenden, nicht wiederholbaren Erscheinungen haben wir es auch an vielen andern Orten zu tun; und wenn es z. B. in der Meteorologie gelungen ist, einen Teil der

Vorgänge durch Temperatur- und Luftdruckkurven und ähnliches zu fixieren, so ist gleiches auch bei den psychischen Erscheinungen durch Nachschrift der Worte, Kinematograph usw. möglich. Und mathematisch zugängliche Beweise für die Hypothese der phylogenetischen Entwicklung der Lebewesen hat noch niemand beschafft, und doch haben uns die gegenwärtigen und vergangenen Generationen von Lebewesen so viele Hinweise geliefert, daß man der Annahme so wenig mehr entgehen kann wie der von der Bewegung der Erde um die Sonne[1]). Und wenn der Geologe auf die Idee kommt, daß die Alpen durch einen Faltenschub von Süden her entstanden seien, so kann er schließlich dafür ohne jede Mathematik und Statistik eine solche Fülle von Material bringen, daß die Wahrscheinlichkeit zur menschlichen Gewißheit wird.

Abgesehen von dem Mangel an Exaktheit möchte man von jeher in die Psyche etwas Besonderes hineinlegen, was die psychischen Zusammenhänge und Kausalitäten von allen andern Zusammenhängen unterscheiden soll. Solchen Vorstellungen liegt mehr oder weniger bewußt die Idee des „freien Willens" zugrunde, eines Agens, das nach Belieben ohne Ursachen entscheiden kann und deshalb sich jeder Berechnung entziehen und auch nicht Basis einer Berechnung sein könnte. Dabei vergißt man aber, daß auch unser Wille abhängig ist von Anlage und Erlebnissen wie jede andere Funktion, kurz, daß es für den, der nur mit dem Beobachteten operiert, einen solchen freien Willen nicht gibt. Wenn Quetelet es überraschend fand, daß in jedem Gebiet jedes Jahr ungefähr gleich viel Menschen den Willen haben, zu heiraten, sich oder einen andern zu töten, oder einen Brand zu stiften, so findet der Naturwissenschafter darin nichts anderes als in der Tatsache, daß jedes Jahr eine ungefähr bestimmte Anzahl jeden Alters stirbt.

Jaspers hat wohl einen ähnlichen Unterschied dahin formulieren wollen, daß für die andern Wissenschaften das „kausale" Denken maßgebend sei, für die Psychologie das „verstehende". Auch das würde bedeuten, daß die psychischen Zusammenhänge etwas prinzipiell anderes wären, als die physischen und nach andern Methoden untersucht werden müßten. Wir suchen nach diesem Autor in den andern Wissenschaften Ursachen, in der Psychologie Motive, die wir namentlich dadurch beurteilen, daß wir in uns Ähnliches empfinden, uns einfühlen oder hineindenken. So gefaßt ist der Unterschied aber nicht richtig bezeichnet. Motive sind causae genau wie irgend welche physikalischen Ursachen, wenn wir nicht in unsere Psyche etwas hineinlegen, das wir nicht sehen. Unsere Psyche ist doch eine Maschine, die einerseits Erinnerungsbilder sammelt und in den Zusammenhängen, wie sie ihr durch die Er-

---

[1]) Auch für die Köpernikschen Anschauungen kannte man die zwingenden mathematischen Belege zur Zeit der Aufstellung der „Hypothese" noch nicht; denn gerade die damals bekannten astronomischen Vorstellungen kann man mit dem Epizykelsystem auch erklären. Erst die Gründung der Anschauung auf die physikalischen Vorstellungen der Gravitation, die Aberration des Lichtes und ähnliches brachte später „Beweise", die man wohl nicht mehr angreifen kann.

fahrung geboten werden, wieder ekphoriert, anderseits auf Reize
von außen und auf Erinnerungsbilder in einer bestimmten, durch
die Existenznotwendigkeiten leicht verständlichen Weise reagiert.
Nehmen wir den einfachsten Fall, der sich unseres Wissens in keiner
Weise qualitativ von den komplizierteren unterscheidet: ein Kind
greift in eine Kerzenflamme; es brennt sich; der Schmerz bewirkt
durch vorgebildete Apparate ein Zurückziehen der Hand. Das
Gesichtsbild der Kerzenflamme wird nun aber mit dem Schmerz
oder dem Zurückziehen der Hand oder wahrscheinlicher mit beidem
„assoziativ" verbunden, so daß das nächste Mal schon die An-
näherung der Flamme an die Hand ohne das Brennen ein energisches
Zurückziehen bewirkt. Wo ist da etwas Besonderes? Man kann
sich das rein reflektorisch, ohne Psyche, im Rückenmark ablaufend
vorstellen. Wie in jedem andern kausalen Verhältnis ist es auch
hier die Vergangenheit, die die Handlung bestimmt, die Einrichtung
des Nervensystems und das Engramm des früheren Schmerzein-
druckes, resp. die daraus resultierenden Kräfte, nicht die Zukunft,
wie man etwa sagt. Die „Zukunft" liegt bloß im Inhalt der bewußten
Vorstellung. Bei den abstraktesten Überlegungen unseres Handelns,
wo das Bewußtsein nur an die Zukunft denkt, ist es nicht anders.
Das ganze Material der Überlegung stammt auch da aus der Vergangenheit, während der Trieb, in der Zukunft etwas zu erreichen,
Gegenwart ist. Zukunft und Vergangenheit verhalten sich überhaupt in unserer Psyche nicht anders als sonst, z. B. in einer astronomischen Berechnung, wo wir von einem bestimmten Zeitpunkt
aus das Geschehen vor- oder rückwärts bestimmen können. Ursachen und Motive sind nicht verschiedene Dinge;
aber gewisse Ursachenreihen, diejenigen, die wir subjektiv mit unserem Bewußtsein erfassen können, nennen
wir Motive, wenn wir sie von der subjektiven Seite
betrachten. Es ist der gleiche Unterschied, wie wenn wir die nämliche Reaktion eines Tieres bald als Reflex, Automatismus, Tropismus
oder ähnliches und bald als psychische Handlung betrachten. Allerdings decken sich bekanntlich die physische und die psychische
Reihe nicht. Wir haben Gründe zu der Annahme, daß nur was in
unserer Hirnrinde vorgeht, bewußt werden kann; und auch dieses
wird in Wirklichkeit nur zum kleinen Teil bewußt; umgekehrt
kennen wir bis jetzt gerade von den Vorgängen in der Hirnrinde
die wenigsten von der objektiven Seite. So haben wir durch die
innere Erkenntnis ein einfaches Plus, das zu der Sinneserkenntnis
hinzukommt, aber weder als Zustand noch als Zusammenhang
etwas prinzipiell Neues. Es gibt also eine psychische Kausalität
genau im gleichen Sinne und nur im gleichen Sinne wie eine
physische. Auf ihren Realitätswert können und sollen die verstandenen, d. h. von innen gesehenen Ergebnisse genau gleich nachgeprüft werden wie die physisch-kausalen. Die Erfahrung zeigt, daß
alle Menschen unter gewissen Umständen so und nicht anders handeln.
Es gibt zwar auch Situationen, in denen die einzelnen Individuen
verschieden handeln, aber nur weil sie verschieden angelegt sind

oder verschiedene Erfahrungen gemacht haben; wenn wir die Leute kennen, so können wir für gewöhnlich zum voraus sagen, was die einzelnen tun werden. Trotzdem die psychischen Zusammenhänge viel komplizierter sind als z. B. die meteorologischen, können wir unendlich viel leichter psychologisch prophezeien als meteorologisch. Millionen unserer psychischen Voraussetzungen für die Zukunft bei uns selbst und bei unsern Bekannten realisieren sich; es fallen nur die ungeheuer seltenen Ausnahmen auf, wo wir uns täuschen. Unser ganzer Verkehr von Mensch zu Mensch beruht auf unseren psychologischen Voraussetzungen. Man verläßt sich darauf, daß, wenn die Schulzeit aus ist, der Lehrer mit Dozieren aufhört, alle Schüler ihre Sachen nehmen und das Schulzimmer verlassen; die Arbeiter einer Fabrik tun am Ende der Arbeitszeit dasselbe, keiner bleibt, keiner steht auf den Kopf, keiner sprengt den Dampfkessel in die Luft oder tut überhaupt etwas von den Milliarden scheinbaren Möglichkeiten. Die liebende Mutter, die das Kind verloren hat, ist vom Südpol bis zum Nordpol, von der ältesten bis auf die neueste Zeit traurig. Man kann prophezeien, ein bestimmter Psychopath werde sich in einer bestimmten Kirche erschießen, und es geschieht.

Die Wahrscheinlichkeiten an sich sind also in psychologischen Dingen prinzipiell die nämlichen wie in der physischen Welt, und wenn man oft Schwierigkeiten hat, sie zu erfassen, so ist das überall so. Es gibt wie in der Psychologie überall der Erkenntnis (sei sie statistisch und mathematisch zu gewinnen oder nicht) leicht und schwer zugängliche Gebiete.

Einige Eigentümlichkeiten der psychologischen Forschung verdienen aber doch Beachtung.

Da kommt namentlich in Betracht, daß wir ·nirgends so oft das Bedürfnis haben, Zusammenhänge in e i n e m e i n z e l n e n F a l l zu beweisen oder auszuschließen. Studien über Wirkung eines Heilmittels, die Mortalität, die Pathologie, die Infektiosität einer Krankheit, die ganze Experimentaltechnik wollen selten aus einem einzelnen Fall bindende Schlüsse ziehen. Wenn wir aber eine hysterische Lähmung vor uns haben, die wir heilen möchten, so müssen wir meist den psychischen Mechanismus in Disposition und Gelegenheitsursache kennen, der sie hervorgebracht. Disposition und Gelegenheitsursache sind auf psychischem Gebiet sehr komplizierte Begriffe mit unendlich viel Einzelmöglichkeiten. Da hilft es uns nichts, daß wir wissen, die meisten hysterischen Lähmungen entstehen auf die und die Weise. Wir müssen mit genügender Sicherheit wissen, wie d i e v o r l i e g e n d e entstanden ist.

Noch viel mehr kommt das in Betracht, wenn wir neue psychische Zusammenhänge suchen, um sie zu einer allgemeinen Erkenntnis zu verwerten. Da ist erst für den einzelnen Fall für sich der Zusammenhang festzustellen, und dann erst kann man daran gehen zu verallgemeinern und z. B. sagen, daß die gewöhnliche Hysterie meist eine sexuelle Wurzel habe, nicht aber die traumatischen Formen.

Bei der Kompliziertheit psychischer Bedingungen muß man auch viel vorsichtiger sein mit der Übertragung schon gewonnener allgemeiner Erkenntnisse auf den einzelnen Fall. Wenn man in fünfzig nicht zusammengehörenden Fällen einer bestimmten Krankheit den nämlichen Mikroben gefunden hat, sonst aber nirgends, so darf man annehmen, daß er auch in andern zu finden sei. Wenn ich aber in 100 Fällen ausnahmslos die halluzinierte Schlange als Sexualsymbol gesehen habe, so gibt das gar keine Garantie, daß sie nicht gelegentlich nicht nur eine, sondern noch sehr viele andere Bedeutungen haben könne.

Sowohl die psychische Anlage, als auch die Engramme der früheren Erfahrungen gehören eben zu den variabelsten Dingen, die es gibt, so daß man niemals alle Faktoren kennen kann, und viele als „zufällig" erscheinen. Dadurch wird eine weitere und wohl die größte Schwierigkeit psychologischen Studiums bedingt. Und dennoch macht, wie oben angedeutet, jeder vernünftige Mensch täglich eine Menge von psychologischen Schlüssen[1]).

Das ist zunächst dem Umstande zu verdanken, daß wir als gesellschaftliche Geschöpfe dazu gemacht sind, einander zu verstehen. Im einzelnen läßt sich aber zeigen, daß die Schwierigkeiten nicht so enorm sind, wie es zunächst scheint, wenn man nur die Komplikation und Variabilität betrachtet.

Nirgends wie in der Psychologie leistet uns die Einreihung eines einzelnen Falles in frühere Erfahrungen so gute Dienste, wenn sie auch an andern Orten ebenfalls etwas Selbstverständliches ist. Der Wind schüttelt einen Baum, und es fällt ein Apfel herunter. Da dürfen wir ruhig annehmen, auch wenn es für den einzelnen Fall nicht bewiesen ist, daß die Erschütterung durch den Wind den Apfel losgelöst, und daß die Erde ihn angezogen habe. Und wenn der mutistische Katatoniker beim Besuche plötzlich zu sprechen anfängt, so wird der kausale Zusammenhang zwischen Besuch und geändertem Verhalten auch für den einzelnen Fall höchst wahrscheinlich, weil wir wissen, daß auch Nichtkatatoniker bei einem Besuche auftauen können, wenn auch bei Gesunden die Unterschiede nicht vom vollen Mutismus bis zur Schwatzhaftigkeit gehen. Ich muß diese Trivialität erwähnen, weil sie auf psychologischem Gebiete oft, und von vielen Kritikern Freuds regelmäßig, übersehen wurde. Es konnte sein, daß in einem bestimmten Falle die Annahme, daß eine Schachtel das weibliche Genitale bedeute, nicht streng zu beweisen war; sie war aber doch berechtigt, weil unter ähnlichen Umständen und im Sprachgebrauch ein solcher Zusammenhang bereits als gewöhnlich nachgewiesen war. Der Schluß ist also an quantitativer Wahrscheinlichkeit etwas weniger sicher als der, daß der Apfel vom Wind heruntergeschüttelt worden sei; qualitativ, prinzipiell, ist er aber ganz gleichberechtigt.

In der Psychologie viel häufiger als anderswo gibt es auch

---

[1]) Vgl. auch Bleuler, Die Psychanalyse Freuds. Jahrbuch für psychoanalyt. und psychopatholog. Forschungen II. Leipzig und Wien. Deuticke 1911.

eine Erhöhung der Wahrscheinlichkeit durch Seltenheit der beiden miteinander in Verbindung gebrachten Ereignisse. Wenn eine Grippe nach Einnahme einiger Grogs in drei Tagen heilt, so beweist das gar nichts für die Wirkung des Mittels, weil Millionen Grippen ohne Grog auch in dieser Zeit heilen. Würde aber eine Phthise so schnell nach einer Verschreibung heilen, so würden wir schon aus einem einzigen Experiment eine gewisse Wahrscheinlichkeit auf einen kausalen Zusammenhang annehmen, weil bei dieser Krankheit solche Sprünge noch nie beobachtet sind.

Wenn nun aber die nämliche Verschreibung bei der Phthise schon oft ohne Erfolg angewendet worden wäre, etwa wie der Grog bei Grippe, so würde das die Wahrscheinlichkeit herabsetzen, und das sogar auch dann, wenn die heilende Erfahrung mehrmals gemacht worden wäre. Das nämliche Ereignis in der nämlichen Zahl von Wiederholungen hat also ganz verschiedenen Wert, je nachdem es Gegenwahrscheinlichkeiten gibt oder nicht. In unserem Falle würde also die Heilung der Phthise durch das Mittel am wahrscheinlichsten sein, solange ich keine weitern Proben gemacht habe; und durch jede hinzukommende negativ ausfallende Probe würde aber die Wahrscheinlichkeit rapid vermindert — obgleich nun noch sehr ernstlich in Erwägung zu ziehen wäre, ob nicht unter besonderen Umständen, die im ersten Falle vorlagen, in den andern aber nicht, das Mittel doch helfen könne.

Wenn es, wie von den Anhängern der Telepathie berichtet wird, vorkommt, daß eine Frau in einer Unterhaltung plötzlich aufspringt und sagt, ihr in der Ferne weilender Sohn sei eben verunglückt, und der Sohn ist zur gleichen Stunde umgekommen, so liegt die Wahrscheinlichkeit eines Zusammenhanges in der Seltenheit eines solchen Vorganges, nicht nur bei der betreffenden Dame, die noch nie solche Einfälle gezeigt hat, sondern auch bei andern Menschen. Da aber viele Söhne zu allen Zeiten verunglücken, so genügen wenige solcher Erfahrungen nicht, um die Telepathie als erwiesen zu betrachten, und das auch dann nicht, wenn die Mutter z. B. eine bestimmte Wunde halluziniert hätte, an der der Sohn wirklich gestorben wäre. Die Wahrscheinlichkeit aus dem einzelnen Falle würde erst dann diskutabel, wenn der Sohn auf eine Weise verunglückt wäre, wie sie die Mutter ihrer Seltenheit wegen sich kaum hätte vorstellen können, und diese Todesart doch in der Halluzination aufgetreten wäre, sagen wir eine Blutvergiftung durch den Biß einer Maus. Auch dann aber würde aus einer oder wenigen solchen Erfahrungen die Existenz der Telepathie den meisten doch noch nicht als erwiesen gelten, weil wir in der Welt schon recht viele Zusammenhänge kennen, aber nirgends Anhaltspunkte für die Erklärung telepathischer Erscheinungen gefunden haben, d. h. weil wir eine Gegenwahrscheinlichkeit in Rechnung zu ziehen haben, die in diesem Falle darauf beruht, daß wir sichere telepathische Zusammenhänge noch gar nicht kennen, trotzdem man immer danach gesucht hat.

Nehmen wir zwei Beispiele ohne Gegenwahrscheinlichkeiten, dafür aber mit Einreihung in andere Erfahrungen: Ich spreche mit einer Kusine; auf einmal fällt uns beiden das Schlafzimmer unseres Großvaters ein, in dem an bestimmten Festtagen die Jugend der weiteren Familie sich vergnügte. Wir haben sicher Dezennien lang, vielleicht überhaupt nie, über diese Dinge gesprochen, und jetzt finden wir weder im Gespräche noch in unseren Gedankengängen, noch in der Umgebung irgend etwas, das einen solchen Einfall erklären könnte. Oder ich nenne meine Frau scherzhaft, aber in nicht recht zu motivierender Weise wohl zum erstenmal in unserer 17jährigen Ehe mit ihrem Mädchennamen „Fräulein Dr. Waser", worauf sich herausstellt, daß sie eben an die Zeit vor unserer Verheiratung gedacht hatte. Auch da ließ sich nichts finden, was die gemeinsame Gedankenrichtung erklären konnte. In beiden Fällen deutet das Zusammentreffen der Assoziationen aber doch mit großer Wahrscheinlichkeit darauf, daß irgend ein Etwas, sei es etwas Intellektuelles oder eine mimische Äußerung, die unbewußt geblieben ist, den gemeinsamen Gedanken anregte, und wenn ich hinzufüge, daß mir ähnliche Dinge in meinem Leben schon recht oft begegnet sind, aber ausnahmslos mit Personen, mit denen ich intim stand, so wird ein solcher Schluß fast zwingend.

Wenn nun in Europa ein ganz singuläres Ereignis zu gleicher Zeit geschieht wie ein anderes seltenes in Amerika, so werden wir, trotzdem singuläre Ereignisse nur sehr selten zu unserer Kenntnis kommen, daraus nur dann auf einen Zusammenhang der beiden Geschehnisse schließen, wenn es sich um Dinge handelt, die, wie z. B. meteorologische, nach unseren jetzigen Kenntnissen doch möglicherweise miteinander in Verbindung zu bringen sind. Wenn aber die seltenen Ereignisse nicht in zwei verschiedenen Erdteilen, sondern in einem und demselben Gehirn gleichzeitig oder gleich nacheinander auftreten, so liegt die Vermutung nahe, daß sie in irgend einer Beziehung zueinander stehen, weil eben gleichzeitige Rindenfunktionen gewöhnlich [1]) miteinander verbunden sind und einander zu beeinflussen pflegen. Hier besteht nicht eine Gegenwahrscheinlichkeit, sondern eine gleich gerichtete Wahrscheinlichkeit, die eben so sehr die Wahrscheinlichkeit eines Zusammenhanges vergrößert, wie die lange Dauer von hundert mit Grog behandelten Grippen die Wahrscheinlichkeit der günstigen Beeinflussung anderer durch das gleiche Mittel herabsetzt. Wenn also ein Mensch beim Aussprechen oder Anhören einer bestimmten Idee errötet, so ist es ungeheuer wahrscheinlich, daß die beiden Dinge in einem Zusammenhang stehen. Es ist der Nachweis der örtlichen und zeitlichen und funktionellen Verbindung im nämlichen Hirn, der in solchen Fällen die Möglichkeit zur (praktischen) Gewißheit erhebt. Auch das ist von den Freud-Kritikern meist vergessen worden.

Zur Erhöhung der Sicherheit trägt ferner nicht wenig bei die

---

[1]) Unter normalen Umständen immer.

Gleichförmigkeit des psychischen Geschehens[1]), die in komplizierten wie in einfachen Dingen unendlich viel größer ist, als man sich gewöhnlich vorstellt. Man kann mit großer Wahrscheinlichkeit rechnen, daß auf rot grün assoziiert wird; die Wahnideen, die hysterischen Symptome sind durch die Jahrhunderte und die Rassen von einer ermüdenden Gleichförmigkeit, und die Symbolik in Mythologie und Zauber, deren Spuren auf Jahrtausende zurückgehen, ist im Prinzip die nämliche wie diejenige, die sich heute noch der Primitive oder das Kind aus einer Kulturrasse oder ein Schizophrener oder auch ein Träumender macht. Man kann die menschliche Psychologie anpacken, wo man will, in der Geschichte, der Anthropolgie, der Poesie, überall findet man das „nichts Neues". Damit müssen wir rechnen, wenn es sich um psychologische Wahrscheinlichkeiten auf pathologischem Gebiet handelt, d. h. die Möglichkeit des Schließens von einem Fall auf den andern scheint nur dem gewagt, der nur die theoretischen Möglichkeiten und nicht das wirklich Vorkommende in Betracht zieht.

Außerdem sind eine Menge auch komplizierter psychologischer Deduktionen auf statistischem Wege möglich. Wir sind nur nicht gewohnt, daran zu denken, weil eben die außerhalb der Wissenschaft gebräuchlichen Methoden instinktiv angewandt und als genügend angesehen werden, solange die Resultate nicht etwas bringen, was wir nicht gern annehmen. Dann erst wird man sich der Schwierigkeiten psychologischer Erklärungen bewußt und überschätzt sie in diesem Zusammenhang mit innerer Notwendigkeit. Zur statistischen Bearbeitung müßte man das Material in richtiger Weise sammeln, also z. B. alle Sperrungen oder alle funktionellen Gedächtnisfehler, die man sieht, auf ihr Zusammenvorkommen mit affektiven Momenten prüfen, um den kausalen Zusammenhang der beiden Vorkommnisse zu konstatieren oder abzulehnen.

Eine kompliziertere psychologische Wahrscheinlichkeitsbestimmung läßt sich an dem oben angeführten Aliquis-Beispiel zeigen: Ein Jude, der sich über die Behandlung seiner Stammesgenossen empörte, wollte den Vers zitieren: „exoriare aliquis nostris ex ossibus ultor", konnte aber das aliquis nicht finden. Freud meinte nun durch eine kurze Analyse nachgewiesen zu haben, daß hier das Gedächtnis deswegen versagt hatte, weil der Sprechende mit Unruhe die Nachricht von dem Eintreffen der Periode bei einer Freundin erwartete. Freuds Kritiker aber behaupten, das sei eine ganz unberechtigte Annahme. Faktisch ist die Wahrscheinlichkeit, die für die Freudsche „Deutung" spricht, eine sehr große. Wir wissen, daß ein so gewöhnliches und farbloses Wort wie aliquis, wenn überhaupt, sowohl bei organischen wie bei funktionellen Störungen nur höchst selten für sich ausfällt. Eine Statistik würde ergeben,

---

[1]) M a r b e , Über das Gedankenlesen und die Gleichförmigkeit des psychischen Geschehens. Zeitschrift f. Psychologie. Bd. 56. S. 241. Barth, Leipzig 1910.

daß von tausenden von Gedächtnisfehlern selten einer ein solches Wort betrifft. Setzen wir, um jedenfalls nicht zu übertreiben, als Maximalzahl des Vorkommens eines solchen Vergessens 1 zu 1000 Fällen von Wortvergessen, so ergäbe sich hieraus ein Wahrscheinlichkeitsfaktor (s. S. 122) für das Bestehen einer besonderen Ursache von 1000 zu 1.

Noch auffallender ist die Zerlegung des Wortes in „a" und „liquis", die die Versuchsperson vornahm, als sie aufgefordert wurde, die nächsten Assoziationen an aliquis zu nennen.

Ich habe allerdings nie lateinische Assoziationen aufgenommen, aber nach unseren Erfahrungen im Deutschen kann man annehmen, daß die Wahrscheinlichkeit einer solchen Teilung bei Gesunden nicht mehr als $1:100000$ ist (vergl. etwa eine Zerlegung von Tischwein in Ti-Schwein). Daß hier sowohl das Wort aliquis in einer ganz besonderen Konstellation stand, und daß diese Teilung in a und liquis auch wieder einer besonderen Konstellation zu verdanken war, ist folglich so ungeheuer wahrscheinlich, daß man nicht daran zweifeln kann, ohne aus den Regeln des Denkens herauszufallen; denn viel kleinere Wahrscheinlichkeiten rechnen wir sonst als Sicherheiten. Der Wahrscheinlichkeitsfaktor aus dieser Annahme ist $100000:1$, der aus der Seltenheit des Vergessens und aus dieser Teilung zusammen sich ergebende $100000000:1$ [1]).

Der dritte Schritt führt uns wieder zu einer Merkwürdigkeit, die allerdings weniger auffallend ist, als die vorhergehenden beiden und sich nicht zahlenmäßig als selten nachweisen läßt: „liquis" heißt „schief"; aber diese Assoziation taucht nicht auf, sondern „Reliquie" und „flüssig", wobei dann an das letztere Wort weiter angeknüpft wird; kurz von den zehn folgenden Assoziationen haben neun eine deutliche Verbindung zum Komplex der Periode: Reliquie, Flüssigkeit, Blutbeschuldigung wegen hingemordeter Kinder, Blutwunder (des heiligen Januarius), ein Heiliger, der als Kind geopfert wurde, ein Artikel über die Stellung des heiligen Augustin zu den Frauen, Kalenderheilige, Flüssigwerden des Blutes an einem bestimmten Tag und der Aufruhr, der entsteht, wenn das Ereignis nicht eintritt, — und die zehnte ist unbestimmt.   .

Nun gibt es wohl hunderttausend Begriffe und Ideen [2]), die nicht so direkt mit der Periode in Verbindung zu bringen sind, gewiß aber nur wenige, die ihr so nahe stehen, wie die angeführten. Damit ist wieder ein Beweis geleistet, daß die ausgebliebene Periode gerade zu dieser Zeit die Assoziationen der VP beeinflußte.

Ein dieser letzteren Überlegung entsprechender Wahrscheinlichkeitsfaktor ließe sich nach den gewöhnlichen mathematischen Prinzipien berechnen, wenn man wüßte, wie viel Ideen überhaupt und wie viele mit der Periode verbundene die Versuchsperson zur Verfügung hatte. Da verläßt uns die Schätzung; aber von den Hundert-

---

[1]) Da beide Faktoren ungefähr gleiche Bedeutung haben, ist die Zusammenziehung der beiden Verhältnisse in eines durch Multiplikation hier erlaubt. (Vgl. S. 122/3.)

[2]) Die deutsche Sprache soll etwa 200000 Worte haben.

tausenden von Ideen eines gebildeten Mannes können gewiß nur ver-
hältnismäßig wenige dem Periodenkomplex angehören. Die Wahrscheinlichkeit, daß unter nur 10 ausgeführten Assoziationen mindestens 9 zufällig dem Periodenkomplex angehören, ist also unzweifelhaft nahezu null, und somit die Wahrscheinlichkeit, daß eine besondere Ursache im Spiele sei, nahezu Sicherheit. Was für eine
Ursache wirkte, zeigen die Assoziationen, die eben mindestens zu
9/10 dem Periodenkomplex angehören. Trotz der scheinbar ge-
schlossenen mathematischen Ableitung würde aber die gefundene
Zahl keine fertige Wahrscheinlichkeit darstellen, sondern nur einen
Wahrscheinlichkeitsfaktor; denn es kommt nicht nur dieses Verhältnis von Komplexideen und komplexlosen Ideen in Betracht,
sondern auch die Erwartung, wie viele im Sinne des Komplexes
auslesende Ursachen vorhanden sein können, wie häufig und wie
wirksam sie sind.

Die Bedeutung der Wahrscheinlichkeitsfaktoren als etwas Vorläufiges
läßt sich an diesem Beispiel noch besonders beleuchten. Man könnte einen
Wahrscheinlichkeitsfaktor schon aus der Zahl der verfügbaren dem Komplex
nicht angehörigen Ideen berechnen: wenn 100000 solcher Ideen vorhanden
sind, sind ebensoviele Möglichkeiten in einer Assoziation auf etwas Komplex-
fremdes zu kommen. Das sich aus dieser Überlegung ergebende Verhältnis
1 : 100000 ist zwar nicht ganz ohne Bedeutung; aber es allein sagt uns doch
so wenig, daß ich es nicht einmal als „Wahrscheinlichkeitsfaktor" bezeichnen
möchte. Es bekommt erst eine Bedeutung erst, wenn wir es ins Verhältnis setzen
zu der Zahl der vorhandenen Komplexideen, d. h. zur Zahl der möglichen
Komplexassoziationen. Haben wir nun neben den 100000 gleichgültigen Ideen
10 Komplexideen zur Verfügung, so ergibt die Kombination beider Faktoren
einen Gesamtwahrscheinlichkeitsfaktor für die (zufällige) Komplexassoziation
von 10 : 100010. Wären aber ebenfalls 100000 Komplexassoziationen möglich,
so wäre die Wahrscheinlichkeit nur 100000 : 200000, d. h. gleich groß wie die
für die komplexfreie Reaktion, der Wahrscheinlichkeitsfaktor also 1 : 1 [1]). Dann
hätte eine einzige Komplexassoziation noch gar keine Bedeutung, wohl aber
würden 9 solche auf 10 Ziehungen wieder einen Gesamtwahrscheinlichkeits-

faktor von $\dfrac{10 \times 100000^9 \,(200000 - 100000)}{200000^{10}} = \dfrac{10}{1024}$ ergeben, der uns sagte,

daß die Reaktion eine besondere Ursache haben mußte. Nun hängt in Wirklichkeit natürlich nicht einmal 1 Idee auf 1000 mit dem Periodenkomplex zusammen; aber schon bei diesem Verhältnis würden die 9 Assoziationen einen

Wahrscheinlichkeitsfaktor von $\dfrac{10^{30}}{9990} = $ rund $10^{16} : 1$ für die Existenz der Kom-

plexwirkung ergeben.

Die einzelnen Faktoren getrennt, gezogen bloß aus der Zahl der zur Verfügung stehenden Komplexreaktionen einerseits und der möglichen komplexlosen Reaktionen anderseits, haben in einem so durchsichtigen Falle direkt
lächerlich wenig Wert, weil erst das Verhältnis der beiden Arten von Möglichkeiten das Maßgebende ist. Und dennoch kommen wir mit ihrer Hilfe
auch da zu richtigen Folgerungen.

Aus tausendfältigen andern Erfahrungen wissen wir, daß solche
unangenehmen Komplexe wie der Periodenkomplex unseres Beispiels gerne verdrängt werden, und daß sie mit ihnen assoziierte

---

[1]) Nach unserer Ausdrucksweise (der Mathematiker würde hier seine
Wahrscheinlichkeit mit ½ bezeichnen). Nach unserer Begriffsbestimmung ist
hier die Wahrscheinlichkeit einer Komplexreaktion 1 mal so groß wie die
einer komplexlosen, d. h. gleich groß.

Ideen in die Verdrängung einbeziehen. Wir müssen also wieder als sicher annehmen, daß das aliquis einem verdrängenden Widerstand begegnet war; denn wie die Beobachtung zeigte, war es so eng mit dem Komplex verbunden, daß von zehn Assoziationen wenigstens neun diesem angehörten, während der Zufall ein solches Verhalten nur mit einer Wahrscheinlichkeit von unter $\frac{1}{10^{26}}$ hervorbrächte. Nun könnte man allerdings supponieren, daß ein anderer Komplex, von dem wir nichts wissen, die Verdrängung bewirkt hätte; aber nach der obigen Überlegung dürften wir das nicht tun, ohne zugleich anzunehmen, daß der Periodenkomplex, der ja sicher da war und hemmenden Einfluß haben mußte, wenigstens mitgewirkt hätte; und eine unbekannte Ursache herbeiziehen, wo die bekannte vollständig genügt und aller Wahrscheinlichkeit nach die Wesentliche ist, würde aufs gleiche herauskommen, wie wenn ich einem Menschen den Schädel einschlagen würde und dann behaupten wollte, er habe in diesem Momente eine spontane Hirnblutung gehabt und sei an dieser und nicht am Trauma gestorben; oder es wäre diese letztere Annahme eigentlich noch plausibler; denn der Schlag braucht hier nicht eine mitwirkende Ursache zu sein, wie bei der Assoziation.

Und gerade das Aliquis-Beispiel hat man als Beweis hinstellen wollen, daß Freud mit ganz willkürlichen Annahmen operiere. Es hat aber mehr Wahrscheinlichkeitswert als tausende von unangefochtenen medizinischen „Erkenntnissen", und seine Sonderstellung bekommt es nur dadurch, daß man noch nicht gewohnt ist, in der Wissenschaft mit psychologischen Wahrscheinlichkeiten zu rechnen.

Das alles ist aber von sekundärer Wichtigkeit, so sehr die Begründungen hier den in der Wissenschaft sonst üblichen entsprechen. Viel wichtiger ist etwas anderes, was bei den bemühenden Kontroversen der letzten beiden Jahrzehnte von der einen Partei beharrlich ignoriert worden ist: wir selber und unsere Versuchspersonen kennen einen wichtigen Teil der psychischen Zusammenhänge durch Introspektion[1]). Deshalb die Präzision, mit der unser psychischer Apparat in den unendlich komplizierten gesellschaftlichen Verhältnissen funktioniert, und daher der Umstand, daß auf psychischem Gebiete auch eine mittelmäßige Intelligenz noch sichere Schlüsse ziehen kann bei Komplikationen, die auf physischem Gebiet ein Erfassen unmöglich machen würden. So lassen wir uns von unseren Versuchspersonen, wie sonst im Leben, Mitteilungen über ihre Motive geben, wobei wir allerdings noch die Zuverlässigkeit ihres guten Willens und ihres Verständnisses nach den gewöhnlichen Gesetzen zu prüfen haben.

---

[1]) Für diejenigen, die hier erkenntnistheoretische Erwägungen hineintragen möchten, sei bemerkt, daß die Introspektion, soweit sie hier in Betracht kommt, nicht identisch ist mit dem Bewußtsein, noch eine Folge der bewußten Qualität, sondern eine Parallelerscheinung derselben.

Da brennt es auf einer unserer unruhigen Abteilungen. Ein Teil der 35 Insassen läßt sich stumpfsinnig herausbringen, wie wenn sie in den Garten oder zum Essen gerufen würden. Ein kleinerer Teil muß mit Gewalt aus der raucherfüllten Abteilung geführt werden. Eine manische Paranoide geht aktiv sehr schnell hinaus und beruhigt sich von da an so, daß sie nun ebensoviele Jahre auf einer offenen Abteilung gehalten werden kann, wie sie vorher auf der unruhigen gewesen. Trotzdem ihre Reaktion gegenüber den andern die Ausnahme bildete, also eine nicht kleine Wahrscheinlichkeit gegen einen Zusammenhang bestand, mußte man doch annehmen, daß die Besserung durch den Brand bewirkt worden sei, und das hauptsächlich deshalb, weil die Patientin es selber sagte: auf der Abteilung, wo man riskiere, zu verbrennen, wolle sie nicht mehr sein; sie werde sich nun zusammennehmen, daß sie nie mehr dahin komme.

Wenn man einer Patientin aus irgend welchen Zeichen sagen kann, sie hasse ihr Kind deswegen, weil sie eine Abneigung gegen dessen Vater habe, so kann sie uns, trotz der gewöhnlichen anfänglichen Verneinung, bald sagen, unsere Erklärung sei richtig, und uns dann helfen, noch weitere Beweise dafür zu finden. Wer an sich selber schon solche Analysen gemacht hat, weiß, was für eine zwingende Bedeutung diese innere Erkenntnis hat [1]). Bei Schizophrenen besitzen wir tausendfältige Erfahrung, daß sie sich nichtexistierende Zusammenhänge nicht aufschwatzen lassen, und umgekehrt die richtigen rasch als solche erkennen. Gewisse Zusammenhänge geben sich auch durch bestimmte Nüancen der Gefühlsbetonung subjektiv ohne weiteres zu erkennen. Man sucht z. B. den Grund einer Verstimmung und erinnert sich an verschiedene Vorkommnisse, die Ursache sein könnten, aber nur eines ist mit genau demjenigen Affekt betont, der den Anlaß zu dem Nachsuchen gegeben hat; dann weiß man, daß nur dieses das gesuchte sein kann. Oder allgemeiner: wenn man im Gedächtnis einen Namen sucht, so kommen zuerst eine Anzahl anderer Namen, die man mit mehr oder weniger Sicherheit abweist; taucht aber endlich der richtige auf, so „schlägt es ein‘‘, man hat sofort die volle Sicherheit : der ist's. So bei einer Menge psychologischer Dinge. Auch diese alltägliche Erfahrung wurde von den Freud-Gegnern übersehen.

Infolge der Introspektion kennen wir in dem psychischen Geschehen unendlich mehr Zusammenhänge als in allen andern stark komplizierten Vorgängen. Wir können deshalb berechtigte Analogieschlüsse ziehen von einem Menschen zum andern, von der Allgemeinheit auf den einzelnen und namentlich von unserer eigenen Psyche auf die des Nebenmenschen: wir „fühlen‘‘ uns intellektuell und affektiv in das Wesen einer anderen Person „ein‘‘ und täuschen uns dabei nur selten.

---

[1]) Es ist die nämliche Sicherheit, wie wenn wir uns auf einen Namen besinnen und ihn finden.

Wenn unser Katatoniker (S. 116) zehn Jahre lang kein Wort gesprochen hat und nun bei einem Besuche in fast normaler Weise plaudert, um .sogleich nach dem Weggange der Verwandten wieder zu verstummen, so können wir mitfühlen, daß der Besuch ihn zum Sprechen angeregt habe, und schon aus diesem Grunde würde niemand eine andere Ursache des veränderten Verhaltens suchen, obschon man gerade bei Geisteskranken kein Recht hat, im allgemeinen die Logik und die Motivierung der Gesunden vorauszusetzen. — Diese Einfühlung gestattet uns auch da, wo wir bewußt nur unsichere Anhaltspunkte haben, oft recht sichere Schlüsse. Die „Intuition", die namentlich Frauen oft in der Beurteilung anderer zeigen, ist deshalb bewundernswert. Eine geisteskranke Köchin hat mit dem Revolver gedroht, der ihr weggenommen wurde, wie die Untersuchung ergab, von einem bestimmten Vorgesetzten. Eine Dame, die diesen nur oberflächlich kennt, behauptet nun ganz bestimmt, das sei ihm unmöglich, die Untersuchung müsse falsch sein; und sie bleibt dabei, so daß man schließlich eine zweite Untersuchung macht, die ihr recht gibt. Wir kennen Hunderte von Personen, von denen wir nicht glauben würden, daß sie einen Mord begangen hätten, auch wenn scheinbar triftige Beweise vorliegen, und umgekehrt solche, denen wir ein solches Verbrechen ohne weiteres zumuten würden, auch ohne spezielle Beweise. Und für gewöhnlich hätten wir recht.

Unsere übrigen Hilfsmittel bestehen nur zum geringen Teil in der Beobachtung der intellektuellen Äußerungen unserer Nebenmenschen. Viel wichtiger sind die mimischen (im allerweitesten Sinne), d. h. die Zeichen der Affektivität, der Annahme oder Ablehnung, für die schon der Säugling ein angeborenes Verständnis zeigt. Ein einfaches Ja oder Nein kann je nach dem Ton ebensogut das Gegenteil bedeuten von dem, was es heißt, wenn wir es geschrieben sehen, und in allem Verkehr richtet man sich in erster Linie nach dem Tone, ohne nur zu beachten, daß oft der Inhalt des Wortes damit im Widerspruch steht. Wenn wir eine bestimmte Bewegung des Fußes, ein bestimmtes erotisches Gesicht immer bei Erwähnung gewisser Vorstellungen, nicht aber bei andern, sehen, so müssen wir schließen, daß diese Vorstellungen irgend etwas Gemeinsames haben oder daß sie aus andern Gründen assoziativ verbunden sind. Wie oft die Einzelbeobachtung gemacht werden muß, um den Zufall genügend auszuschließen, ließe sich bei langer Untersuchung herausrechnen; wir haben aber gute Gründe, uns hier ohne Mathematik zu helfen.

An der Bedeutung der mimischen Äußerungen ändert es nichts, daß die wirkliche Affektivität oft durch Masken verdeckt werden soll; denn man kennt diese meist und rechnet damit. Durch die Umgangsmaske läßt sich selten jemand täuschen, ebensowenig wie man das „freut mich sehr" bei der Vorstellung eines neuen Bekannten ernst nimmt. Aber auch auf eigentliche Täuschungen berechnete Verstellungen haben ihre Zeichen, an denen man sie meist mehr oder weniger sicher erkennt, und noch mehr: daß einer etwas vortäuscht, und das, was er vormacht, ist für seine Psyche ebenso charakteristisch, wie alles andere, was er tut. Wer Frömmigkeit heuchelt, hat zu ihr eine andere Stellung als der, der mit Lastern prahlt, die er nicht hat. Wer nicht geborener Schauspieler ist, kann nur gewisse Dinge heucheln, die ihm liegen. Ein Geisteskranker, ein Alkoholiker, der anfängt Einsicht zu heucheln, hat schon einen deutlichen Schritt zur Besserung gemacht gegenüber dem, der sich noch berufen fühlt, überall sein vermeintliches gutes Recht zu betonen. Er weiß, daß an einem andern Ort, als wo er bisher gesucht hat, etwas ist, das andere Leute werten. Der Pseudologe, der Märchen von seinen geistigen und körperlichen Leistungen erzählt, hat andere Komplexe als derjenige, der nur von seiner Vornehmheit zu berichten weiß. Das Mädchen, das ein fingiertes Attentat erzählt, folgt dem Bedürfnis, etwas Sexuelles zu erleben; die Erzählung ist unwahr, aber die „psychologische Wahrheit" liegt darin, daß etwas in ihm ein Attentat erleben möchte. Der oft zitierte Ausspruch Lasègues: „on ne simule que ce qu'on est", ist einseitig, aber nicht ganz unrichtig.

Natürlich soll das keine erschöpfende Untersuchung der psychologischen Wahrscheinlichkeiten sein. Eine solche wäre eine besondere und große Arbeit. Dazu wollte ich anregen, und ich wollte zugleich zeigen, daß sich die Mühe lohnen würde, weil die psychischen Erkenntnisse nicht nur an Wichtigkeit, sondern in manchen Beziehungen auch an Sicherheit die physischen übertreffen können, was unsere psychophobe Medizin beharrlich übersieht.

* * *

Anhang zu den Abschnitten F und G. Das Problem der Bestimmung medizinischer Wahrscheinlichkeiten überhaupt ist ein so wichtiges, daß ein möglichst vollständige Beleuchtung notwendig ist. Diesem Bedürfnis glaube ich am besten damit entsprechen zu können, daß ich die abschließenden Diskussionsbemerkungen, die Herr Privatdozent Dr. Polya die Freundlichkeit hatte, mir einzusenden, wörtlich wiedergebe. Ich möchte ihm für die Liebenswürdigkeit und Geduld, mit der er seine Wissenschaft meinen laienhaften Wünschen zur Verfügung stellte, auch an dieser Stelle herzlich danken.

„.... Ich bin mit Ihnen über das Wesentliche voll einverstanden. Sie drücken sich eben anders aus, Ihre Gedanken haben eine andere Wendung, Sie abstrahieren Ihre allgemeinen Ideen über die Wahrscheinlichkeit aus einem andern Erfahrungsgebiet wie gewöhnlich... Aber ich bin mit Ihnen voll einverstanden, mehr als Sie es glauben. Mindestens muß ich, meinerseits, Ihren folgenden Ausspruch ablehnen: Diese Überlegungen sehen nun die konsultierten Mathematiker alle als falsch an (S. 118). Sie behaupten aber l. c. im wesentlichen folgendes, wenn ich nicht irre: Wenn jemand aus einer verschlossenen Urne, worin unter mehreren schwarzen Kugeln sich eine einzige weiße befindet, diese weiße auf den ersten Zug herauszieht, so ist es (ceteris paribus) um so wahrscheinlicher, daß dieser Zug kein Werk des Zufalls war, je größer die Anzahl der schwarzen Kugeln ist. Darin sind mit Ihnen alle Mathematiker, soweit sie vernünftige Menschen sind, voll einverstanden, nicht nur etwa Borel. Wir lehnen aber ab, auf folgende Frage zu antworten: die Anzahl der schwarzen Kugeln war 99 999 (wie in Ihrem „aliquis"-Fall), wie groß ist die Wahrscheinlichkeit, daß der bewußte Zug ein Werk des Zufalls war? Was würde es aber heißen, wenn wir etwa die Antwort geben würden: die gesuchte Wahrscheinlichkeit ist $\frac{1}{1000}$? Offenbar folgendes: Wird 1000-millionenmal der Versuch wiederholt, „daß aus einer Urne, die unter 100 000 Kugeln nur 1 weiße enthält, auf den ersten Zug diese einzige weiße herausgeholt wird", so ist diese Herausholung etwa 1-millionenmal ein „Werk des Zufalls". Ich habe die Beschreibung des Versuches unter „" gesetzt, denn diese Beschreibung ist unbestimmt, es läßt sich keine vernünftige durchführbare, klare Anordnung des Versuches auf Grund einer so mangelhaften, unbestimmten Vorschrift angeben. In der Tat: wie sollen die Versuchsurnen gefüllt sein? Welche Anweisungen soll der Ziehende erhalten? Wann wollen wir das Resultat als „Werk des Zufalls" bezeichnen? usw. usw. Kurz, wir Mathematiker, Borel mit eingeschlossen, sind mit Ihnen voll damit einverstanden, daß die Wahrscheinlichkeit dafür, daß so ein Zug (oder eine Trennung a-liquis oder das Aufhören der Periode oder sonst ein ungewöhnlicher Vorgang) kein „Werk des Zufalls" sei, gesteigert oder vermindert werden kann, ceteris paribus, je nachdem der Zug (oder der ungewöhnliche Vorgang) an und für sich unwahrscheinlicher, seltener ist. Wir lehnen nur ab, auf die Frage, wie groß nun die Wahrscheinlichkeit sei, mit einer bestimmten Zahl zu antworten, wo die Frage selber unbestimmt ist, weil die caetera unbekannt sind[1]). Ich sage mehr: Sie selbst lehnen es ab[2]). Denn Sie sagen doch, daß die betreffende Zahl keine „abgeschlossene Wahrscheinlichkeit", nur ein „Wahrscheinlichkeitsfaktor" sei (S. 122). Sie selbst zeigen es an dem Beispiele der Telepathie, der falschen Anwendung der Mendelschen Regel[3]), an den Schutzfarben usw., daß das endgültige (relativ) abgeschlossene

---

[1]) Gerade diese Frage müssen wir aber beantwortet haben. Die Antwort werden wir weder mißverstehen, noch mißbrauchen, weil wir ihre Bedeutung genau kennen. Wir verlangen ja keine abgeschlossene Wahrscheinlichkeit; wir meinen nur, daß man die offene Wahrscheinlichkeit, den Wahrscheinlichkeitsfaktor, der caeteris paribus in der komplizierten, noch nicht übersehbaren und vielleicht niemals ganz durchführbaren Wahrscheinlichkeitsrechnung eine immerhin für uns verwendbare Bedeutung hat, in Zahlen ausdrücken dürfe (Bleuler).

[2]) Ganz richtig, so weit es sich um den mathematisch ausgearbeiteten Begriff der Wahrscheinlichkeit handelt. Wir bedürfen aber für unsere Zwecke einen neuen Begriff, den ich vorläufig einmal Wahrscheinlichkeitsfaktor genannt habe (Bleuler).

[3]) Hier sonst nicht erwähnte Beispiele aus unserer Diskussion (Bleuler).

Wahrscheinlichkeitsurteil noch sehr verschieden ausfallen kann, wenn auch der „Wahrscheinlichkeitsfaktor" derselbe ist.

Meiner Ansicht nach ist der ganze Streit ein Streit über die Terminologie[1]). Ich will versuchen, so gut ich es kann, Ihre Terminologie mit der der Wahrscheinlichkeitsrechnung auszugleichen. Im Borelschen Buche, S. 100, steht die Bayessche Formel

$$P_1 = \frac{p_1 \omega_1}{p_1 \omega_1 + p_2 \omega_2 + \ldots p_n \omega_n}$$

P_1 ist das quantitative Maß des endgültigen „abgeschlossenen" Wahrscheinlichkeitsurteils. p_1 ist, was Sie als „Wahrscheinlichkeitsfaktor" bezeichnen. Wächst p_1 „caeteris paribus,,, d. h. bei ungeändertem $\omega_1, \omega_2, \ldots \omega_n$, so wächst auch P_1. Die „a priori" Wahrscheinlichkeiten $\omega_1, \omega_e \ldots \omega_n$ drücken eben die Meinung über den Fall aus, die wir aus sonstigen Erfahrungen uns gewissermaßen im voraus gebildet haben. Lassen Sie die Zahlen $p_1, \ldots p_n$, $\omega_1 \ldots \omega_n$ in Gedanken ab- und zunehmen, so haben Sie ein abstraktes Bild der Meinungsänderungen, infolge der Ab- und Zunahme der Wahrscheinlichkeitsfaktoren, die Sie sich in concreto an Beispielen überlegten.

Sie schreiben (S. 117), daß „gegenüber der Komplikation und der Unabgeschlossenheit der wissenschaftlichen Probleme die bisherige mathematische Auffassung versagt" usw. Ich glaube jetzt ganz gut verstehen zu können, wie Sie zu dieser Meinung gekommen sind, aber ich muß ihr aufs entschiedenste widersprechen. Wohl sind die Probleme der Wirklichkeit immer unabgeschlossen, aber bei theoretischer Behandlung muß man immer von einem Teil der Wirklichkeit absehen und das Wichtige, „worauf es ankommt", künstlich isolieren. Kann diese künstliche Isolierung ohne plumpe Fälschung so weit gehen, daß die Wirklichkeit in einige Zahlenangaben konzentriert wird, dann tritt die Mathematik ihre Rolle an, die sehr bescheiden ist, die sie aber vollkommen spielt. Können Sie verantworten, daß ein Assoziationsproblem (vgl. S. 118) so weit vereinfacht werden kann, daß es gleich gesetzt werden kann folgendem Urnenproblem: in einer Urne befinden sich 999 schwarze Kugeln und 1 weiße. Was ist die Wahrscheinlichkeit dafür, daß die Kugeln, wenn man sie nach jedem Zug zurückwirft und die Urne schüttelt, auf 10 Züge 9 mal die weiße und 1 mal die schwarze hervorgeht[2]); so kann man ausrechnen, wie Sie es taten

---

[1]) Nicht aber ein müßiger Wortstreit. Es handelt sich um verschiedene Begriffe. Jeder derselben hat meines Erachtens sein besonderes Anwendungsgebiet und seinen besonderen Nutzen (Bleuler).

[2]) Das kann ich natürlich nicht verantworten und wünschte es auch niemals zu tun. Ich wünsche nur, den bis jetzt bekannten, in Zahlen ausdrückbaren Teil der Rechnung wirklich schon in Zahlen auszudrücken, in voller Kenntnis seiner Unvollständigkeit und seiner vorläufigen Bedeutung bevor die andern zur Zeit oder überhaupt nie beibringbaren Teile bekannt, sind (Bleuler).

$$10 \left(\frac{1}{1000}\right) \, 9 \left(\frac{999}{1000}\right) = 10^{-26}$$

Bevor man ein Problem mathematisch faßt, muß man es in Maßeinheiten ausdrücken. Das Maß für Wahrscheinlichkeiten ist das **Urnenmaß.** Daß ein Ereignis die Wahrscheinlichkeit $\frac{3}{10}$ hat, heißt nur: sie ist ebenso wahrscheinlich, wie eine weiße Kugel in einer Urne zu erwischen, worin sich 3 weiße, 7 schwarze und keine anderen befinden. Ein einfacheres Maß kann man kaum, ein wesentlich verschiedenes ist unmöglich zu finden. Will man irgend ein Problem mit Wahrscheinlichkeitsrechnung behandeln, so muß man es auf Urnenmaß reduzieren. Sie wünschen eine andere Methodik der Wahrscheinlichkeitsrechnung, die diesen betrachteten Verhältnissen gerecht wird. Die Sache, die Sie in Angriff nehmen, ist in der Tat schwierig, aber vielleicht lokalisieren Sie die Schwierigkeit an der falschen Stelle. Die Methoden der Rechnung sind auf alle Fälle sehr entwickelt und könnten bisher den allerverschiedensten Wissenschaften angepaßt werden. Vielleicht ist es schwierig, d i e betrachteten psychologischen und medizinischen Wahrscheinlichkeiten ohne Gewalttätigkeit, ohne eine zu plumpe Vereinfachung auf einige Zahlen zu reduzieren. Auf alle Fälle ist es so: können Sie die Data in dem richtigen Wahrscheinlichkeitsmaß ausdrücken, d. h. das Problem als eine Urnenaufgabe fassen, dann können Sie sicher sein, daß die Lösung schon da ist[1]).

---

[1]) Das ist auch meines Erachtens selbstverständlich richtig. Was ich wünsche, ist nicht eine weitere Ausbildung der rein mathematischen, zahlen. oder formelmäßigen Technik, sondern eben gerade die Lösung der Frage: In wiefern kann man medizinische Probleme in Zahlen, Zahlenordnungen oder in Vergleiche mit Bekanntem umsetzen? In welche Zahlen? Mit welcher Bedeutung? Diese Frage sollte meiner Meinung nach in Verbindung mit dem Mathematiker gelöst werden, der bei einer solchen Umsetzung in Zahlen die größere Übung und Übersicht besitzt als der Arzt. Das ist der eine Punkt, wo ich mit Herrn Kollegen P o l y a nicht übereinstimme, während die andere Abweichung darin besteht, daß es sich meiner Ansicht nach lohnt, auch vorläufigen zahlenmäßigen Ausdruck für bloße Wahrscheinlichkeitsfaktoren ᵉzu suchen, deren Tragweite aber in jedem einzelnen Falle noch besonders klarzulegen ist. Die G e w ä h r, daß auch solche vorläufigen Wahrscheinlichkeitsbestimmungen d i e Grundlage neuer Erkenntnisse werden können, liegt mir darin, daß das Denken im allgemeinen, aber auch das wissenschaftliche, beständig mit solchen Wahrscheinlichkeitsfaktoren rechnet und dabei zu richtigen Resultaten kommt.

Natürlich ist die Gefahr von Fehlern bei allen Problemen, die man nicht ganz übersehen kann, nicht klein; sie kann aber gerade wesentlich vermindert werden, wenn man denjenigen Teil eines Problems, der sich irgendwie in Zahlen fassen läßt, auch wirklich zahlenmäßig bestimmt. Dabei gewinnt nicht nur dieser spezielle Faktor an Klarheit der Bedeutung, sondern man wird dann ganz unwillkürlich dazu kommen, auch den übrigen mitsprechenden Momenten genauer nachzugehen und sie so weit zu werten, als es möglich ist (B l e u l e r).

H. Mediziner und Quacksalber[1]).

Viel zu autistisch, d. h. mehr von Affekten als von wissenschaftlicher oder praktischer Überlegung bestimmt, ist unsere Stellung zum Pfuschertum. Hier vor allem sollte man an das point de zèle denken; weder moralische Entrüstung über ihren Schwindel, noch Konkurrenzneid, noch Ärger über die Dummheit des Publikums sollte hier eine Rolle spielen können; das ist Autismus, der die Augen verblendet. Wir sollen die Quacksalberei doch studieren, nicht nur wie jede andere Naturerscheinung, sondern viel gründlicher, weil sie für uns besonders wichtig ist.

Warum geht das Publikum noch zum Pfuscher? Weil wir ihm nicht genügen. Und warum genügen wir ihm nicht? Unter anderem, weil es etwas Geheimnisvolles, etwas Besonderes will. Die Macht der Götter und der Dämonen und der Zauberer ist nun einmal mit dem Begriff der Krankenheilung verknüpft, seit die Menschheit existiert, und wir können nicht verlangen, daß der Laie sich von solchen autistischen Gedankenverbindungen vollständig losgelöst habe, solange wir selbst mit aller unserer akademischen Bildung noch nicht fähig waren, ganz aus dem medizinischen Autismus herauszukommen.

Der Pfuscher heilt aber wirklich manchmal auch da, wo der Arzt am Ende seines Lateins steht. Meine Großmutter litt in den letzten Jahrzehnten ihres Lebens an einem oft aufbrechenden Beingeschwür; die aufgebotene Medizin vom einfachsten Dorfpraktikus, von dessen Studiengang eine mehrjährige ,,Lehrzeit" bei seinem Vorgänger einen wesentlichen Bestandteil bildete, bis zum Universitätskliniker wußte weder das Geschwür in kurzer Zeit zu heilen noch vorbeugend irgend etwas zu empfehlen, das genützt hätte. Die immer wiederkehrende Verschreibung war Bettliegen, wochen-, monatelang, und gelegentlich einmal eine natürlich ganz unnütze

---

[1]) Während ich bei den andern Kapiteln zwar auch manchen Widerspruch, aber im ganzen viel mehr Zustimmung gefunden hatte, ist dieses Kapitel von den meisten Kollegen scharf verurteilt worden. Eine Ausnahme allerdings hat gerade eine besondere Freude daran gehabt, und ein anderer zählt es zu dem besten, was über diese Frage geschrieben worden sei. Man macht mich darauf aufmerksam, daß 8o% der Pfuscher als Verbrecher bestraft worden seien, was mich allerdings überrascht. Man findet jede Form von Zusammenarbeiten des Arztes mit dem Pfuscher unwürdig, ja man ruft die Moral gegen mich ins Feld. Ich weiß, daß man hier verschiedener Meinung sein kann, und ich habe mir lange überlegt, welche ich annehmen soll, aber trotz der Einwendungen ,,die Vorteile eines Zusammenarbeitens scheinen mir größer als die Nachteile". Wenn man statt den Verkehr mit dem Pfuscher überhaupt abzulehnen, z. B. nur den mit den als Verbrechern bestraften ablehnen würde, müßte dem Publikum nach und nach zum Bewußtsein kommen, mit was für Leuten man es zu tun habe.

Badekur. Endlich hörte die Patientin von einem Quacksalber, und ‚nach genauen Erkundigungen bei einer Anzahl von Geheilten entschloß man sich, zu ihm zu gehen. Das Geschwür war ohne Bettliegen in ganz kurzer Zeit geheilt, und — wohl infolge Anwendung einer gestrickten Binde, die, wie es scheint, die offizielle Medizin damals noch nicht kannte — kam es niemals mehr, obschon die Frau noch wohl zehn Jahre lebte und dabei nicht jünger geworden ist. Ich habe oft nach dem Quacksalber geseufzt, wenn ich selber manches Beingeschwür nur im Laufe von vielen Wochen mühsam zur Heilung brachte, während allerdings die Prophylaxe jetzt den Pfuscher eingeholt hat. Will da jemand von Zufall reden? Er berechne einmal die Wahrscheinlichkeit unter folgender Voraussetzung (ich weiß keine genauen Zahlen, aber die ungefähren genügen zu dieser Überlegung): 20 Jahre lang Beingeschwür, das jedes Jahr mindestens einmal eine Tendenz zeigt, aufzugehen, meistens auch wirklich aufgeht und trotz aller Sorgfalt wächst und bei Bett- und Badebehandlung Monate zur Heilung braucht; dann eine rasche Heilung, ich weiß nicht genau in wieviel Zeit ohne Bettliegen (das immerhin nach begründeter Annahme einen begünstigenden Einfluß hat), jedenfalls aber in ganz wenigen Wochen (die Größe des letzten Geschwürs kenne ich nicht, von früheren aber weiß ich, daß sie so ihre 5—7 cm Durchmesser hatten, und wir dürfen annehmen, daß dieses nicht gar viel kleiner war) und dann kein Rezidiv für 10 Jahre, d. h. bis zum Tode. — Forel hat vom Schuster Boßhard die Trinkerheilung gelernt und diese Erkenntnis zum Ausgangspunkt für die europäische, wissenschaftliche Abstinenzbewegung gemacht. Hauptsächlich durch die Versuche der Naturheiler wissen wir, daß Grahambrot Darmbewegungen fördert, in wie hohem Maße die Abhärtung Krankheitsdispositionen wie die zum Katarrh abschwächen kann, daß man ohne Fleisch kräftig sein kann usw.

Ich denke, wenn man sich nicht die Augen verschließen wollte, so könnte man auch jetzt noch, da die Medizin allerdings in vielen Dingen den Quacksalber eingeholt und überholt hat, ähnliche Beispiele zur Genüge sammeln, die beweisen, daß er gelegentlich einmal sogar auf dem Gebiete der somatischen Heilkunde etwas weiß, das die Medizin nicht kennt oder wieder vergessen hat.

Seine Triumphe aber feiert der Pfuscher bei denjenigen Krankheiten, die der Suggestion zugänglich sind, und zwar in zweierlei Beziehungen: einesteils indem sie geheilt werden, andernteils indem der Kranke glaubt, geheilt zu sein, auch wenn er es nicht ist, was praktisch oft der Heilung gleichkommt. Über die Tatsächlichkeit solcher Erfolge ist heutzutage nicht mehr zu reden, dank der seinerzeit von der Medizin so eifrig bekämpften Suggestionslehre.

Warum konnte der Pfuscher durch Suggestion so viel ausrichten, lange bevor es die Mehrzahl der Ärzte vermochte, und warum kann er jetzt noch seine ganze Praxis darauf gründen? Weil er eben ein geborner Psychologe ist, und weil die gelehrte Medizin die Psychologie verschmäht und sich aktiv vom Leibe gehalten hat.

Was Liébault und Bernheim auf dem Umwege über die Hypnose uns gelehrt haben, das hätte man auch hundert Jahre früher merken können, wenn man eine bloß wissenschaftliche Einstellung zum Quacksalber gehabt hätte. Und die Moral dieser Blamage der Medizin ist eben die: wir sollen den Pfuscher nicht fürchten und nicht hassen und auch nicht unsere Augen vor ihm schließen, sondern wir sollen ihn studieren, so wie der Naturforscher die Wolfsmilch und die Rose erforscht, und wir sollen von ihm lernen, teils wie man es machen könnte, teils wie man es nicht machen soll.

Bei einem genaueren Studium würden wir dann finden, daß das Pfuschertum[1]) ganz verschiedene Wurzeln hat, z. B. 1. eine richtige Empirie, zum kleinen Teil auf somatischem, zum sehr überwiegenden Teil auf psychotherapeutischem Gebiet, meist beruhend auf einer Individualempirie und deshalb nur schwer oder gar nicht lehrbar und zum Teil nur von besonders beanlagten Menschen zu benutzen. 2. Autistisch abergläubiger Quatsch. 3. Schwindel in allen Graden der Bewußtheit. 4. Eine natürliche Auslese von Leuten, die eben etwas Besonderes „können". Der ideale Pfuscher muß nämlich mehrere Eigenschaften in ganz besonderer Ausbildung besitzen: einen guten Blick, den Leuten anzusehen, was sie haben möchten, und wenn er dabei einige Nebensachen ebenfalls gut erschließen kann, wie den Wohnort aus der Qualität der Erde, die sie an den Schuhen tragen, oder den Beruf als Schneider aus dem Knoten, mit dem die Urinflasche verbunden ist, so kann ihm das nur zugute kommen. Unter Umständen und in einem beschränkten Sinne kann er auch ein Geschick für Diagnosen aus dem Aussehen haben. Zweitens gehört dazu eine besondere Gabe, sich einzufühlen, eine große suggestive Kraft, und drittens die Fähigkeit, sich das nötige Ansehen zu geben, eventuell zu schwindeln. Bei manchen, besonders denen, die brieflich behandeln und gedruckte Antworten verteilen, wird wohl nur das letztere Talent entwickelt sein, wie auch sonst die einzelnen hier genannten Fähigkeiten in der Wirklichkeit vom Maximum, das Bewunderung verdient, bis auf Null schwanken mögen.

Man wird auch finden, daß ein Kampf gegen den Pfuscher mit dem Ziele, ihn verschwinden zu machen, für absehbare Zeit, wenn nicht für immer, aussichtslos ist, und wird seine Kräfte nicht in dieser Richtung vergeuden. Der Pfuscher ist eben eine Notwendigkeit, nicht bloß weil er da ist, sondern weil er manches kann, heilen und trösten, wo der Arzt es aus irgend welchen allgemeinen oder individuellen Gründen nicht vermag; dann aber, weil eben das instinktive Bedürfnis nach dem Geheimnisvollen im Kranken nicht auszurotten ist. So muß man sich praktisch mit ihm abfinden. Über das Wie? bin ich mir in den Einzelheiten noch lange nicht klar, obschon ich vor kurzem bei Anlaß einer amtlichen Anfrage, was

---

[1]) Ein Referent berichtet, ich teile die Pfuscher in diese vier Kategorien. Das wäre ganz falsch. Beim nämlichen Quacksalber können mehrere dieser Momente, und auch andere, nicht aufgezählte Momente mitwirken.

denn mit einem Händeaufleger zu machen sei, die Aufgabe gehabt
hätte, das Problem zu lösen.

Sicher scheint mir aber folgendes: zunächst, daß das, was man
jetzt tut, schimpfen und im übrigen den Kopf in den Sand stecken,
das Ungeschickteste ist. Wir verkehren mit Idioten und Verrückten
und Verbrechern und Krätzigen und Prostituierten und Aussätzigen
und sehen in jedem den Menschen, und wenn wir mit einem Pfuscher
beruflich verkehren, so vergeben wir uns etwas. Warum denn?
Im Gegenteil, wir sollen froh sein, wenn wir Gelegenheit bekommen,
ihn kennen zu lernen; und wenn wir mit seiner Hilfe einen Kranken
heilen, so haben wir diesem den nämlichen und oft noch einen größeren
Dienst getan, als wenn wir ihn selbst heilen und eventuell an irgend
welche Drogen gewöhnen. Ich habe mich in einzelnen wenigen
Fällen nicht gescheut, einen Patienten zum Pfuscher zu schicken,
und ich habe noch keinen Grund gehabt, es zu bereuen. Einige
sind auch wenigstens mit meinem ärztlichen Segen aus eigener Iniative
hingegangen. Die christliche Wissenschaft kann manchem einen
Dienst leisten, dem der Arzt nicht gewachsen ist. Da kam vor
20 Jahren eine Hysterika zu mir in Verzweiflung, weil der Chirurg
ihren hysterischen Torticollis für eine Wirbelkaries gehalten und
verlangt hatte, daß sie einige Monate im Bett auf dem Rücken liege,
wodurch sie die Stelle, mit der sie die Familie zu einem wesentlichen
Teil ernährte, verloren hätte. Ich heilte sie durch ein paar Hypnosen.
Ein anderer Spezialist, ein Augenarzt, der die nervösen Asthenopien
nicht genügend kannte, hatte sie in der Weise um die Stelle zu bringen
gedroht und für einige Zeit wirklich um die Lebenstreude gebracht,
daß er ihr sagte sie habe ein unheilbares Augenleiden und werde
in wenigen Jahren ganz blind sein. Eine Anzahl von Jahren habe
ich sie, wenn sie wieder irgend eine Schwäche ankam, mit einer oder
zwei Hypnosen jeweilen auf die Beine gestellt. Dann hat sie sich
der christlichen Wissenschaft zugewandt, die ihr mehr bieten kann
als ich, denn sie hat in der Zwischenzeit ihre Familie verloren und
kann den religiösen Trost, den Halt und die Anregung im täglichen
Umgang mit Gleichgesinnten nicht entbehren. Den Arzt braucht
sie nun seit mehr als zehn Jahren nicht mehr.

Ein etwas näheres Zusammenkommen von Arzt und Pfuscher
hätte auch noch einen Vorteil, den wohl manche nicht schätzen
werden, den ich persönlich aber für recht groß halten würde: jetzt
kaprizieren sich die Quacksalber teils im Interesse des Gimpelfanges,
teils aus Borniertheit und Unkenntnis der Sachlage darauf, die
„Schulmedizin" in ganz unrichtiger Weise zu kritisieren. Die
Wirkung dieses Unsinns auf die Klardenkenden und namentlich
auf die Ärzte ist dann die, daß die viel kleineren wirklichen Unvollkommenheiten davor verschwinden, und man sich nur um so
erhabener fühlt. Würde man sich etwas besser kennen, so würden
die Quacksalber gezwungen, wirkliche Kritik zu üben, und wenn
diese auch der Natur der Sache nach übelwollend wäre, so könnte
das meiner Meinung nach doch die meisten Formen eines da und dort
vorkommenden Schlendrians verhüten, indem so Gewissen und

Aufmerksamkeit nicht in angenehmer, aber in eindringlicher Weise wachgehalten würde.

Ich meine also, die Medizin sollte sich nicht überall da zurückziehen, wo ein Pfuscher irgendwie am Horizonte sich ankündet, und gesetzlich sollte man Bestimmungen machen, unter denen ein Händeaufleger wirklich arbeiten und seine Leute heilen, aber möglichst wenig Schaden anstiften kann. Könnte man vielleicht, wenigstens in den Ländern, wo die ärztliche Praxis nicht freigegeben ist, verlangen, daß ein wirklicher Arzt die Diagnosen mache, bevor der Pfuscher die Kur beginnt? Der Kranke müßte aber wirklich ohne jede eifersüchtige Regung dem ungelehrten Heilkollegen überlassen werden, wenn ein Schaden nicht wenigstens mit großer Wahrscheinlichkeit zu erwarten ist.

Die Vorteile einer Art Zusammenarbeitens scheinen mir viel größer als die Nachteile. Daß die Pfuscherei deswegen mehr überhand nehme, glaube ich nicht, nicht nur weil da wenig zu verderben ist. Was unsere Wissenschaft in den letzten Jahrzehnten geleistet hat, ist ja enorm; die neuesten beweglichen Prothesen von Sauerbruch erfüllen einen Wunsch, der früher als autistisch unmöglich gelten mußte, und was die Hygiene jetzt kann, zeigt am besten der große Krieg, dessen Menschenansammlungen vor wenigen Dezennien noch in kürzester Zeit den Seuchen erlegen wären. Haben wir da eine offene Konkurrenz wirklich zu fürchten? Ich glaube es nicht. Aber daß die schleichende Konkurrenz, wenn wir das Wort hier brauchen wollen, sich sehr wohl fühlt, das erfahren wir doch zur Genüge, und das Publikum hat den Schaden zu bezahlen. Wir können dem Pfuscher auch in der Udenotherapie über sein, weil wir sie bewußt handhaben können und weil wir ruhig sagen können: hier ist nichts machen das beste, während jener seine Stellung nur rettet, wenn er auch in diesen Fällen seinen Hokuspokus anbringt, und es so bei ihm mehr ein Zufall ist, ob der Patient zur wirklichen Außerachtlassung von zu ignorierenden Leiden kommt, und der Pfuscher gar nicht die Tendenz hat, in dieser Richtung, die seine Hilfe für die Zukunft wenig nötig macht, sich Mühe zu geben. Eine der wichtigsten Wurzeln des Pfuschertums, das Geheimnisvolle desselben, müßte dann auch innert weniger Generationen verdorren. Wenn überhaupt eine richtige statistische Methodik in Fleisch und Blut einer neuen Generation übergegangen sein wird, so muß man auch sehen, daß der Pfuscher dem Arzt in der großen Mehrzahl der Fälle nicht gleichkommt, und es müßte z. B. bald auffallen, daß er meistens nur ganz bestimmte Krankheiten heilt, oder daß bei der christlichen Wissenschaft der wahre Glaube niemals mit einem Krebs in einer Person verbunden ist, so daß gerade hier die allrettende Ausrede ausnahmslos zu fungieren hat. Sei dem aber wie ihm wolle, wir sollen den Pfuscher nicht dadurch bekämpfen, daß wir gewisse Künste, die er mit Erfolg anwendet, verachten, daß wir also in bestimmten Richtungen weniger leisten als er, sondern dadurch, daß wir das können, was uns die Wissenschaft lehrt, und noch dazu das, was der Pfuscher kann.

I. Die Präzision in der Praxis.

Wenn wir auch einige Verbindungen mit dem Pfuschertum wünschen oder dulden, eine „anerkannte" medizinische Wissenschaft wird sich immer abgrenzen lassen müssen mit ihren Verantwortlichkeiten, ihren Pflichten und Kunstfehlern. Und da stellt uns die moderne Versicherungspraxis, die vor kurzem in der Schweiz eine Ausdehnung bekommen hat wie nirgends sonst, eine Anzahl neuer Probleme, die ein im höchsten Grade diszipiniertes Denken verlangen. Die Annahme von ursächlichen Zusammenhängen, die Konstatierung von Symptomen und Tatsachen bekommt auf einmal eine unendlich wichtigere Bedeutung und verlangt Ersetzung althergebrachten Schlendrians durch eine maximale Präzision der Beobachtung und des Denkens, wie man sie bis jetzt nur bei guten gerichtlichen Untersuchungen zu sehen gewohnt war. Wie oft mußte der Arzt eine Todesursache bescheinigen, nicht nur bei Patienten, die er ohne ganz sichere Diagnose hatte behandeln müssen, sondern wo er den Verstorbenen überhaupt gar nicht kannte und sich bloß von den Verwandten über die mit dem Tod verbundenen Umstände belehren lassen mußte. Auch da wird er nun den Mut haben müssen, die übliche Herzlähmung oder ähnliche Diagnosen zu ersetzen durch ein „ich weiß es nicht", das aber die fatale Konsequenz mit sich bringt, ihn zu verpflichten, vor einem solchen negativen Ausspruch sein möglichstes zu tun, um die Diagnose festzustellen und namentlich auch um jeden Umstand, der versicherungtechnisch in Frage kommen könnte, herauszufinden. Er tritt auf einmal an die Stelle des Gerichtsarztes mit seiner hohen Verantwortlichkeit, der alle Mittel aufzuwenden verpflichtet ist, einen Tatbestand positiv und negativ sicherzustellen. Das kleinste Versehen, die sonst verzeihlichste Unterlassung kann hier auf einmal schwere pekuniäre Folgen haben. Früher konnte man sich sehr viel leichter mit Oberflächlichkeiten beruhigen, und die Praxis selber sanktionierte den Schlendrian nicht ohne guten Grund. Es kamen ja nur Verbrechen gegen das Leben in Betracht, und solche sind bei uns so selten, daß man sich mit der großen Wahrscheinlichkeit ihres Nichtvorliegens beruhigen und zugleich annehmen kann, daß die Entdeckung von einem pro Mille Verbrechen mehr die Aufwendung so großer Quantitäten von Mühe und Scharfsinn nicht lohnen würde. Jetzt, wo jeder Unfall entschädigungspflichtig ist, ist die Aufgabe eine ganz andere geworden, und mancher Herzschlag oder Gehirn-schlag wird sich in der Folge in eine Kohlenoxydvergiftung oder irgendeinen andern Unfall oder auch in eine spontane Krankheit verwandeln.

Das Neue betrifft aber nicht nur die Totenschau. Wenn jemand nach einem Unfall unbeweglich liegen bleibt und auf Anreden und Reize nicht reagiert, so konnte man früher ohne zu großes Risiko eine Hirnerschütterung oder eine andere Form von Bewußt-losigkeit annehmen, und das auch dann, wenn der Arzt erst nach dem Erwachen dazu gekommen war und nur von zufälligen Zeugen davon gehört hatte. Jetzt gibt es auch ein Interesse, Hirnerschütte-rungen zu simulieren, und so hat der Arzt sich erst zu vergewissern, ob eine solche wirklich vorgelegen habe, bevor er ein Zeugnis schreibt; ja, er muß den ganzen Unfall selber oft in Frage ziehen. Und wenn eine Verletzung konstatiert ist, so hat man sich wieder zu fragen: ist sie wirklich durch diesen Unfall entstanden? Da arbeitet einer in einem Graben unter einem Neubau; man findet ihn „bewußt-los"; nach dem Erwachen weiß er, daß ihm ein Zigelstein auf den Kopf gefallen sei; er zeigt auch an der betreffenden Stelle eine kleine Wunde. Die Commotio cerebri wird ihm vom Arzte be-zeugt; es handelt sich aber nur um einen Versicherungsbetrug, bei dem alles, auch der fallende Ziegelstein, auf Erfindung beruhte, nur die kleine Schürfung hatte er sich wirklich beigebracht. Und jetzt im Kriege, da macht z. B. Raecke darauf aufmerksam, wie oft ein hysterischer Stupor als Commotio attestiert werde. Schließen wir mit einem Beispiel von Weber[1]): Eine Bäuerin erschrak vor einer Kuh. Ein Arzt fand später nicht nur ein Unterleibsleiden, das nicht vorhanden war, sondern bezeugte auch, es könne Folge des Unfalls sein. Die Frau erhielt eine Rente von $20^0/_0$, ohne jeden Be-weis eines Zusammenhanges. Zwei Jahre später bekam sie eine Weichteilwunde am Kopf. Ein anderer Arzt konstatierte nicht nur eine Hirnerschütterung, sondern auch noch, daß die Patientin verblöden werde. Dafür erhielt sie $70^0/_0$ Rente. Nachdem drei Jahre lang $50 + 20^0/_0$ Rente ausbezahlt worden waren und sie noch viel Queruliererereien gemacht hatte, kam endlich heraus, daß überhaupt nie eine Krankheit vorhanden gewesen war.

Solche Leichtfertigkeiten dürfen nicht mehr vorkommen. Sie sind aber weniger bloße Nachlässigkeiten als Folgen einer autistischen Einstellung, die Mitleid mit dem Patienten hat, aber an die All-gemeinheit nicht denkt und an den viel größeren Schaden, der dadurch entsteht, daß man die Leute begehrlich macht, ihre Moral vergiftet und Gesunde in Unfallneurotiker verwandelt. Objektiv genommen ist es ja im ganzen besser, wenn einmal ein Entschädi-gungsberechtigter nicht entschädigt wird als umgekehrt, so bitter es für diesen einzelnen Kranken sein muß. Allerdings ist dabei

---

[1]) Zur Entstehung der Unfallneurosen. Münch. Med. Wochenschr. 1915, S. 400.

vorausgesetzt, daß die Versicherung nicht ihrerseits durch vexatorische Maßnahmen die Neurose provoziere. Wenn man überhaupt nicht das primum veritas, sondern das Mitleid und die Rücksicht auf seinen „Klienten" zum Prinzip macht, so wird unsere Unfallmedizin und die ganze medizinische Wissenschaft entweder eine elende Magd von egoistischen Bestrebungen geschickter Ausbeuter werden, oder die privaten und staatlichen Versicherungen sehen sich gezwungen, die freie Arztwahl aufzuheben. Daß man an verschiedenen Orten nahe daran ist, letzteres zu tun, weiß ich, hoffe aber, daß sich die Gefahr für den ganzen Ärztestand und das Publikum noch abwenden lasse.

Es wäre namentlich gut, wenn alles, was man so Gefälligkeitszeugnisse nennen kann, aus der ärztlichen Praxis definitiv verschwinden würde. Ich weiß, daß dann oft ein Unrecht geschieht, weil irgend eine allgemeine Vorschrift dem speziellen Fall nicht gerecht werden kann; aber ich glaube nicht, daß wir dazu da sind, die Wirkung solcher unrichtigen Vorschriften im einzelnen Fall durch ein falsches Gutachten zu korrigieren und ihnen damit die Lebensdauer zu verlängern. Sagen wir die Wahrheit sowohl in bezug auf die vorliegende Krankheit wie auf die in Betracht kommende reglementarische Bestimmung, dann werden wir es mit der Zeit erreichen, daß diese abgeschafft wird. Es fällt mir nicht ein, einen Alkoholismus deswegen als gewöhnliche Geisteskrankheit zu bezeichnen, weil er als selbstverschuldet nicht entschädigt wird, obgleich ich weiß, daß der einzelne Trinker ein ungeheuer kleines Teil der Schuld trägt gegenüber den allgemeinen Trinkgewohnheiten und oft gegenüber den nämlichen Leuten, die ihm zwar das Krankengeld nicht gönnen, ihm aber durch Hohn und allerlei kleinliche Schikanen unmöglich machen, abstinent zu bleiben, wenn er sich einmal dazu aufrafft. In einer Diskussion hat einmal ein Staatsanwalt geäußert, daß die psychiatrischen Gutachten ein Korrigens gegen Gesetzbestimmungen seien, die einzelnen Fällen nicht gerecht werden können. Ich habe dagegen lebhaft protestiert. Was wir Ärzte sagen, soll so verstanden werden, wie es gesagt ist, und nicht anders.

Seine Zeugnisse und Gutachten geben überhaupt dem Arzt eine Gewalt in die Hände, die man nicht immer genügend wertet; seine hygienischen Vorschriften sind für ein Heer ebenso wichtig, wie die strategische Führung; auf seinen Rat werden Schulen geschlossen und das Versammlungsrecht beschränkt; seine Gutachten berauben einzelne Menschen der Freiheit (wegen Geistes- oder Infektionskrankheit); sie entscheiden über Handlungs- und Heiratsfähigkeit, über die Zugehörigkeit von Vermögen, über Leben und Tod des Fötus im engen Becken; der Arzt kann anordnen, wann und wie lange seine Patienten schlafen, was und wieviel sie essen sollen, er kann ihnen für beliebig lange Zeit ein Faulenzerleben verschreiben, sie von Familie und Gewerbe weg in Heilstätten und Bäder verweisen, dem Kandidaten einen Unterbruch des Examens und damit eine neue Frist zur Vorbereitung verschaffen und noch vieles andere.

Diese Gewalt wird noch zunehmen mit den Fortschritten seiner Wissenschaft. Der Kritik sind die Anordnungen nur in beschränktem Maße zugänglich. Die Zweckmäßigkeit seiner Anordnungen beruht also fast ganz auf seiner Tüchtigkeit und Gewissenhaftigkeit. Daß Mißbräuche, wie sie bei den Polizeiorganen vorkommen, kaum bekannt sind, ist wohl das beste Zeugnis für die Auslese und die Bildung der Ärzte. Aber hüten wir uns, damit es nicht einmal anders tönen müsse. Zeugnisse, die sich nicht so viel als möglich auf den objektiven Wahrheitsstandpunkt stellen — und wenn auch nur aus Menschenliebe —, sind der erste Schritt zu gefährlichen Mißbräuchen.

Eine besondere und für den Arzt oft recht schwierige Art der Präzision einer Tatbestandserhebung verlangen oft die neurologischen und psychiatrischen Fälle. Es ist ja der Umgebung leicht, eine auffallende Handlung durch Verschweigen oder gefärbte Darstellung der Umstände, aus denen sie herausgewachsen ist, als Ausfluß einer Geisteskrankheit darzustellen. Umgekehrt kann man oft mit einigem Geschick auch unsinnige Handlungen aus den Verhältnissen so motivieren, daß sie ihren diagnostischen Wert verlieren. Es ist zwar zu konstatieren, daß uns Anstaltsärzten fast nie Zeugnisse gebracht werden, die in bezug auf die Hauptsache, die Begründung der Einweisung materiell unrichtig wären; aber es mag doch gut sein, auch hier zur Vorsicht zu mahnen. Da erkrankt ein psychopathischer älterer Herr infolge Bothylismus an einem länger dauernden Verwirrtheitszustand. Die Familie, mit der er in Streit lebt, benutzt das, um ihn mit vielen Einzelangaben über verrücktes Verhalten als dauernd geisteskrank und gemeingefährlich hinzustellen. Der Arzt prüft bei der scheinbar klaren Sachlage die Angaben nicht genauer, und der Patient wird ohne Not entmündigt, was sich erst im Rekursverfahren herausstellte. Oder eine Kranke klagt über Nervosität und führt diese auf schlechte Behandlung durch ihren Mann zurück. Alles tönt sehr plausibel, aber die genauere Nachforschung ergibt, daß die Frau geisteskrank und der Mann unschuldig ist. Die „Nervosität" ist nun ganz anders zu behandeln, als es den Anschein hatte. Je mehr man den ganzen Menschen statt die in die Augen springenden Krankheitssymptome zu behandeln bestrebt ist, um so wichtiger werden solche Erhebungen. So lassen wir uns nicht nur in der Anstalt, sondern auch in der Poliklinik sehr häufig auch noch von andern Familiengliedern und von Bekannten über die Umstände orientieren. Denn auf die Aussagen des einzelnen kann man sich gerade in den Fällen, wo es sich darum handelt, Familienverhältnis zu sanieren oder irgendwelchen Mißständen in der Umgebung auszuweichen, am wenigsten verlassen. Nicht nur die Diagnose, sondern auch die Therapie tappt im Dunkeln ohne zuverlässige Erhebungen.

Ich setze große Erwartungen auf das Wirken der schweizerischen Unfallanstalt, daß sie nicht nur neue Aufgaben stelle, sondern den Ärzten in intimem und dauerndem Kontakt ihre Erfahrungen zugute kommen lasse und namentlich auch Wege finde, die Präzision ihrer Auffassungen und therapeutischen Maßnahmen zu erhöhen. Sie wird z. B. dafür sorgen, daß man ein Panaritium richtig aufschneidet und nicht bloß durch ein kleines Loch entlastet; sie wird ihre Erfahrungen über Diagnostik und Bedeutung der Lumbago nicht nur dem beschränkten Leserkreis irgend einer Zeitschrift, sondern der ganzen Ärzteschaft zur Kenntnis bringen. Kurz, sie kann und soll eine gewisse Ergänzung der Kliniken, eine Art Fortbildungsinstitut werden.

Mit der gerichtlich geforderten Präzision steht in einem gewissen Widerspruch das Abstellen auf bestimmte Regeln und mehr oder weniger willkürliche Annahmen, das dem Juristen geläufig ist, dem Mediziner aber manchmal Schwierigkeiten macht. Hat man schon bestimmte Tarife für die prozentische Herabsetzung der Arbeitsfähigkeit, die im einzelnen Falle oft schwer zu begründen ist, oder gar in Widerspruch mit den individuellen Verhältnissen des Patienten steht, so wird der Richter z. B. durch die Verhältnisse gezwungen, auch den Begriff des Kausalzusammenhanges in einem viel allgemeinern Sinne zu fassen, als wir es gewohnt sind. Wenn n a c h einem Unfall eine Krankheit entstanden ist, die F o l g e davon sein k ö n n t e, so muß er den Kausalzusammenhang annehmen, weil das Gegenteil nicht zu beweisen ist („abgekürzte Kausalität"). Er rechnet hier mit kleineren Wahrscheinlichkeiten als wir gewohnt sind. In diese Denkweise und Praxis muß man sich auch einleben können.

K. Von den Schwierigkeiten der ausschließlichen Anwendung des disziplinierten Denkens.

Eine strenge Durchführung der Grundsätze des disziplinierten Denkens und namentlich ein Verzicht auf Handeln überall da, wo man nicht genügende Anhaltspunkte zu annähernd sicheren Grundlagen der Therapie haben kann, ist selbstverständlich in der Medizin ausgeschlossen. Eine Hypothese, die sich gelegentlich dem Forscher auf einem andern Gebiet aufdrängt, kann er ohne weiteres unterdrücken, wenn sie ihm nicht genügend Wahrscheinlichkeits- oder heuristischen Wert hat. Wenn man dem Techniker den Auftrag gibt, ein Schiff von der und der Tragkraft, einem bestimmten Tiefgang und bestimmter Schnelligkeit zu bauen, so macht er sich, falls die Lösung der Aufgabe ihm nicht undenkbar erscheint, daran, berechnet, probiert, und der Auftraggeber hat zu warten, bis das Problem gelöst ist, unter Umständen Generationen lang. Dem Kranken aber muß der Arzt, ob die technischen und materiellen Hilfsmittel genügen oder nicht, sofort sein Schiff herstellen, womit man nun versucht zu fahren — oft auf gut Glück hin. Die Versicherung berechnet ihre Wahrscheinlichkeiten und fährt dabei gut, denn die Abweichungen beim Einzelnen gleichen sich für sie aus, und der Versicherte will ja gerade für Ausnahmsfälle gedeckt sein. Der Arzt aber hat es mit dem einzelnen Kranken zu tun; für ihn haben in erster Linie die Einzelchancen Bedeutung. Allerdings wird der Chirurg, der von den Medizinern am häufigsten und am klarsten die Statistik benutzt, von zwei Operationen, von denen die eine eine Mortalität von 3 und einen Mißerfolg von $10^0/_0$, die andere die Mortalität von 6 und den Mißerfolg von $9^0/_0$ hat, prinzipiell die erstere wählen; aber er wird doch in jedem einzelnen Falle wieder prüfen, ob nicht bei den individuellen Verhältnissen eines bestimmten Patienten die andere gleichwohl vorzuziehen sei, und er wird dabei die allerverschiedensten Umstände in Betracht ziehen, nicht nur den Kräftezustand des Patienten, sondern auch die Art seiner Arbeit, seine intellektuelle und affektive Einstellung zu den Aufgaben, die ihm vielleicht eine verstümmelnde Operation später stellen wird usw. Er wird auch das Verhältnis von Lebensgefahr zur Gefahr des Mißlingens speziell für den einzelnen Fall und zum Teil auch nach den Ansichten und Wünschen seines Kranken abwägen. Man muß also hier nach individuellen und nicht bloß nach allgemeinen, großzahligen Wahrscheinlichkeiten handeln. Außerdem muß man überhaupt handeln, auch wenn die Wahrscheinlichkeiten für einen Erfolg sehr klein sind. Schon bei der Diagnose kann man zur Zeit der ersten Anordnung oft keine Sicherheit haben. Und wenn jemand kommt und klagt, er habe jeden Morgen beim Aufstehen Kopfweh, so kann man nicht in jedem Falle eine genaue Untersuchung aller Körperorgane und Körpersäfte und noch weniger oft eine Psychanalyse unternehmen, und so ist man halt aufs Probieren angewiesen. Oder bei der Abschätzung der Arbeitsfähigkeit in Prozenten kann man so oft nur entweder willkürliche Normen benutzen oder dann ganz von ungefähr eine Zahl einsetzen, die die richtigste scheint.

Man kann auch nicht jedesmal den ganzen Apparat von Logik und Untersuchung aller Verhältnisse des Individuums und seiner Umgebung in Bewegung setzen. In einem großen Teil der Fälle, die zum Arzt kommen, handelt es sich um Bagatellen; da soll man nicht mit Kanonen nach Spatzen schießen, und es ist unter Umständen für beide Teile nicht nur einfacher oder genügend, sondern direkt besser, den Mann mit irgend einem Pülverchen zu behandeln, als auf seine ganze Person eingehen zu wollen. Beide Teile würden schon zu viel Zeit opfern; und die Entblößung des Ich hat immer ihre Schwierigkeiten; es ist für den Patienten eine recht ambivalente Operation, bei der in der Regel die negativen Gefühle vorherrschen, wenn auch ganz wie bei der verwandten Sexualität ein Schwelgen in Selbstzergliederung und Selbstentblößung nicht selten vorkommt, aber auch wieder nichts gerade therapeutisch direkt gut zu Verwendendes ist. Meist will der Patient cito et jucunde dem Instinkte frönen, etwas gegen sein Leiden zu tun, er will auch vielleicht sonst einen Trost holen, und es genügt wirklich in vielen Fällen, nach solchen unausgesprochenen Wünschen zu handeln. Tut der Arzt zu wenig, so macht der Kranke mit oder ohne andern Ratgeber etwas anderes, unter Umständen etwas recht Dummes. Man kann auch dem Patienten nur selten, wo man gleich in irgend einem fehlerhaften Verhalten die Mitursachen der Krankheit findet, sofort seine eventuelle ganze Erbärmlichkeit vorhalten; er will ja das gerade nicht, sondern Heilung ohne das Opfer innerer Besserung. Dann kommen viele Kranke zum Arzt, um eine autistische, d. h. günstige Diagnose und Prognose zu erhalten, etwa so, wie die Ehekandidaten, die ihren Gesundheitsverhältnissen nicht recht trauen, in der Regel gar nicht fragen, um eine objektive Antwort nach allen Regeln der Wissenschaft zu erhalten, sondern um die Verantwortung von ihrem Gewissen durch die ärztliche Erlaubnis abzuwälzen.

Von heute auf morgen wird man vom einzelnen Arzt nicht verlangen können, daß er nun alles umdenke und plötzlich überall sage: „ich weiß es nicht" oder „da kann man nichts machen". Er selber braucht Zeit, sich in eine veränderte Situation hineinzudenken, und das Publikum noch viel mehr. Momentan ist nur zu verlangen, daß der Arzt sich wirklich Mühe gebe, seine Wissenschaft in schärferer Weise zu erfassen und dementsprechend auszuüben statt in autistischer, und daß er dahin strebe, auch das Publikum nach und nach zu vernünftigeren Anschauungen zu erziehen.

Die Vorurteile des einzelnen Patienten sind gewöhnlich unheilbar, und jedenfalls kann man ihn nicht zuerst von seinen Vorurteilen und dann von seiner Krankheit heilen wollen. Immerhin hat es seine Grenzen, wie weit man den falschen Ansichten des Patienten entgegenkommen soll, wie weit man etwa ein Mittel verdünnen soll, weil der Kranke eben nur von einer „großen Flasche" eine große Wirkung erwartet; die Würde der Medizin und seine eigene soll der Arzt denn doch wahren. Es ist auch eine nicht objektiv zu beantwortende Frage, wie weit man z. B. in der Präzision gehen soll bei Vorschriften, die nur deshalb so genau gegeben werden, damit der Patient, der aus einer ungenauen Verschreibung, die ihm Zeit und Quantität von irgend einer Maßnahme teilweise überläßt, leicht auch auf die Gleichgültigkeit der ganzen Anwendung schließt, eher folge, oder um ihm den Tag auszufüllen. Es gibt nun gewiß Patienten, bei denen es gut sein mag, einen in alle Einzelheiten geordneten Stundenplan über den ganzen Tag und eventuell eine ganz bestimmte Diät vorzuschreiben; aber meistens ist das eine Scheinpräzision, die mit dem Heilmittel als solchem nichts zu tun hat und vom Patienten zu oft durchschaut wird. Je mehr aber der Arzt oder die Medizin überhaupt leisten kann, um so besser kann man solche und andere Wichtigmachereien entbehren, ganz wie der Künstler, der etwas geleistet hat, seine Genialität nicht mehr durch den Schnitt seiner Mähne und die Tracht seiner Joppe kundzutun hat.

Eine ganz schwierige Frage bringt auch die Handhabung der Suggestion hinein. Ohne sie kein guter Arzt. Da machen nun die äußeren Umstände und das Auftreten des Arztes recht viel aus. Daß das letztere in früheren Zeiten beim Arzt und jetzt noch beim Quacksalber oft in schauspielerischer Weise aufgeputzt wird, kann ja gewisse Gründe haben, aber zu verwerfen ist es doch. Dagegen kann man bei direktem Suggerieren nicht vermeiden, Besserungen zu prophezeien, die nicht so absolut sicher sind. Vor dem Patienten und — was nicht das Wenigste ist — vor sich selber rettet man die Wahrheit dadurch, daß man eben ehrlich alles als Behandlung bezeichnet. Man wird sich auch bemühen, wenn immer möglich, als Träger der Suggestion Maßnahmen zu verwenden, die wirklich etwas nützen. Eine „Lebenslüge" dazu zu verwenden wird man verpönen; um so dankbarer ist es, dem Patienten ein Lebensziel zu geben. Aber gut wirkt es immerhin, wenn hier ein gewisses autistisches Element hineinkommt in Gestalt eines Optimismus, der selber von zukünftigen Erfolgen überzeugt ist, die dann vielleicht doch nicht eintreten. Die eigene Überzeugung ist ja natürlich die beste Kraft für die Suggestion, und ich möchte hinzufügen, daß in dieser Beziehung eine gewisse Kritiklosigkeit und Kurzsichtigkeit des Arztes für ihn selbst und noch mehr für seine Patienten ein Glück ist. Das ist auch der **Weg, auf dem viele** Quacksalber ihre pekuniären und eventuell therapeutischen Erfolge gewinnen.

Eine andere, der Objektivität nicht recht zugängliche Note kommt dadurch in die Therapie, daß viele, namentlich gerade psychische Mittel sehr an die Person des Ausübenden gebunden sind; der eine Arzt erreicht durch „Persuasion" europäische Berühmtheit, ein anderer, dem das weniger liegt, kann mit der nämlichen Methode nichts ausrichten, heilt aber seine Patienten durch ein chemisches oder physikalisches Scheinmittel. Auch bei manchen nicht psychischen Prozeduren, ja sogar bei Operationen ist die individuelle Note des Arztes von großer Wichtigkeit.

Erwähnen wir auch noch die Schwierigkeiten, die die Standesunterschiede mit ihren verschiedenen Graden der Bildung, der Empfindlichkeit und Abhärtung, den verschiedenen Angewöhnungen und Anschauungen hineinbringen, so haben wir unsere tadelnde Bemerkung, daß bei der nämlichen Erkrankung der Reiche eine kostspielige Badekur unbedingt nötig habe, während ein anderer mit einigen Schachteln Pillen geheilt werden könne, zu ergänzen durch die Konstatierung, daß eben Unterschiede auch nach Ständen existieren, daß wir sie bei der Behandlung zu berücksichtigen haben, aber daß wir uns klar sein müssen, warum und inwiefern, und daß wir nicht die Badekur vor andern Maßnahmen der Krankheit wegen wählen, sondern des Standes wegen. Wenn die letztere Einsicht dazu führen würde, daß die Ausrede der Kur und der Erholung nicht mehr als eine Begründung von Nichtstun und Vergnügung und Geldausgeben gelten kann, dann würde die Medizin und das Ansehen unseres Standes nur gewinnen.

Viele fürchten das Nichtsmachen, den viel angegriffenen therapeutischen Nihilismus. Was ich aber scherzweise Udenotherapie genannt habe, ist etwas ganz anderes als der therapeutische Nihilismus, der dem faulen Fatalismus ähnlich ist. Sie will eine Therapie sein und nur das nicht machen, was nichts nützt und folglich schadet. **Sie will genau prüfen, wo unsere Eingriffe etwas nützen können, und da, wo nichts Gescheites zu machen ist, die Natur nicht stören, statt etwas Dummes oder, höflicher ausgedrückt, etwas Unbegründetes, zu machen. Das ist schon etwas Positives, und zwar etwas sehr Wichtiges. Ein anderes Positives liegt darin, daß sie Leuten, die meinen krank sein zu müssen, erlaubt, gesund zu sein. Was kann man alles für Abweichungen von der Norm haben, ohne gestört zu werden, wenn man es nicht weiß, oder was gleichbedeutend ist, wenn man sich nicht darum kümmert!**

Solange man eine Krankheit glaubt behandeln zu müssen, solange man überhaupt mediziniert im weitesten Sinne, *ist* man krank in des Wortes verschiedenen Bedeutungen. Wenn man aber ein bißchen Kopfweh, eine leichte Angina (Ansteckungsgefahr ist besonders zu bewerten) mit gutem Gewissen ignorieren darf, so ist man praktisch nicht krank, und theoretisch ist es willkürlich, wo man die Grenze der Norm und der Krankheit setzen will gegenüber solchen Vorgängen, die jedem Menschen begegnen. **Befreit man den Menschen von dem Tabu, daß solche ,,Störungen'' etwas Besonderes seien und behandelt sein müssen, weil sonst etwas Schreckliches oder doch etwas noch viel Unangenehmeres als das vorhandene Übel erfolge, so können sie wieder fröhlich leben wie die Millionen, dies es jetzt aus gesundem Instinkt heraus tun, und die man immer nicht sehen will.**

Eine ganz besondere Bedeutung bekommt die Udenotherapie im Zusammenhang mit der plötzlichen Zunahme der sozialen Fürsorge. Wenn man es gratis haben kann, so will man auch jedes kleine Wehweh behandeln lassen, solange das als etwas Gutes gilt. Und da die kleinen Wehwehs millionenfältig sind, kann eine solche Einstellung die ganze schöne Einrichtung der allgemeinen Krankenversicherung in eine schädliche Karikatur verwandeln, wenn nicht rechtzeitig einigermaßen festgestellt ist, wo die Behandlung nützlich, wo schädlich und wo gleichgültig ist. Dem Eifer, auch da eine Behandlung vorzuschreiben, wo sie nicht unbedingt nötig ist, liegt natürlich in erster Linie der Wunsch des Patienten zugrunde, behandelt zu werden, und außerdem gibt es wohl eine mehr oder weniger bewußte Befürchtung, daß man durch die Udenotherapie das Publikum dem einzelnen Arzt oder der Medizin überhaupt entfremde und dem Quacksalber in die Arme treibe. Wenn das letztere wahr wäre, so hätte sich der Arzt nur insofern darum zu kümmern, als der Quacksalber seinen Patienten mehr schaden kann als eine ärztliche Behandlung, wo sie nicht unbedingt nötig ist. Es fällt mir aber nicht ein zu glauben, daß das Publikum *so* dumm sei, obschon gerade die Pfuscher beweisen, daß die Spekulation auf diese Universaleigenschaft eine der sichersten in der Welt ist. Es wird bald den enormen Vorteil merken, daß der Arzt ihm nicht nur sagen kann, was es zu tun hat, sondern auch, wo es nichts zu tun hat. Es wird den Freimut des Arztes schätzen lernen, der sagen kann, da weiß man nichts zu machen. Ich spreche hier nicht ganz ohne Erfahrung, wenn auch meine Praxis in dieser Beziehung eine sehr kleine ist. Immerhin habe ich fast 15 Jahre lang große Anstaltsbevölkerungen mit den Angestellten und deren Familien behandelt und außerdem viele Leute beraten, die keine Beziehungen zur Anstalt hatten; und da ist es mir viel leichter geworden, als ich selber erwartete, die Leute recht weitgehend an die Udenotherapie zu gewöhnen, und sie waren zufrieden damit; die meisten haben natürlich das ,,System'', das darin lag, nicht bemerkt, andere aber haben sich mir gegenüber sehr befriedigt ausgedrückt. Ich meine also, daß der Arzt durch seine Ehrlichkeit erst recht einen großen Vorsprung vor dem Pfuscher bekomme, wenn er sich gewöhnt, die Frage, ob eine Behandlung überhaupt nötig sei, noch viel mehr zu stellen, als er es jetzt schon tut.

Aber wenn dem allem nicht so wäre, so haben wir doch bloß zu fragen, was ist Wahrheit? und dann, wie können wir der Allgemeinheit am besten dienen? Da kann die Antwort nicht zweifelhaft sein, auch wenn in einer Übergangszeit ein paar Leute mehr zum Pfuscher — oder zum Kollegen — gingen.

Auch die Angst, daß man zu selten etwas zu tun bekäme, die vielleicht da und dort auftaucht, ist gewiß unbegründet. Sogar die Übergangszeit kann deswegen nicht gefährlich werden, schon weil man gar nicht von einem Tag auf den andern die Behandlung zu ändern vermag; denn nicht nur halten die meisten Ärzte am Alten fest, sondern man kann nur nach und nach wissenschaftlich feststellen, wo ein Eingreifen nicht nötig, oder wo es besser ist, nichts zu machen. Bei dieser Prüfung wird man aber ganz sicher ebensogut finden wo etwas (Nützliches) zu machen ist, wie, wo Eingreifen keinen Sinn hat; außerdem wird man eben gerade durch die Einsicht, hier könne man mit dem gegenwärtigen Wissen nichts machen, darauf gestoßen, Neues zu suchen und zu finden, während die bisherige Art nicht nur den Patienten, sondern auch den Arzt einlullt und in dem Glauben läßt, daß alles wohl geordnet sei. Nur eine genaue Kenntnis und affektive Bewertung der Mängel auf irgend einem Gebiete läßt die Kräfte zur Abhilfe anspannen. Die Psychiatrie hat seit längerer Zeit an den meisten Orten auf die Scheinbehandlungen verzichtet und gerade dadurch unerwartete Erfolge erzielt, indem sie die ganze Kraft auf die wichtigen Sachen, die Erziehung Schizophrener zur Arbeit und zum möglichst normalen Leben verlegte, ich möchte fast sagen, zu verlegen gezwungen war.

So bin ich überzeugt, daß nach ganz kurzer Zeit nicht weniger, sondern mehr zu tun sein wird, wenn man auf alles ungenügend begründete Handeln verzichtet, und das was man tun wird, wird viel mehr nützlich sein. Schon der Umstand, daß keine Bagatellen mehr zu behandeln sein werden, wird den allgemeinen Wert des therapeutischen Handelns erhöhen. Auch wird man mehr „wagen" dürfen wenn man besser weiß, was man tut, was Einfluß hat und was nicht; die Qualität des Handelns muß sich also auch aus diesem Grunde bessern. Vielleicht würden einige chemische Fabriken zunächst weniger gute Geschäfte machen; aber ich sehe nicht ein, warum sie mit unnützen Arzneien Geld machen sollen; und wenn man ihnen das unmöglich macht, so werden sie sich von selbst Mühe geben, nur nützliche Sachen zu erfinden und herzustellen.

Wichtig scheint mir auch folgendes: Wenn bei der üblichen Behandlung der Patient seine Flasche oder seine Salbe hat, so ist sein therapeutisches Gewissen, aber auch das des Arztes, meist in weitgehendem Maße beruhigt. Der Udenotherapeut entbehrt dieser Befriedigung. Er hat, wie ich wenigstens an mir gesehen habe, ein vielfach größeres Interesse, über den Gang der Krankheit genau, ich möchte fast sagen zu jeder Stunde, im klaren zu sein, sobald es sich nicht um Banalitäten handelt. Objektiv genommen sollte zwar eigentlich der Mittelverschreiber das Bedürfnis, zu sehen, ob und wie seine Mittel wirken, in viel höherem Maße haben. Die Erfahrung zeigt aber, daß die Beruhigung die Neugierde gewaltig überwiegt. Aus diesem psychologischen Grunde bietet die Udenotherapie dem Kranken einen unschätzbaren Vorteil; er wird nicht, wenn etwas Unerwartetes eintritt, das notwendig behandelt werden sollte, sich selbst überlassen sein. Für den Arzt aber kann dieser Umstand zu einer Kalamität werden; ich habe mir wenigstens manchmal gesagt, daß ich, auf eine Landpraxis angewiesen, verhungern müßte, wenn ich den einzelnen Patienten, die in einem ländlichen Sprengel zerstreut wohnten, so viel Zeit widmen wollte wie meinen Anstaltskranken. Doch wird man da auch ein Optimum suchen müssen und sich mit den Schwierigkeiten abfinden können. Namentlich müßte die Krankenhausbehandlung noch mehr zunehmen, eine Entwicklung, die sich doch nicht vermeiden läßt, sobald unser Eingreifen wirksamer wird.

Nicht klein ist die psychische Anforderung an den einzelnen Arzt, wenn man von ihm verlangt,˙daß er in jedem Falle auf so viele Dinge Rücksicht nehme, alles was in Betracht komme, zuziehe, alle Fehlerquellen ausschließe, alles zu Ende denke in Diagnose, Verursachung, Behandlung. Es ist aber gewiß nicht so schwer, wenn man nur von Anfang an geübt wird, sich so einzustellen. Dabei ist das intellektuelle Moment, die Gewohnheit, alle diese Dinge gleich zu assoziieren, nicht einmal die Hauptsache, sondern die affektive Einstellung. Die Schwächen fühlen, sie unangenehm empfinden, ist wichtiger als sie bloß erkennen. Es kommt ja gar nicht so darauf an, wirklich „alles" gleich zu überlegen; der wesentliche Fortschritt besteht darin, daß man sich mit seinem ungenauen Wissen und Handeln nicht zufrieden gibt und nicht sein Gewissen mehr oder weniger bewußt damit tröstet, „daß man es immer so macht". Man ist bis jetzt der Gewohnheit und der allgemeinen Übung gefolgt, und hat sich zum Teil gewiß mehr oder weniger unbewußt geniert, in Therapie wie in wissenschaftlicher Methodik allzu sehr vom Gebräuchlichen abzugehen; wenn die Sitten und Gebräuche andere werden, so wird man sich umgekehrt vor sich und andern genieren, etwas nicht ganz genau im realistischen Sinne durchzudenken, bei einer Empfehlung eines Heilmittels nicht alle Vorsichtsmaßregeln anzuwenden, und ein solcher affektiver Führer wird der sicherste und wirkungsvollste sein. Andere Affekte als die Liebe zur Wahrheit, zur Wissenschaft, zur Menschheit dürfen nicht mitwirken. Avant tout, Messieurs, point de zèle, pflegte der geriebene Ludwig XIV. seinen Diplomaten zu sagen, und ich möchte es den Ärzten noch viel mehr empfehlen; es sollte eine Schande sein, in Diskussionen, die das Wohl einzelner Menschen oder der ganzen Kulturmenschheit betreffen, andere Affekte hineinzulegen. Verletzte Eitelkeit, moralische Entrüstung, Sexualhemmungen und solche Sachen gehören nicht in eine wissenschaftliche Diskussion. Wir haben nur zu prüfen, was gut und was nicht gut ist im therapeutischen Sinne; das übrige geht uns vielleicht als Menschen, nicht als Ärzte an. Aber von der Prüfung ausschließen dürfen wir nichts, weder weil die Exkremente unangenehm riechen, noch weil uns gewisse Dinge „heilig" erscheinen, noch weil wir Sexualhemmungen haben.

Vor allem aber ist nicht zu vergessen, daß die Komplikation der physio-pathologischen Verhältnisse niemals in allen Einzelheiten einer genauen Überlegung und Erwägung aller in Betracht kommenden Umstände zugänglich ist. Das Sphygmometer wird den Zeitpunkt, wann der Puls bei einer Pneumonie zu versagen anfängt, nicht so sicher finden, wie der nur halbwegs geschulte Arzt aus der Übung heraus oder mit etwas Intuition. Überhaupt bleibt die Diagnostik und sogar die Auswahl der passendsten Arznei gewiß trotz aller Hilfsmittel der Wissenschaft für alle Zeiten eine Kunst, wenigstens bei der besseren Hälfte der Ärzte. Man wird niemals mathematisch ausrechnen oder auch nur nach strengen Regeln entscheiden können, was man mit jedem der Hirnverletzten des Krieges anfangen soll. Da müssen Studium und Übung und Intelligenz, Wissenschaft und Kunst zusammenwirken, um die nötige Treffsicherheit zu erzeugen. Lehrbuchvorschriften wie „Milchdiät ist oft recht nützlich" werden sich stark einschränken, aber noch lange nicht ganz vermeiden lassen.

So ist ein „guter Blick", „Intuition", was im einzelnen Falle nützt oder schadet, immer noch wichtig, aber ebenso wie bei der Diagnose können solche Fähigkeiten mächtig unterstützt und entwickelt werden durch richtige technische Schulung, die den Arzt vom wildgewachsenen Pfuscher unterscheidet.

Alle diese besonderen Verhältnisse machen ein Denken und Arbeiten im Sinne der exakten Wissenschaften, die eine Maschine berechnen und dann genau nach den Ergebnissen der Berechnung ausführen, in der Medizin unmöglich. Nicht aber das disziplinierte Denken; denn dieses besteht ja nicht darin, daß man alles mit Zahlen mißt und belegt, auch nicht darin, daß man alles weiß, was zu einem Handeln, zu einem Schlusse nötig wäre, sondern darin, daß man alles zuzuziehen sucht, nichts ausläßt oder gar aktiv abspaltet, was möglich und zur Überlegung nötig ist, und nichts hinzuzieht, was nicht dazu gehört, und daß da, wo unser Wissen Lücken hat, diese genau gekannt werden, So kann das disziplinierte Denken sich auf die kompliziertesten Dinge beziehen, und das auch dann, wenn man nur wenige der komplizierenden Momente kennt. Es kommt bloß darauf an, daß man sich nur an die Wirklichkeit hält, und zur Wirklichkeit gehört auch die Beachtung der Lücken unseres Wissens.

Auch das wissenschaftliche Beobachten und Probieren stößt auf nicht geringe Hindernisse, wenn der kranke Mensch das „Material" bildet. Man kann nicht beliebig ins Große gehen und mit denjenigen Zahlen arbeiten, die die Wahrscheinlichkeitsrechnung verlangt. Man wird bei seinen Patienten nicht ein wahrscheinlich wirkendes Mittel unangewandt lassen, bloß um ein fragliches zu versuchen. Man wird nicht versäumen, neben einem zur Probe angewandten Mittel z. B. auch noch alles zu tun, um den Körper zu kräftigen, damit er gegen die Krankheit resistenzfähiger werde, trübt aber damit das Experiment, da dann schwer auseinanderzulesen sein kann, was Wirkung des Mittels und was Erfolg der andern Maßregeln ist.

Die Schwierigkeiten sind, wie man sieht, nicht gerade klein, aber doch in weitgehendem Maße überwindbar. Wenn auch, wie bei dem oben als Kunst bezeichneten Anteil der ärztlichen Fähigkeiten, die angeborene Anlage viel ausmacht, ein disziplinierteres Denken läßt sich lehren und lernen etwa wie Mathematik. Der Mittelmäßige erwirbt sich die Fähigkeit, sie auf die gewöhnlichen Probleme anzuwenden; der Intelligente kann auch schwierigere Operationen benutzen. Wenn man sich einmal darauf einstellt, fertig zu denken, nichts unversucht zu lassen, seine tatsächlichen und logischen Grundlagen, die Klarheit und Richtigkeit der Begriffe immer wieder zu prüfen, und vor allem, wenn die allgemeine Einstellung so wird, daß man sich genieren muß, in diesen Richtungen leicht vermeidbare Fehler zu machen, oder gar Affekte in wissenschaftliche Diskussionen und Beobachtungen hineinzutragen, dann wird gegenüber dem jetzigen Zustand unendlich viel gewonnen sein. Es wird niemand mehr wagen, bildlich gesprochen, mit dem Opernglas die Bahn der Gestirne zu messen, oder den Wunsch den Vater der Deduktion, statt höchstens den Anreger einer Untersuchung werden zu lassen.

L. Vom disziplinierten Denken im medizinischen Unterricht.

In noch sehr wenig realistischer Weise wird das medizinische Studium betrieben. Seit dem Untergang der alten Welt hat man die klassische Bildung als Vorbedingung dazu angesehen. Das Griechische ist jetzt nicht mehr unbedingt nötig; das Latein aber gilt noch als sehr wichtig, und medizinische Semester werden vielerorts nicht angerechnet, wenn nicht vorher die Maturität in Latein gemacht ist. Hat aber jemand in der Welt schon geprüft, ob das so recht ist? Ist es wirklich nötig, die ganze Lateinschule durchzumachen, um ein guter Arzt zu werden? Von vornherein klar ist das nicht. Zu einem Arzt gehört gute Beobachtung, gute Kombinationsgabe, guter Verstand überhaupt und guter Charakter. Alle diese Dinge kann man haben, aber auf keinem Gymnasium erwerben; der Schulmeister kommt ja erst dazu, wenn Ei und Sperma sich schon längst verbunden haben. Die Fähigkeit der Beobachtung und die Freiheit des Denkens werden an vielen Orten jetzt noch durch das klassische Studium eher unterdrückt; denn man kann auch angeborne Fähigkeiten hemmen, wie die Erfahrung zeigt. Die alten Sprachen seien notwendig, um die medizinische Terminologie zu verstehen; aber die meisten Wörter sind griechisch, und man hat nicht bemerkt, daß die „Barbaren" schlechter durchkommen als die Hellenen. Es gibt in Holland schon lange besonders tüchtige Ärzte ohne eine Gymnasialbildung, die der unsrigen entspräche.

Kann man denn einmal diese Fragen nicht statt mit Phrasen von klassischer und allgemeiner und humanistischer Bildung durch eine wirkliche Prüfung erledigen? Merkt man in der Praxis (sagen wir bei den Laboratoriumsarbeitern und den Assistenten, die man gut beobachten kann) einen Unterschied? Sieht man namentlich Vorteile der klassischen Bildung, die den ganzen Zeitverlust, und für viele Gymnasien muß man immer noch sagen die ganze Schinderei während einer der wichtigsten Perioden des Menschenlebens, wett machen? Ich kenne Leute, die nach einem klassischen Studium von nur einem Jahr die Maturität bestanden, so daß sie als den andern gleichberechtigt betrachtet wurden. Sind sie das wirklich? Ich erfahre, daß auch bei vierjährigem Lateinstudium die Sprache weniger sitzt als bei siebenjährigem. Ich habe also das Recht, zu vermuten, jene in einem Jahre gewonnene klassische Bildung sei nur ein Schein, und doch sind solche Leute tüchtige Ärzte und tüchtige Menschen geworden. Darf man den Erfolg der Examenpresse für die Matura zuschreiben? Ich habe einen Kameraden mit vieler Mühe durch die letzten Jahre des Gymnasiums geschleppt, der für klassische Studien auch wirklich gar kein Talent hatte, natürlich das Griechische ganz beiseite ließ und doch ein Arzt wurde, dem ich alles Vertrauen entgegengebracht hätte, und dessen früher Tod dann auch, wie man sagt, seiner zu gewissenhaften Pflichterfüllung zuzuschreiben sein soll. Ich habe den Studiengang eines in Amerika geborenen Schweizers verfolgt, der nicht einmal Latein konnte, bei dem sich aber in Gesprächen über medizinische Themata jedes wünschbare Verständnis zeigte, und der nun seit mehr als zwanzig Jahren ein beliebter und guter Arzt ist[1]).

Solche Einzelerfahrungen beweisen nichts, aber sie müssen jedem Denkenden lebhafte Zweifel an der Vortrefflichkeit unserer jetzigen Vorschriften aufzwingen. An meinen Assistenten kann ich leider die Bedeutung der verschiedenen Vorbildung nicht verfolgen, weil mit der Änderung der Schulung auch Änderungen der Rasse und der allgemeinen geistigen Umgebung verbunden sind, und die Bedeutung der letzteren Faktoren überwiegt. Jedenfalls hat es gute Ärzte unter Leuten mit geringer klassischer Bildung in unserem Sinne, und die allgemein menschliche Bildung, namentlich die Breite der Interessen ist oft bei solchen Kollegen größer als bei den nach unserem Ideal gedrillten.

Auf der andern Seite weiß ich die Bedeutung der klassischen Studien zu schätzen. Ich freue mich jetzt noch, daß ich in einer Zeit in die Schule ging, wo man Homer und Thukydides (nicht Langweiler wie Livius oder den Salonhomer Virgil) lesen durfte; und es hat mich viel gekostet, meinen Ältesten nicht ins „klassische Gymnasium" zu schicken. Ich glaube also beide Seiten der Frage zu sehen. Aber etwas Bestimmtes weiß ich auch nicht, obschon die Kontroverse eine nicht mehr ganz neue und recht wortreiche ist. Bis jetzt urteilen wir eben ganz autistisch nach vorgefaßten Meinungen, die zum Teil noch von den alten Römern abstammen, und nach Gefühlen, nicht aber nach Kenntnis von Tatsachen.

Ich habe hier die Frage nach der „Notwendigkeit" einer klassischen Vorbildung der Ärzte nur im engsten Sinne gefaßt: ist diese Bildung notwendig für das Verständnis der medizinischen Wissenschaft? eine Auffassung, die allerdings der in unseren Examen zur Geltung kommenden sehr nahe steht, wo man sich auch um nicht viel anderes kümmert. Was der Mensch aus der klassischen Bildung davonträgt, möchte ich hier nicht fragen, die Antwort ist viel zu schwer[f]). Es gäbe jedenfalls noch manchen andern leicht gangbaren, aber an unsern Gymnasien erstaunlich wenig begangenen Weg, den Jünglingen das Menschliche näher zu bringen. Und wenn man auch sieht, daß mancher einen großen Gewinn für sein ganzes

---

[1]) Man sagt mir, in Frankreich sei das Obligatorium der lateinischen Vorbildung aufgehoben worden, und man habe schlechte Erfahrungen damit gemacht. Bestimmteres konnte ich leider nicht erfahren.

Leben aus der humanistischen Bildung geschöpft hat, so sieht man noch mehr Leute, die weder objektiv noch subjektiv dabei etwas gewonnen haben, und von den ersteren weiß man nicht, ob sie nicht fähig gewesen wären, aus irgend einem anderen Wissen ebenso viel zu schöpfen. Die Beantwortung unserer Frage für den Arzt wird nicht leichter, wenn man sich sagt, daß man speziell von diesem verlangen muß, daß er nicht bloß ein praktizierender Gelehrter, sondern gerade in seinem Berufe selbst ebenso gut ein Mensch sei. Auch darauf bin ich nicht eingegangen, daß eine allgemein brauchbare Vorbildung Gelegenheit schaffen muß, sich erst um die Zeit herum, da man jetzt die Matura macht, für seinen Beruf zu entscheiden, wenn nicht Umsattelungen für einen Beruf, für den man nicht vorgebildet ist, allzu oft vorkommen sollen. Jedenfalls aber möchte ich dafür reden, jetzt schon der Maturität das absolute Schlüsselrecht zur Pforte der Medizin zu beschränken. Jemand, der im späteren Leben seine Fähigkeit zur Medizin entdeckt, oder erst jetzt in den Stand gesetzt wird, zu studieren, sollte Arzt werden können, ohne erst ein paar Jahre sich mit einem Wissen abmühen zu müssen, das er nicht mehr verdauen kann noch will, das sich ihm für sein bisheriges Leben als unnötig erwiesen hat, und das zu vergessen, sobald er das Maturitätszeugnis in der Tasche hat, seine ganze Psychologie eingestellt ist. Er sollte also nur lernen müssen, was für seinen neuen Beruf nötig ist. Wenn die jetzt verlangte Vorbildung für das Verständnis der Medizin so unentbehrlich ist, so muß man das während des Studiums und spätestens im Examen entdecken können — oder unsere Examina sind nichts wert. Man wird also immer noch Gelegenheit haben, den Routinier, dem es spät eingefallen ist, er könnte auf dem Wege über die Medizin das Publikum am besten scheren, von dem für die Arzneikunst von Natur besonders begabten Kandidaten zu unterscheiden. Wenn man diese Gelegenheit nicht benutzen will, oder nicht benutzen kann, so wäre der Hebel an einem anderen Orte anzusetzen. Einige Schwierigkeiten, wie die, daß vielleicht der eine oder andere veranlaßt werden könnte, noch ein Studium zu ergreifen, das er doch nicht vollenden kann, ließen sich meines Erachtens leicht auf ein erträgliches Maß zurückführen.

Sollte auch nachgewiesen sein, daß die klassische Bildung die bessere ist, hat man Studien darüber gemacht, in welchem Alter man Latein lernen sollte? Ich habe mit meinen Kindern Versuche gemacht, wann sie fremde Deklinationen und Konjugationen mit einigem Verständnis bilden könnten: „pugnare heißt kämpfen, pugno ich kämpfe. Nun heißt amare lieben; was heißt also ich liebe?" und so auch mit französischen Wörtern. Man kann ja einen Sechsjährigen dazu bringen, das zu verstehen, aber es braucht Muhe von beiden Seiten, während es später von selbst geht, aber wohl nicht vor etwa dem zwölften Jahr, wenn man volles und müheloses Verständnis der Analogien im Deutschen und in den Fremdsprachen verlangt. Ich glaube also, bis man mir das Gegenteil beweist, daß man im ganzen in Deutschland mit dem Latein zu früh anfängt, die Leute unnütz plagt und Zeit verlieren läßt, die man für anderes,

Handfertigkeit, Beobachtung und wer weiß was, besser verwenden könnte. **Warum macht sich niemand an diese Frage mit wissenschaftlicher Methode?**

Nicht nur für die medizinische Vorbildung, sondern für den Mittelschulbetrieb überhaupt möchte ich noch auf eine andere psychologische Frage aufmerksam machen. In unseren Schulen herrscht das System extremer Abwechslung, 50 Minuten Latein, 50 Minuten Rechnen, 50 Minuten Zoologie, 50 Minuten Turnen usw. Nun möchte ich nicht gerade empfehlen, einen halben Tag zu turnen oder zu singen und dann diese Fächer die entsprechende Zeit auszusetzen. Da aber, wo es sich um geistiges Hineinarbeiten in einen Stoff handelt, scheint mir das umgekehrte System nach manchen Erfahrungen doch besser. Was Klein oder Groß in einigen Wochen oder Monaten bei ausschließlicher Beschäftigung mit einem einzelnen Stoff lernen können, ist oft erstaunlich. Ich erinnere mich auch noch, daß zwei Stunden Latein, die man nacheinander ha e, ganz anders ernst genommen wurden als eine vereinzelte, in der man nicht darauf rechnen mußte, „dran zu kommen"; ich weiß auch von Lehrern, daß sie sich beklagen, manche Schüler finden sich in der kurzen Zeit kaum in die Materie hinein, und ich weiß aus psychologischen Laboratoriumsversuchen und aus praktischer Erfahrung an mir und andern, daß Aufgenommenes, das sofort wieder von einem neuen Interesse überdeckt wird, viel weniger verarbeitet wird, als wenn man noch einige Zeit im nämlichen Ideenkreise bleibt, oder wenigstens sich gar nicht geistig beschäftigt. Allerdings kenne ich auch etwas vom Wert der Abwechslung, wenn auch nicht so viel wie manche andere Leute; es ist auch keine Frage, daß Eintönigkeit unter Umständen ermüdet, z. B. in der Fabrikarbeit oder in einem psychologischen Experiment. Im übrigen sehe ich an mir und anderen nur, daß man geistig besser verdaut und viel mehr Assoziationen bekommt, wenn man sich anhaltend mit einem bestimmten Stoff beschäftigt. Das deutet darauf hin, daß man sich vielleicht doch weniger zersplittern sollte. Daß man nicht mit 13—14 Jahren irgend ein Fach vollständig erledigen und dann erst ein anderes vornehmen kann, ist ja selbstverständlich; der Schüler würde wieder zu viel vergessen, und die meisten Stoffe der Mittelschule können nur in verschiedenen, dem Alter angepaßten Stufen endgültig gelehrt werden. Ein Optimum zwischen allen diesen Klippen und Vorteilen ließe sich aber gewiß leicht finden. Vielleicht würde man z. B. ein Jahr Latein und römische Geschichte und andere Dinge, die mit diesem Stoffe zusammenhängen, treiben, ein anderes mehr physikalisch-mathematische Fächer, dann Botanik und Zoologie usw. **Jedenfalls sollte man nicht in den Tag hinein im alten Trott fortwursteln, sondern sich einmal die wissenschaftliche Grundlage verschaffen, um zu wissen, welches System für den Durchschnitt der Schüler das Bessere wäre[1].** (Mit der Frage der Häufigkeit und Länge der Pausen hat dieses Problem nichts zu tun.)

Ähnlich wie mit der klassischen Bildung steht es mit dem naturwissenschaftlichen Vorunterricht, nur daß wir da sicher wissen, daß man etwas von diesen Dingen verstehen soll; aber wieviel und was? das hat noch niemand bestimmt. Ich weiß einen Ort, wo man 18 Stunden **Botanik** verlangte und auch im Examen dementsprechend fragte. Es gibt aber auch Leute, die behaupten, Botanik sei dem modernen Arzt ganz unnütz, da er keine „Kräuter" mehr sammle. Man behauptet, es gebe keine besondere Chemie oder Physik für die **Mediziner;** aber diese Gebiete sind so groß, daß man sogar für den Techniker, der in erster Linie mit

---

[1] Aus einem Landerziehungsheim höre ich, daß man Versuche machte, die ergeben, daß möglichste Vermeidung des Wechsels von unerwartet großem Vorteil waren. Es zeigte sich auch, daß bei diesem System schlechte Lehrer sich rasch als unbrauchbar erwiesen.

ihnen arbeiten soll, eine Auswahl des Stoffes treffen muß; kann und soll man nicht eine solche Auslese auch speziell für den Mediziner treffen? Ich habe einen elenden Physikunterricht genossen. Dafür las der Physiologe Hermann eine ausgezeichnete, ich glaube zweistündige, medizinische Physik, und die war mehr als genügend für jeden, der überhaupt für diese Dinge Verständnis hat. Es gibt technische Schwierigkeiten gegen die Einführung eines solchen speziell für Mediziner zugeschnittenen Unterrichtes; das hat aber mit der prinzipiellen Frage nichts zu tun. Diese ist in realistischer Weise keineswegs gelöst, und man versucht nicht einmal Material zu gewinnen, um sie zu beantworten. Und alle diese Dinge sind doch von größter Wichtigkeit, denn es weiß jedermann, daß das menschliche Leben eigentlich zu kurz ist, um uns erst in gründlicher Weise Arzt werden und dann noch einige Jahrzehnte in aller Frische den Beruf ausüben zu lassen. Man hat also allen Grund mit der Zeit zu geizen.

Wenn ich Räte zu geben hätte über Richtlinien in der propädeutischen Ausbildung der Mediziner, so würde ich etwa sagen, man habe sich damit abzufinden, daß niemand in allen Gebieten alles, ja nicht einmal eine ins einzelne gehende Übersicht haben kann. Man soll aber in Zoologie, Chemie, Physik so weit kommen, daß man die einschlägigen wichtigen Fragen verstehen kann, und zweitens soll jeder irgend ein kleines Gebiet haben, das er vollständig beherrscht; denn ohne Gründlichkeit gibt es keine rechte Bildung. Irgend eine Liebhaberei, ein Experiment an Pflanzen oder Tieren oder aus Embryologie oder aus irgend einem andern Gebiete kann jeder bewältigen, und man soll verlangen, daß er da wirklich ganz zu Hause sei. Die Dissertation, die erst am Ende der Studien und meist in der Geschwindigkeit gemacht wird, ist natürlich kein Ersatz für eine solche Vertiefung zu Anfang.

Auch beim eigentlichen medizinischen Studium fehlt eine Durcharbeitung des riesigen Stoffes, die zeigen würde, was wir zu lehren haben und was nicht. Die Verhältnisse sind zwar hier entschieden theoretisch klarer und praktisch bedeutend besser als in der Vorbildung, weil jeder Lehrer bei jedem klinischen Fall und bei jedem Praktikanten ganz bestimmte Bedürfnisse konstatieren kann. Dennoch ließe sich auch da gewiß noch ziemlich viel Zeit gewinnen und für andere Aufgaben verwenden, wie ich aus den Kenntnissen meiner Assistenten schließen muß, die viele zeitraubende Dinge gelernt haben, um sie rasch wieder zu vergessen, und wie der Umstand zeigt, daß von Schule zu Schule doch recht verschiedene Ansichten bestehen. Ich selber sage im Kolleg manches, nicht weil ich weiß, daß es für das Leben nötig ist, sondern weil ich weiß, daß andere Kollegen im Examen danach fragen, und ich meine Schüler doch nicht zwingen will, das Examen bei mir zu machen. Es kann auch vorkommen, daß ich mit Koexaminatoren nicht einig gehe über die Bedeutung eines Wissens und Nichtwissens. Als ich selbst vor dem Examen stand, wechselte unser Chirurgielehrer und Examinator; der neue hatte die Gewohnheit, nach den

Autoren zu tragen, die jede einzelne Operation erfunden haben. Da ich das nicht für wissenswert gehalten hatte, mußte ich die ganze Chirurgie noch einmal auf Namen durcharbeiten. Es gibt gewiß auch sonst in der Medizin noch Daten, die gewohnheitsgemäß für wichtig gehalten werden, ohne es zu sein.

So meine ich, es wäre ein Segen, wenn besonders dazu begabte Kollegen es als ihre Lebensaufgabe betrachten würden, einzelne Fächer in dem Sinne durchzuarbeiten, daß sie Vorschläge machen würden, was zu lehren sei und was nicht. Aber nicht gestützt auf Ansichten und Liebhabereien, sondern auf bestimmte Tatsachen, die sich beim Praktizieren, beim Beobachten der Assistenzärzte, im Verkehr mit den Praktikern ergeben würden. Natürlich wäre der Individualität des einzelnen Lehrers dennoch der weiteste Spielraum zu lassen. Auch kann man gar nicht immer sagen, das und das muß gelehrt werden; sondern in vielen Fällen wird man sagen können, das *oder* das, je nach Geschmack und Denkrichtung von Lehrer und Schüler. Aber dabei muß man sich nicht scheuen, wenn nötig, eine radikale Umgestaltung durchzuführen und die notwendigen Einrichtungen zu verlangen. Ich möchte z. B. gern ein größeres Gewicht auf die psychiatrische Poliklinik legen können.

Viele scheinbar weniger wichtige Dinge, die aber doch gelernt sein müssen, werden an manchen Orten gar nicht gezeigt. Impfen habe ich, wie verschiedenes andere, von mir aus lernen müssen und dabei wie die meisten Anfänger zuerst durch zu tiefes Ritzen der Haut den Patienten unnötig starke Entzündungsreaktionen veranlaßt.

Auch sonst enthalten unsere Studienpläne trotz der immer zunehmenden Spezialitäten überall noch empfindliche Lücken. Etwas medizinische Psychologie sollte nirgends fehlen[1]), aber am Anfang des eigentlichen medizinischen Studiums gehört werden. „Das relativ junge Fach der Psychologie wird berufen sein, in der Medizin eine höchst wichtige Rolle zu spielen,, (Friedr. v. Mueller). An jeder Fakultät sollte man die Grundlage der suggestiven Therapie sehen, die Hypnose; die Psychotherapie ist an vielen Orten noch bedenklich vernachlässigt; die jungen Ärzte werden viel zu wenig gelehrt, wie sehr sie in ihren Vorschriften Rücksicht auf die allgemeinen Verhältnisse der Patienten, ihre Verwandten usw. zu nehmen haben, wie man beispielsweise eine Neurose unter Umständen dadurch heilen muß, daß man das Benehmen der Umgebung, die den Kranken z. B. zu viel bemitleidet oder ihn reizt oder beides, korrigiert. Die ärztliche Praxis ist etwas recht Verschiedenes von der ärztlichen Wissenschaft und sollte namentlich auf psychischem Gebiet ganz eingehend gelehrt werden.

Viele nennen mit der Psychologie in einem Atemzug die Philosophie, und verlangen auch philosophische Kollegien. Ich möchte davor so dringend als möglich warnen. Die eigentlich philosophische

---

[1]) Bleuler, Die Notwendigkeit eines Med.-psychol. Unterr. Samml. klin. Vortr. Barth, Leipzig 1914. Nr. 701.

Psychologie, wie sie z. B. in dem Lehrbuch von Volkmann (Schulze, Cöthen) vertreten ist, ist nicht nur unbrauchbar, sondern irreführend. Weil in den Gymnasien trotz allen Nichtachtens der Psychologie philosphisch-psychologische Begriffe in der Luft schweben, ist es so schwer, vor Medizinern mit naturwissenschaftlichen psychologischen Begriffen zu operieren. Die physiologische Psychologie, die von einer Anzahl Fachvertreter getrieben wird, ist eine interessante Naturwissenschaft, nützt aber dem Arzt so wenig wie dem Schullehrer. Eine Psychologie der ganzen Psyche, wie sie nun von Marbe, Stern u. a. in Angriff genommen worden ist, wäre zu umfangreich für den Mediziner, anderseits ist sie erst in den Anfängen. Die zu schaffende medizinische Psychologie muß sich mit dem ganzen Menschen beschäftigen und darf nicht philosophisch orientiert sein. Es entspricht den Tatsachen gar nicht, wenn man meint, die scharfen Begriffsbestimmungen der Philosophen bringen Denkschärfe in andere Wissenschaften. Sie begünstigen im Gegenteil ein fehlerhaftes Denken, weil sie künstliche Grenzen schaffen, wo die Wirklichkeit keine kennt. Die Wissenschaften, die am meisten Fortschritte machen, haben sich am meisten von der Philosphie losgelöst. Es ist keine Kunst und ohne Nutzen, nach selbstgeschaffenen Prinzipien Begriffe abzugrenzen. Es ist aber ein Verdienst, jedoch auch unendlich schwerer, Begriffe nach natürlichen Zusammenhängen, wie man sie zum praktischen Arbeiten brauchen kann, zu schaffen. Wären die Abstraktionen der Philosophie nur etwas, das neben den andern Ideen herlaufen, nach Belieben benutzt oder nicht benutzt werden kann, so lohnte es sich nicht, sich dagegen zu ereifern; aber die Gewohnheit zu weit zu abstrahieren und die Realität außer acht zu lassen, bildet eine Gefahr für das Denken: zum Abstrahieren, namentlich zum richtigen Abstrahieren gehört zwar eine gewisse Dosis Intelligenz, aber wenn einmal abstrahiert ist, ist es um so bequemer zu denken, je stärker abstrahierte Begriffe man benutzt. Man stelle sich nur einmal den Begriff „Mensch" vor; das geht sehr leicht und ohne merkbaren Zeitaufwand. Und nun einen bestimmten Menschen in bestimmter Stellung, bestimmtem Gewand sich anschaulich vorstellen, wie schwer geht das, wenn man nicht zufällig Maler ist. Viele können sich ja nicht einmal eine Farbe lebhaft vorstellen — und es läßt sich doch nachweisen, daß die Engramme der Farben wie alle anderen erhalten bleiben; aber da man die bequemeren Abstraktionen benutzt, weiß man für gewöhnlich die Zugänge zur Ekphorie der ursprünglichen Wahrnehmungen nicht zu finden. Aus solchen Gründen hat schon der Imbezille, dem viele zuschreiben, er könne überhaupt nicht abstrahieren, deutliche Neigung, zu viel allgemeine Ausdrücke zu brauchen („Werkzeug" statt „Schaufel"); der höhere Blödsinn und die angeborene Unklarheit bevorzugt die Abstraktionen und oft geradezu philosophische Gedankengänge, der Organische verliert die Fähigkeit des bestimmten konkreten Denkens viel früher als die des abstrakten und allgemeinen; der gebildete Schizophrene, dem das realistische Denken zu versagen anfängt, stürzt sich in die Philosphie usw. Wer von der Philosphie zu den Naturwissenschaften umsattelt, gerät immer noch leicht auf die öde Heide, obschon man in solchen Fällen annehmen muß, daß die Naturwissenschaft ihm besser liegt als das verlassene Gebiet. Wenn also noch aus irgend einem Grunde Philosphie für den Mediziner verlangt werden sollte, so wäre sie ja nicht an den Anfang des Studiums zu setzen, sondern ans Ende, wo die realistischen Begriffe schon assimiliert sind.

Nicht am wenigsten ist es nötig, daß die Ethik für die Ärzte naturwissenschaftlich gegeben werde, nicht nur weil sie sonst nicht verstehbar gemacht werden kann, sondern weil ein guter Naturwissenschafter mit willkürlich aus den Sternen oder dem Absoluten herausgeholten Begriffen nichts anfangen kann. Ein kurzer aber strammer Hinweis wenigstens auf die ärztliche Ethik ist aber unendlich viel wichtiger als das Detailverständnis der Wassermannschen Reaktion, das zu meiner Verwunderung auch bei tüchtigen Leuten bald nach dem Examen wieder verfliegt. Man sollte den angehenden Kliniziasten kurz begreiflich machen, was Ethik ist — natürlich nicht als ein Ding, das aus irgend einem Himmel oder einem geheimnisvollen Imperativ herkommt, sondern als notwendiger Erhalter der menschlichen und tierischen Gemeinschaften, wie die Verdauung Erhalter des Körpers ist. Man sollte zeigen, wieviel wichtiger sie ist zum Emporkommen des einzelnen als die Intelligenz oder gar die Bildung. Ihr Zusammenhang mit der Sexualität bringt ganz von selbst die teils über-, teils unterschätzte Sexualethik zur Sprache mit ihren Karikaturen in Prüderie und Ausleben, welch letzteres gelegentlich aus verschiedenen Gründen von Ärzten empfohlen wird. Von selbst ergeben sich die Übergänge auf die Ethik in den verschiedenen Gemeinschaften, von Familie und Freundschaft und Verein zur Partei- und Staats- und Rassenethik. Welche ethischen Eigenschaften müssen vom Arzte verlangt werden, und welche soll es besonders ausbilden? Man sollte, so lange die Examentechnik die gar nicht zu vernachlässigenden Prozente von ethisch untauglichen jungen Ärzten nicht rechtzeitig auszuscheiden vermag, wenigstens zeigen, wie wichtig das Mitleiden im wörtlichen Sinne, das Mitfühlen, ist. Es gibt ja Leute, die es fertigbringen, schon beim Aufsetzen des Stethoskops auf die gesunden Körperwände Schmerz zu bereiten, die einen Stich mit der Pravazspritze zu einer Marter machen, bei Untersuchung der weiblichen Genitalien oder bei Konstatierung eines Knochenbruches oder irgend einer kleinen Operation den hier unvermeidlichen Schmerz vervielfachen. Hier müssen angeborener Instinkt und besonders darauf gerichtete Übung zusammenwirken, um das Richtige zu treffen. Man sollte das Gefühl dafür schärfen, wie unrecht es ist, einen Patienten dadurch zum Morphinisten zu machen, daß man ihm die Spritze in die Hand gibt; man dürfte die Schüler darauf aufmerksam machen, wie bei manchem ärztlichen Handeln, Beinabschneiden, Abort, Sterilisation, Begutachtung irgendwelcher Art, Einsperrung in die Irrenanstalt, ja Einlieferung in ein Spital ethische Erwägungen mitsprechen oder den Ausschlag geben müssen, wobei nicht nur der Patient, sondern

seine Familie und die ganze Gesellschaft in Betracht zu ziehen ist.
Diese Dinge führen zugleich hinüber zu einer sozialen Medizin,
die der Ausbildung harrt.

Zu betonen ist auch, daß es eine Standesethik gibt, die nicht
bloß in der Aufrechterhaltung einer äußerlichen Standesehre, sondern
in sehr wertvollen Dingen besteht. Es wäre ganz gut, wenn dem
Arzt ausdrücklich zu Gemüte geführt würde, was man von ihm
an Aufopferung verlangen muß. Hierher gehört auch ein Exkurs
über die verschiedenen Verantwortlichkeiten, die mit dem Aus-
stellen von Zeugnissen zusammenhängen, in bezug auf genaue
Untersuchung, Rücksicht auf den Patienten und auf den, für den
sie ausgestellt sind, Begriff und Verwerflichkeit von Gefälligkeitszeugnissen usw. Man dürfte die jungen Ärzte auch darauf aufmerksam machen, was es in naturwissenschaftlichem Sinne für
eine Bedeutung hat, wenn man sagt, es hänge ein „Fluch" an un-
verdient gewonnenem Gelde, und wie ein großer Teil der Ärzte
trotz aller ihrer Bildung Bienen sind, deren Honig die Börsenmänner
genießen. Man sollte auch sagen, daß jetzt, wo der Einfluß der
Theologie entschieden zurücktritt, der Arzt an vielen Orten der
einzige Repräsentant einer höheren Bildung ist, was ein hübsches
Büschel von Pflichten mit sich bringt, die in der Tag- und Nacht-
arbeit der Praxis und in dem Abenddusel des Wirtshauses allzu
leicht übersehen werden.

Man sage mir nicht, diese Dinge verstehen sich für die Auslese,
die den Ärztestand bildet, von selbst, und wo man nicht den angebornen ethischen Trieb und die Möglichkeit, darauf Rücksicht zu
nehmen, habe, sei das Predigen unnütz. Man muß darauf aufmerksam gemacht werden, denn angeboren sind die ethischen Gefühle;
aber ihre Anwendung auf alle die bestimmten Begriffe, die ethisch
betont sein sollten, muß gelernt und geübt sein und bedarf des klar
bewußten Durchdenkens. Wozu müßte man sonst auf anderen
Gebieten sich und den Kindern so viel Mühe machen mit Moral-
unterricht, der übrigens an allen Orten zu wenig Zusammenhang
mit dem Leben hat?

Daß sich die Zeit für alle diese neuen Forderungen und noch
viel mehr leicht gewinnen ließe, wenn einmal die einzelnen Fächer
nach wissenschaftlichen Methoden didaktisch durchgearbeitet sind,
ist meine volle Überzeugung. Was die Einführung in die medizinische Psychologie betrifft, scheint mir Stursberg[1]) einen ausgezeichneten Vorschlag gemacht zu haben, der empfiehlt, die Mediziner sich in den ersten Semestern, also bevor sie psychophob gemacht
worden sind, in der Krankenpflege betätigen zu lassen, damit sie

---

[1]) Stursberg, Bemerkungen über Mängel in der ärztlichen Vorbildung
und Vorschläge zu ihrer Besserung. Deutsche Zeitschr. f. Nervenheilkunde.
Bd. 60, S. 189, 1918. — Wie ich nachträglich sehe, ist der gleiche Vorschlag
auch von Bernh. Fischer (Neuordnung des med. Studiums, München. Lehmann 1919) und von Kerschensteiner gemacht worden.

den Einblick in die Psyche und die Gewohnheit des psychischen
Kontaktes mit den Patienten bekämen. Die jetzige Grippeepidemie,
die eine Menge Mediziner der ersten Semester in improvisierten
Spitälern Kranke pflegen ließ, hat bei uns Gelegenheit gegeben,
den Erfolg zu beobachten. So weit ich sehen konnte, stimmt die
Erfahrung mit den Voraussetzungen Stursbergs. Ich erwarte
aber noch manchen andern Gewinn von einer solchen Maßregel,
so z. B. den nicht kleinen, daß der Arzt kennen lernt, was seine
Anordnungen den Pflegern zu tun geben, und wie sie oft auch den
Kranken plagen; er wird nachher nicht mehr so leichten Herzens
geneigt sein, umständliche Prozeduren zu verschreiben, bloß um
etwas zu sagen, und er wird auch einen Begriff bekommen, wie
viele seiner Vorschriften wirklich durchführbar sind, oder wie viel
aus irgendwelchen Gründen gewöhnlich gar nicht oder falsch befolgt werden.

Eine ganz perfide autistische Einrichtung ist die, daß der
akademische Lehrer von einer Kritik nichts vernimmt. Nicht einmal
über Mängel oder Verbesserungen seines Vortrages hört er etwas;
geschimpft und gehöhnt wird viel, aber nicht da, wo es etwas nützen
könnte. Es hat auch niemand von uns anders als autodidaktisch
unterrichten gelernt; ich weiß nun, daß es in den Elementarschulen
sehr viel auf die Methode ankommt, und daß diese um so weniger
wichtig ist, je höher hinauf man kommt; aber ich denke doch,
hier könnten Winke mit oder ohne Zaunpfahl, und zwar am liebsten,
bevor man ein so schwieriges Amt antritt, manchmal von Nutzen sein.

Anhangsweise sei hier noch etwas anderes erwähnt, wo man
nicht den Lehrer, sondern den Praktiker im autistischen Dunkel
läßt: — der Erfolg und die Kritik unserer Gutachten.
Die Gerichte sollten verpflichtet sein, dem Aussteller zum mindesten
mitzuteilen, ob und inwiefern ihre Gutachten angenommen worden
sind, und, wenn sie Widerspruch erregt haben, sollte man Gelegenheit geben, die Gründe zu erfahren. So wie die Dinge jetzt sind,
müssen wir auf Fragen antworten, ohne zu wissen, ob die Art der
Beantwortung dem Richter genehm ist, so daß wir nie eine Lehre
aus unseren Fehlern — oder auch aus denen des Gerichtes — ziehen
können und vor der Welt dastehen wie ein tauber Musiker, oder wie
Ärzte, die Mittel verschreiben, aber nie eine Wirkung kontrollieren
können. Durch die Zeitungen kann man ausnahmsweise einmal
erfahren, was für Verdrehungen ein Advokat daran vornimmt;
es ist schlimm genug, daß man nie eine Gelegenheit hat, ein Gutachten zu verteidigen. Es läge doch noch mehr im Interesse des
Gerichtes, daß die Gutachten sich dem Ideal möglichst annähern,
wie in dem des Arztes. Ich habe an unsere Behörden schon mehrmals solche Forderungen gestellt und bin immer aus bureaukratischen
Gründen abgewiesen worden. Es kann aber niemand eine ernstliche
Besserung erwarten, solange der jetzige Zustand dauert[1]).

---

[1]) Abhilfe ist allerdings nicht so leicht. Wir müßten im Burghölzli wohl
zwei ältere Ärzte mehr haben, wenn jeder seine Gutachten verteidigen sollte.

Bleuler, Autistisch-undiszipliniertes Denken. 3. Aufl.

Besonders schädlich ist diese Geheimnistuerei da, wo prinzipielle Entscheide über psychiatrisch-forensische Fragen getroffen werden. Da gebe ich ein Gutachten ab über eine Patientin, die in der Remission einer Schizophrenie geheiratet hat, und wage — mehr aus praktischen als aus theoretisch-psychiatrischen Gründen — nicht, die Nichtigkeitserklärung zu empfehlen. Jahre nachher vernehme ich zufällig, daß das Gericht doch die Ehe aufgehoben hat, ein Entscheid, der natürlich unsere nachfolgenden Gutachten beeinflussen muß.

Ich weiß nicht, wie es an andern Orten in dieser Beziehung steht; wenn es so schlimm ist wie bei uns, sollte man sich vielstimmig so beständig beklagen, daß Abhilfe getroffen werden muß.

M. Von der Denkdisziplin in den wissenschaftlichen Publikationen.

Eine besonders strenge Denkdisziplin lassen die medizinischen Publikationen wünschen. Es lohnt sich nicht, die vielen Fehler alle aufzuzählen. Aber ein bedenklich großer Teil unserer wissenschaftlichen Arbeiten, und zwar auch von solchen, die mit lobenswertem Fleiß gemacht sind, werden durch irgendwelche Mängel der Methodik vollständig wertlos, und außerdem stößt man noch unglaublich oft auf die Sünde gegen den heiligen Geist, die über Dinge urteilt, die sie gar nicht kennt; die Diskussionen über die Psychanalyse z. B. wüßten davon etwas zu erzählen.

Einer der Grundfehler besteht in der affektiven Einstellung zu einem zu erwartenden Resultat; der wird sich allerdings nie ganz vermeiden lassen, und er hat insofern sein Gutes, als eben nur das affektbetonte Streben über maximale Kräfte verfügen kann; wir müssen uns also darein finden, daß auch in der Wissenschaft wie in unseren Prozeßverfahren die Wahrheit aus einem zeit- und kraftraubenden Kampf zweier Parteien geboren werden soll. Aber die gröbsten Fehler ließen sich doch vermeiden, wenn man andern und sich selber viel eindringlicher, als jetzt geschieht, immer und immer wieder vor Augen führen würde, daß man eben eine fehlerhafte Einstellung hat, wenn man zum voraus „etwas beweisen" will. Dann ersetzen auch bei Vorsichtigen immer wieder affektive Gründe die logischen und tatsächlichen. Alles was zum Ziele führt, scheint gut; man ist befriedigt von beliebigen, oberflächlichen oder auch scharfsinnigen Überlegungen, die für den Fall nicht passen, und denkt nicht alles in Betracht Kommende durch, vergißt, daß es Gegengründe geben könnte, daß man sich bei jedem Schritte fragen sollte, ob man keine Erschleichungen oder Unterschiebungen zu begehen im Begriffe ist; man prüft viel zu wenig an der Wirklichkeit nach; man beruhigt das Gewissen durch eine leicht hingeworfene Bemerkung „Suggestion ausgeschlossen", „Verblödung kommt nicht in Frage", man unterläßt es, die Grundlagen der Methodik zu prüfen mit dem Trost, daß es andere auch so gemacht haben; die eigenen Denkgewohnheiten und vorgefaßten Meinungen wie auch diejenigen anderer, besonders wenn die letzteren von „Autoritäten" stammen, werden ohne Prüfung als feststehend angenommen; von den Ansichten anderer läßt man sich überhaupt gern suggerieren, was einem paßt, oder man wählt es aktiv aus,

und selbst die Tatsachen, die man berücksichtigt, sind eine parteiische
Auslese, von den Zahlen nicht zu reden, die man so leicht nach
Bedarf gewinnen oder gar zusammenstellen kann, um mit dem
Verfahren die schöne statistische Methodik in den unverdienten
Verruf zu bringen.

Obschon wissenschaftliches Streiten und Kritisieren in der
Medizin im Vergleiche mit manchen andern Disziplinen noch angenehm ist, dürfte man doch etwas mehr Ausschaltung der persönlichen Note wünschen; nicht nur, daß man Autoren und Werke
und Ansichten, die einem nicht passen, lebhafter kritisiert als andere,
ein Umstand, der sich nie ganz wird vermeiden lassen, sondern
vor allem, daß man sich nicht persönlich beleidigt fühlt, wenn jemand
eine andere Meinung hat und dieser Ausdruck gibt. Man kann doch
oft daraus etwas Nützliches ersehen, und wenn es nur eine Lücke oder
eine Unklarheit in der eigenen Darstellung wäre. Alle Ärzte
sollten es dazu bringen, daß sie kritisieren und namentlich kritisiert werden können sine ira et studio. Jeder
Mensch ist doch froh, wenn er einen Fehler korrigieren kann —
wenigstens der anständige und derjenige, dem es um die objektive Wahrheit zu tun ist, also nahezu alle Kollegen.

Ich möchte auch fragen: gibt es in unsern Büchern nicht eine
große Anzahl von Diskussionen, die eigentlich nur die beiden Strei-
tenden angehen? Wenn einer den andern falsch oder gar nicht
versteht, hat man immer das Gefühl, es wäre gescheiter, wenn die
beiden zunächst privatim mit einander verkehrten. Vieles brauchte
dann gar nicht gedruckt und anderes könnte sehr erheblich redu-
ziert werden. Es sollte Höflichkeitspflicht werden, daß solche Dinge
zuerst privatim „vorberaten" und dann erst der ganzen Kollegen-
schaft vorgesetzt werden. Aber der anzugreifende Autor müßte
sich dann nicht beleidigt fühlen, wenn man ihm einen bloßen Brief
schickt, und müßte sich auch die Mühe nehmen, mit der gleichen
Gewissenhaftigkeit zu antworten, wie wenn er ein Publikum vor
sich hätte; daß man dabei auf die Galerie keine Rücksicht nehmen
könnte, wäre ein großer Vorteil für beide.

Wird einerseits zu viel publiziert, so werden uns manche nütz-
lichen Untersuchungen deshalb vorenthalten, weil sie ein „negatives
Resultat" hatten. Für die Wissenschaft gibt es aber keine negativen
Resultate, und die als positiv angesehenen haben auch nicht immer
weltumkehrende Kraft. Wenn einer bei einer bestimmten Krankheit, wo man Grund hatte, eine besonders geartete Blutdruckkurve
zu finden, keine Regelmäßigkeit konstatieren konnte, so sollte er
es in entsprechender Kürze sagen, wenn wenigstens seine Untersuchungen an Art und Zahl genügend waren. Alles was mit solchen
negativen Resultaten untersucht worden ist, sollte in einem Register
gesammelt werden, damit nicht solche Dinge, die gewöhnlich in
der Luft liegen, an verschiedenen Orten Zeit und Kraft wegnehmen.
Die Publikation von Untersuchungen mit negativem Er-
gebnis hätte auch den großen Vorteil, daß man nicht
mehr meint, um jeden Preis etwas Positives finden zu

müssen, wenn man aus seinen Forschungen eine Dissertation oder sonst eine Publikation zu machen beabsichtigt, eine Einstellung, der viel unnütze Arbeit und viele falsche
Resultate zu verdanken sind.

Viel zu wenig Gewicht wird auf eine richtige Fragestellung
verwendet. Sie ist aber eine Vorbedingung jedes fruchtbaren wissenschaftlichen Arbeitens, und eine Untersuchung, die eine gute Fragestellung oder auch nur einen neuen Gesichtspunkt für eine solche
zeitigt, ist oft mehr wert als irgend eine positive ,,Entdeckung``.

Bei der Darstellung kommt ein beliebter Fehler zur Anwendung, daß man über seinem Thema vergißt, sich in den Leser
hineinzudenken, für den man schreibt. Da stehen elementare Ausführungen neben solchen, die eingehende Spezialkenntnisse verlangen.
Für welche Kategorie ist die Arbeit geschrieben? Jedenfalls wird
sie keiner gerecht. Daß viele Arbeiten ruhig unveröffentlicht bleiben
könnten, ist selbstverständlich und wird immer so sein. Ein nicht
geringer Teil sollte wenigstens kürzer sein. Aber woher soll der
Verfasser das lernen, wenn man alles dem Zufall überläßt? Am
Gymnasium lernt man leider nicht die Technik einer wissenschaftlichen Arbeit. Es sollte also dem Studierenden ein bißchen Anleitung
gegeben werden, am besten in einer kleinen Broschüre, die ein
erfahrener Kollege verfassen sollte, und die man allgemein empfehlen
könnte. Da sollte gewarnt werden vor den langweiligen Literaturauszügen und sonstigen historischen Exkursen, die bei irgend einem
längst verstorbenen Adam anfangen, ohne natürlich eine ganze Geschichte der Entwicklung der Frage, resp. ein Literaturverzeichnis
zu geben, auf das man sich in bezug auf Vollständigkeit verlassen
könnte. Also Historie entweder ganz, oder dann nur so weit es nötig
ist zur Erläuterung der zu bearbeitenden Frage. Und bei dem übrigen
sollte es als Unhöflichkeit gelten, dem Leser unnötige Zeit zu nehmen.
Oft läßt sich irgend ein ganz hübscher neuer Befund auf wenigen
Seiten ausdrücken. Muß man wirklich, damit daraus eine würdige
Dissertation entstehe, den wirksamen Inhalt auf das Zehnfache
verdünnen? Es wäre im Gegenteil dem Schreiber hoch anzurechnen,
wenn er uns nicht panscht und Wasser unter dem Namen Wein
verkauft, wobei die Zahlung in einem unserer kostbarsten Güter,
in Zeit, zu geschehen hat. Von den Arbeiten, die ich gerne lesen
wollte, ist es namentlich schlecht bestellt mit den psychologischen,
die allerdings — leider — nur zu einem sehr kleinen Teil von Medizinern geschrieben werden. Sie sind meist unendlich lang und so
angelegt, daß man nichts verstehen kann, wenn man nicht überall
herumblättert, da die Erklärung eines Ausdrucks, dort die Technik
eines Experimentes herausfischt. Wenn einer einmal der Genauigkeit wegen nötig findet, den Weltvorrat an Papier so stark zu reduzieren, so sollte er doch wenigstens für eine Übersichtlichkeit sorgen,
die alles Notwendige finden läßt, ohne daß man auch das — gelinde
gesagt — weniger Nötige liest. Namentlich ist in jeder Arbeit
eine Zusammenfassung zu verlangen, die aber nicht nur
eine Repetition für den sei, der das Ganze gelesen hat,

sondern umgekehrt eine volle Orientierung für den
enthält, der die Arbeit noch nicht kennt. Sie muß also
die neuen oder in besonderem Sinne gebrauchten Ausdrücke erklären
und über die Art der gemachten Experimente im Prinzip genügende
Auskunft geben. Ich weiß Gelehrte, die überhaupt keine Arbeit lesen,
bei der sie sich nicht vorher durch die Zusammenfassung eine
Meinung darüber bilden konnten, ob das Lesen den Zeitaufwand
lohne. Die langen Arbeiten ohne Rücksicht auf den Leser erinnern
mich immer an eine unserer autistischen Schizophrenen, die in
einem Anstaltskonzert anfing, Klavier zu spielen, aber nicht mehr
aufhören konnte, obschon das Publikum lärmte und auf verschiedene
Weise versuchte, ihren Eifer zu hemmen; erst als sie genug hatte,
ging sie mit den Zeichen der größten Befriedigung auf ihren Platz
zurück. — Ein Schreiber, der sich so wenig in der Gewalt hat, daß
er Unnötiges schreibt, läuft auch Gefahr, gerade das Wichtige weg-
zulassen — ein weiterer Grund, sich zu disziplinieren.

„Unnötige Dinge" erinnern an die allerunnötigsten, die Priori-
tätsstreitigkeiten. Unsere Gilde ist so zartfühlend, daß sie eine
Reklame für die Praxis verpönt, obschon oder weil diese so nahe
mit den Magen- und Lebensfragen zusammenhängt. Könnte man
nicht in der Wissenschaft auch eine kleine Hintansetzung unserer
Eitelkeit mit Würde tragen, oder noch besser gar nicht empfinden,
sondern sich darüber freuen, wenn unsere Ansichten von andern
geteilt werden und dadurch einen höhern statistischen Wahrscheinlichkeitswert bekommen? Jedenfalls sollte man nicht sich im Ob-
jekt vergreifen und an Stelle des Raubritters die Kollegen, die sich
für unsere Arbeiten interessieren, damit strafen, daß man sie zwingt,
sich durch Polemiken durchzuarbeiten, die nur für die autistische
Leberwurst des gekränkten Schreibers interessant sind. Muß wirklich einmal „im Namen der historischen Wahrheit" über ein solches
Verbrechen etwas in die Literatur kommen, so gibt es Blumen,
durch die man seinen Gefühlen Ausdruck geben kann, und von
denen ein möglichst kleines Sträußchen nicht nur die feine Eleganz
des mit Recht innerlich so erzürnten Genies, sondern auch seine
die Wünsche des Lesers aufs schönste berücksichtigende Kürze
an die Sonne bringen könnte.

Daß man etwas kritischer sei im Anführen anderer und nicht
jahrzehntelang die Fehler der Vorgänger abschreibe, muß auch
immer wieder gesagt werden. Die schon längst widerlegte Morelsche Degeneration dürfte z. B. endlich einmal verschwinden. Auch
daß Sokrates und Muhamed Epileptiker gewesen seien, werden wohl
die wenigsten im Ernst glauben, die die Nachricht weiter verbreiten.
Und wenn man Namen abschreibt, so soll man sich doch bestreben,
es möglichst genau zu tun; die arme Familie Jukes z. B., die uns
in fünf Generationen so viele Prostituierte und Geisteskranke hervorgebracht hat, wird schriftlich und in der Aussprache auf die
verschiedenste Weise berühmt, und dann wird sie jetzt erst noch
von einem deutschen Psychiater entdeckt, der indessen nie so lange
in New York gewesen ist, um eine solche Familiengeschichte an den

Tag zu bringen. Wenn man ein Buch zitiert, sollte man nicht nur den Namen des Verfassers einigermaßen richtig schreiben (was allerdings in der deutschen Literatur zum Unterschied von andern die Regel ist, aber eine Regel mit noch zu vielen Ausnahmen), sondern man sollte den Verlag mit Namen und Ort und das Jahr des Erscheinens[1]) vermerken, weil der Leser sonst auch mit Hilfe eines Bibliothekars und eines Buchhändlers manchmal nicht zu dem Buch kommen kann.

Gottlose Zeiträuber sind diejenigen, die „a. a. O." zitieren. Da kann man oft in einem dicken Buche stundenlang blättern, bis man den a. O. gefunden hat, und wenn man ihn hat, ist es manchmal nicht der richtige, weil noch andere Arbeiten des nämlichen Autors zitiert sind. **Wenn man mehrfache Literaturangaben zu bringen hat, so hat das in einem besonderen mit Nummern versehenen Literaturverzeichnis zu geschehen, auf das leicht unzweideutig zu verweisen ist.** Ganz unnütz ist es, daß manche Verleger gerade da, wo man die Seitenzahlen am meisten braucht, am Anfang von Artikeln, eine Leere lassen, so daß man immer zuerst umblättern muß. — Und wenn man aus Sonderabdrücken zitieren soll, so wird einem die Angabe der Stelle oft unmöglich gemacht, indem sehr oft neu paginiert und merkwürdigerweise manchmal sogar der Name der Zeitschrift weggelassen wird. Will man einen Sonderabdruck durch eigene Seitenzahlen als wichtig und selbständig charakterisieren, so soll man gegenüber den neuen Seitenzahlen die des ganzen Bandes stehen lassen. Und wenn man auch bei Zeitschriften nicht nur den Band, sondern immer auch die Jahreszahl angeben würde, so könnte der Leser ohne großen Zeitverlust sich in einem Jahresbericht Auskunft holen. Zu Abbildungen sollten in den meisten Fällen, namentlich immer zu mikroskopischen, die Veränderungen der Größe angegeben werden, oder man sollte irgend einen wirklichen Maßstab oder ein Ding von bekannter Größe, ein Blutkörperchen, einen Menschen, mit aufs Bild bringen. Aber dazu müßte schon der Zeichner erzogen werden. Die Abbildungen für eine meiner Publikationen konnte ich nicht selbst herstellen, aber ebensowenig war es mir trotz meiner menschenmöglichen Anstrengung gelungen, die Herren, die die Liebenswürdigkeit hatten, sie mir zu machen, zur Angabe des Maßstabes zu bewegen; so bin ich gegenüber den Autoren etwas weniger streng geworden.

Nicht an die Autoren, aber an manche Verleger sollte man die Mahnung richten, daran zu denken, daß Bücher Platz brauchen, und daß Platz nicht nur Geld kostet, sondern oft nicht zu haben ist. Ganz unbeschadet der Deutlichkeit und auch der Ästhetik ließe sich in dieser Beziehung manchmal sehr viel sparen. Und wenn man es fertig brächte, sich auf wenige Formate zu einigen, so würde man in den Bibliotheken mit dem Raum in viel zweckmäßigerer

---

[1]) Das wird allerdings durch den Unfug gewisser Verleger, die Jahreszahl gar nicht anzugeben, ab und zu unmöglich gemacht.

Weise rechnen können als jetzt, wo über jedem Buche mittlerer
Größe noch ein hoher leerer Raum sein muß, weil unter Umständen
einmal ein hohes Kaliber hineingestellt werden soll.

Und Platz und Geld kosten auch die Literaturberichte,
die man z. B. in der Psychiatrie vierfach aufstellen und bezahlen
muß. Ein Viertel davon würde genügen, und wenn sie dafür viermal
besser wären, d. h. nicht mehr zu einem so großen Teil von An-
fängern gemacht, die nicht wissen, was wichtig ist, so wären sie
noch nicht zu gut. Über das einzuschlagende Verfahren brauche
ich mich nicht zu äußern. Abderhalden hat bekanntlich einmal
einen großzügigen Versuch gemacht und die technische Möglichkeit
gezeigt. Es wäre an der Zeit, endlich die psychische Möglichkeit,
d. h. den bestimmten Willen dazu entstehen zu lassen.

Die Herausgeber von Zeitschriften sollten sich auch besser
klar machen, was für Nachteile das übliche Brechen von Arbeiten
hat. Ich kenne ja die Gründe, die dazu führen; aber sie sind nicht
Rücksichten auf den Leser, für den die Zeitschriften doch eigentlich
gemacht sind.

Auch die mündlichen Berichte in den Versammlungen
lassen oft viel zu wünschen übrig. Da verpönt man an vielen Orten,
sie abzulesen, und doch wie froh wäre man oft, wenn der Herr Referent
ein konzises, klares Manuskript, statt eines weitschweifigen Vortrages
brächte; nur müßte ihm dann jemand sagen, daß auch Vorlesen keine
Maschinenarbeit ist. Ferner sollte allen Vortragenden klar sein, daß
ein Vortrag kein Journalartikel ist, mit dem man viele Zahlen oder
anderes unübersichtliches Zeug servieren kann. Es gibt Dinge, die
sich nicht zum mündlichen Vortrag eignen, wie solche, die nicht gedruckt werden sollten. Und wenn dann die Diskussion losgeht,
sollte ein Vorsitzender etwas mehr Recht haben, sie in Länge und
Breite in den richtigen Bahnen zu halten. So vieles, was gesagt zu
werden pflegt, ist unnütz, auch wenn es nicht gerade bloß zeigen
soll, daß man auch einen solchen Fall gesehen hat, oder daß man
solche Patienten auch nach seiner ausgezeichneten eigenen Methode
behandeln kann. Anderseits entbehren oft gerade bessere Mitteilungen der Diskussion, weil sich niemand getraut, das erste Wort
zu sagen: Wenn ich zu leiten hatte, so habe ich in solchen Fällen
versucht, die Hahnen aufzuschließen; es wäre aber oft ganz gut,
wenn man in geeigneten Fällen nach alter Sitte den Mut hätte, sich
jemanden zu bestellen, der zuerst etwas sagt, aber etwas, das die
Diskussion nicht nur entfesselt, sondern auch in richtige Bahnen
zu leiten geeignet ist.

Zusammenfassung.

A. Einleitung. Wo gegenüber affektbetonten Problemen Erfahrung und Logik nicht ausreichen, hilft man sich von jeher mit autistischem Denken, das Wirklichkeiten und Wahrscheinlichkeiten aktiv ignoriert, wenn nicht schon bloße Nachlässigkeit im Denken die Schwierigkeiten verhüllt oder mehr zufällig eine Scheinlogik zugunsten des gewünschten Zieles hervorgebracht hat. Wohl in keiner Wissenschaft sind die nachlässigen und autistischen Denkformen jetzt noch so wenig ausgemerzt, wie in der Medizin, die einerseits die komplizierteste und unübersehbarste ist und manche überhaupt unlösbare Probleme stellt, anderseits aber von jeher durch die überwältigenden Bedürfnisse nach Kampf gegen Leiden und Tod zu nicht klar erwogenen „Primitivreaktionen", zu Zauber und „übernatürlichen", d. h. unverständlichen Maßnahmen veranlaßt worden ist.

B. Autismus in Behandlung und Vorbeugung. Trotz aller Fortschritte der modernen Medizin ist namentlich in Behandlung und Vorbeugung — aber nicht ausschließlich da — noch manches darin so autistisch wie beim Primitiven, wenn wir auch die Form des Zaubers aufgegeben haben. Die Methodik der Prüfung der Arzneimittel auf ihre Wirksamkeit ist vielfach eine ganz ungenügende. Wir behandeln immer noch Menschen mit Mitteln, von denen wir keine Beweise haben, daß sie überhaupt nützen, ja nicht einmal, daß sie nichts schaden; wir behandeln auch Krankheiten, die von selbst heilen und solche, die unheilbar sind. Wir kennen die Fälle nicht, wo es besser wäre, gar nichts zu tun, und wir versuchen z. B. in der inneren Medizin nicht, sie kennen zu lernen. Wo aber die Behandlung unnötig ist, bringt sie trotz des Trostes, den sie spenden kann, eine Menge gewichtiger Nachteile mit sich. Bei der Elektrotherapie fehlt der Nachweis des Nutzens, bei der Hydrotherapie mangeln uns verständliche Indikationen; die vielen künstlichen Nährmittel sind ganz ungenügend auf ihren Nutzen untersucht: man desinfiziert ohne Nachweis des Nutzens oder der Unschädlichkeit noch vielfach unsere Leibeshöhlen. Mit unvorsichtiger Verschreibung von Müßiggang und Erholung schaden wir viel. Wir denken noch zu wenig an die späteren Folgen unserer Räte (Kopfwehmittel, Alkohol). Ganz besonders autistisch ist die Auffassung der Sexualität in Pathologie und Therapie; aus dem autistischen Denken heraus sind mit großem Enthusiasmus die

Theorien von Semmelweiß, die Hypnose, die Tiefenpsychologie bekämpft worden, alles Dinge größter medizinischer Wichtigkeit. Daß auch die Epidemiebekämpfung, trotzdem sie vielleicht die größten Fortschritte gemacht hat, noch schlimme autistische Winkel besitzt, zeigt die neueste Grippeepidemie, gegen die alle möglichen unbrauchbaren und sogar schädlichen Mittel empfohlen wurden.

C. Autismus in Begriffsbildung und Pathologie. Die Begriffsbildung ist noch oft eine ganz · unscharfe; nicht einmal der Begriff der Krankheit hat eine brauchbare Begrenzung, von Dingen wie Psychopathie, Degeneration, Ermüdung, Erkältung, Leberverhärtung, Blutverharzung, Nervenzerrüttung nicht zu reden. Aber auch Begriffe, mit denen man beständig operiert, wie stärkende Nahrung, Fieberdiät, sind unklar. Die Ursachenlehre rechnet vielfach mit Zusammenhängen, die man weder verstehen noch beweisen kann.

D. Besonderen Anlaß zu autistischem Aberglauben in der Medizin gibt der Alkohol.

E. Verschiedene Arten des Denkens. Das autistische Denken in der Medizin entspricht der astrologischen Stufe der Astronomie, der alchemistischen der Chemie; es ist also ein Relikt aus vorwissenschaftlicher Zeit. Der Trieb zu helfen, die primitive Abneigung „da weiß ich nichts" zu denken und zu sagen, die Bequemlichkeit für Patient und Arzt, Höflichkeit und Gefälligkeit, erzeugen und unterhalten das ohnehin vom Misoneismus des Philisters gestützte autistische Denken und lullen uns ein, auch wenn wir nur nachlässig denken. Nun ist unser Wissen noch nicht so weit, daß wir nur in streng wissenschaftlicher Weise alle Aufgaben lösen könnten, die die Praxis uns stellt. Das Schlimme ist nur, daß wir uns des Fehlers zu wenig bewußt werden und zu wenig gegen ihn kämpfen. Das autistische Denken an sich ist eine physiologische Notwendigkeit und hat auch jetzt noch einen gewissen Nutzen, z. B. als Denkübung. Das „gewöhnliche Denken", eine Mischung von aufmerksamem (richtigem), nachlässigem und autistischem Denken, genügt für die· Bedürfnisse des Alltags, aber nicht für die der Wissenschaft. Dabei wird das aufmerksame, richtige Denken gewöhnlich in den nächstliegenden Problemen der Realität angewandt, das autistische herrscht allein z. B. in der Mythologie. Richtig wären auch Gegenüberstellungen von aufmerksamem und nachlässigem, von realistischem und autistischem Denken. Wenn Jung als gerichtetes Denken ein dem aufmerksamen Denken ähnlich begrenztes heraushob und dem träumenden und phantasierenden (autistischen) Denken gegenüberstellte, so ist das nicht ganz richtig, weil gerade das autistische Denken am meisten „gerichtet" ist, nur nicht logisch, sondern affektiv. Der gewöhnliche Begriff des „wissenschaftlichen Denkens" ist für uns unbrauchbar, weil dazu auch unrichtige Formen gehören. Der Ausdruck des „exakten Denkens" ist nicht wohl anwendbar, weil man darunter zunächst an die exakten Wissenschaften denkt, während man auf allen Gebieten, mit oder ohne

Zahlen und Maße exakt und unexakt denken kann. Dasjenige Denken, das wir in den Wissenschaften verlangen, ist ein aufmerksames und rein realistisches; wir nennen es das disziplinierte Denken und stellen ihm die übrigen Formen als undiszipliniertes gegenüber. Zum disziplinierten gehört das kausalverstehende Denken.

F. **Forderungen für die Zukunft.** Schon die Beobachtung verlangt eine wissenschaftlich ausgebildete Technik. Noch mehr bedarf derselben die medizinische Statistik, sowohl in bezug auf die tatsächlichen Grundlagen wie in der mathematischen Formulierung der Wahrscheinlichkeiten, bei welchen Streuung, wahrscheinliche Fehler, begleitende und Gegenwahrscheinlichkeiten und noch manches andere begrifflich scharf festzustellen und in einer Art Rechnung logisch miteinander in Beziehung zu setzen ist. In bezug auf den Erfolg mancher Krankheitsbehandlungen wird man nur dann zu einem fehlerlosen Resultat kommen, wenn man jeden zweiten Patienten mit einer der zu vergleichenden Maßnahmen behandelt. Die Krankheitsbegriffe und die zu vergleichenden Unterschiede sind viel schärfer zu formulieren. Die Vermeidung der vielen Fehler wird erst dann möglich, wenn die wissenschaftlichen Arbeiten sowohl in den Forschungsinstituten als auch beim Praktiker planmäßig organisiert werden.

G. **Die Wahrscheinlichkeiten psychologischer Erkenntnis** werden, abgesehen von den Statistiken, in den psychologischen Experimenten und auch sonst vielfach unrichtig taxiert. Sie sind, entgegen vielen Behauptungen, prinzipiell nicht verschieden von den andern; Ursachen und Motive sind nicht prinzipiell zu trennen. Jeder Mensch macht täglich massenhaft psychologische Schlüsse und täuscht sich nur selten. Die psychischen Wahrscheinlichkeiten haben aber doch einige Eigentümlichkeiten. So spielt da der einzelne Fall eine größere Rolle als sonst; die Kompliziertheit der einzelnen Probleme ist eine besonders große; dafür kann sie oft durch Introspektion und Einfühlung überwunden werden. Deshalb ist das Studium der mimischen Äußerungen in der Medizin so wichtig. Die Seltenheit des Vorkommens eines kritischen Ereignisses hat hier eine größere Bedeutung als in den andern Wahrscheinlichkeiten, ebenso das Vorkommen von Gegenwahrscheinlichkeiten und von begleitenden gleichgerichteten Wahrscheinlichkeiten. Vieles ist aber auch einer mathematischen Bearbeitung der Wahrscheinlichkeiten wenigstens in bezug auf die Größenordnungen zugänglich; nur müssen die Beobachtungen und die Berechnungen noch wissenschaftlich bestimmt werden. Statt fertiger Wahrscheinlichkeiten haben wir es hier noch viel mehr als in der übrigen Medizin mit bloßen „Wahrscheinlichkeitsfaktoren" zu tun, d. h. mit Teilwahrscheinlichkeiten, die sich aus isolierten Verhältnissen eines ganzen Problems ergeben. Nur ceteris paribus können sie eine Frage entscheiden. Gewöhnlich beleuchten sie einen Teil des Problems, und dann dürfen sie, aber nur unter sorgfältigster Berücksichtigung aller andern (meist weniger bekannten) Faktoren, zu Wahrscheinlichkeitsschlüssen verwendet werden.

H. Viel zu autistisch verkehren wir mit den Pfuschern. Man sollte sie studieren, von ihnen lernen und ein gewisses (reguliertes) Zusammenarbeiten nicht verschmähen zum Nutzen der Medizin und der Patienten. Wirksam bekämpfen kann man sie weder mit Gesetzen noch mit Schimpfen, sondern nur dadurch, daß wir sie auch im disziplinierten Denken und wenn möglich im psychologischen Verständnis übertreffen.

I. Die Präzision in der Praxis. Immer mehr wird auch von der Praxis größere Präzision verlangt. Die neuen Unfallgesetze z. B. in der Schweiz stellen in dieser Beziehung die höchsten Anforderungen. Man kann sich bei einem plötzlichen Todesfall nicht mehr begnügen mit der üblichen Diagnose von Herzschlag, sondern man hat mit allen Mitteln den entschädigungspflichtigen Unfall auszuschließen oder zu beweisen. Man muß an Simulation denken unter Umständen, wo sie bis jetzt noch nicht vorgekommen ist. Ungerechtigkeiten der Gesetzgebung gegenüber dem einzelnen Fall dürfen uns nicht zu Gefälligkeitszeugnissen verführen. Die große Gewalt, die der Arzt in die Hände bekommt, zwingt ihn im Gegenteil, sich peinlichst an die Tatsachen und die Gesetze zu halten.

K. Die ausschließliche Anwendung des disziplinierten Denkens in der Medizin hat noch eine Anzahl nicht zu vernachlässigender Schwierigkeiten. Der Patient will behandelt sein; man muß schon deshalb etwas tun, und zwar oft bei nur ganz kleinen Wahrscheinlichkeiten des Erfolges. Bei den tausend Bagatellen, wegen deren man konsultiert wird, kann man nicht den ganzen Menschen genau untersuchen und behandeln, auch wenn man einmal riskiert, etwas zu übersehen. Das Denken von Arzt und Patient kann nicht auf einmal in andere Bahnen gelenkt werden. Leichter als man sich denkt, sind überwindbar die Schwierigkeiten, die sich der Udenotherapie, d. h. der Unterlassung des Behandelns da, wo es nichts nützt, entgegenstellen. Dafür hat das Experimentieren in der menschlichen Medizin seine besonderen Schwierigkeiten, und die psychischen Anforderungen an den einzelnen Arzt werden größer sein als jetzt.

L. Im medizinischen Studium verlangt man eine bestimmte Vorbildung, ohne nachgewiesen zu haben, daß und inwiefern sie nötig ist, und diese Vorbildung wird gegeben, ohne daß man die besten Methoden ausprobiert hat. Auch beim eigentlichen Medizinstudium fehlt eine didaktische Durcharbeitung des Materials, die bei den einzelnen Disziplinen von besonderen Gelehrten durchgeführt werden sollte. Auch mangelt dem akademischen Lehrer die Kritik von außen. Ein besonderer Übelstand ist der Mangel an Kritik unserer forensischen Gutachten.

M. Die medizinischen Publikationen lassen sehr viel zu wünschen übrig. Sie werden von selbst besser, wenn das Denken disziplinierter wird; aber es sollte doch auch da jemand die notwendigen Winke zusammenstellen.

Druck der Universitätsdruckerei H. Stürtz A. G., Würzburg.

Verlag von Julius Springer in Berlin W 9

Lehrbuch der Psychiatrie

Von

Dr. E. Bleuler

Professor der Psychiatrie an der Universität Zürich

Dritte Auflage

Mit 51 Textabbildungen. 1920. — Preis M. 36.—; geb. M. 44.—

Aus den zahlreichen Besprechungen:

Innerhalb des kurzen Zeitraumes von 4 Jahren erscheint schon die 3. Auflage des Bleulerschen Lehrbuches, ein Beweis, welch schnell wachsender Beliebtheit sich das Werk erfreut. Bei einem Vergleiche der Auflagen tritt deutlich hervor, wie sich Bleuler bemüht, der Schwierigkeiten psychiatrischer Diagnostik und mehr noch des Einblicks in das Zustandekommen der eigenartigen psychischen Vorgänge immer besser Herr zu werden; mit besonderer Freude muß jeder Fachmann empfinden, daß Bleuler diesen Schwierigkeiten nicht aus dem Wege geht und erst recht nicht sich durch künstliche Aufstellungen fragwürdiger Gedankengänge selbst zu täuschen versucht.

Manches ist umgestellt, manches ist umgestaltet; insbesondere hat die Gruppe der psychopathischen Reaktionsformen eine Erweiterung und Vertiefung erfahren. Der Fachmann wird immer wieder aus den Ausführungen Bleulers neue Anregungen gewinnen. Der Student aber und der Arzt, die sich in das Buch vertiefen, werden nicht nur an Wissen bereichert werden; sie werden vor allem lernen, was es bedeutet, sich in die Persönlichkeiten ihrer Kranken einzuleben und damit leichter und besser den Weg zu finden, der ihnen das Vertrauen ihrer Kranken gewinnt; und sie werden nicht wieder vergessen, daß jeder Arzt — und nicht nur der Psychiater — Kranke zu behandeln hat, nicht Krankheiten oder gar Krankheitserscheinungen.

(Münch. med. Wochenschrift.)

Naturgeschichte der Seele und ihres Bewußtwerdens

Eine Elementarpsychologie

Von

Dr. Eugen Bleuler

o. Professor der Psychiatrie an der Universität Zürich

Mit 4 Textabbildungen. 1921. — Preis M. 66.—; gebunden M. 78.—

Aus den zahlreichen Besprechungen:

Das Buch ist wie alle Schriften Bleulers durchaus selbständig und originell. Jeder, der sich für die Lehre vom Psychischen interessiert, wird es mit großem Nutzen lesen, denn auch da, wo die Ausführungen des Verf. zu Bedenken und Widerspruch Anlaß geben, sind sie anregend und geistvoll. Es wird Sache der Fachpsychologen und Philosophen sein, sich mit Bleulers vielfach neuer und stellenweise überraschender Betrachtungsweise auseinanderzusetzen. Der Standpunkt des Verf. ist ein rein naturwissenschaftlicher. Um Spekulationen einer anderseitigen Psychologie kümmert sich der Autor prinzipiell nur sehr wenig, auf Diskussionen läßt er sich selten ein, die Literatur wird nur hier und da herangezogen. Das Buch zerfällt in vier Abschnitte, die die Mittel, die Psyche kennen zu lernen, die Ableitung des Bewußtseins aus der Funktion des Zentralnervensystems, den psychischen Apparat, die Lebens- und Weltanschauung betreffen. Die Darstellung ist anschaulich, schlicht und klar, wodurch das Eindringen in die stellenweise, wenigstens für den Nicht Fachpsychologen, recht schwierigen Auseinandersetzungen wesentlich erleichtert wird.

(Medizinische Klinik.)

Hierzu Teuerungszuschläge

Psychologie der Weltanschauungen. Von Dr. med. Karl Jaspers,
a. o. Professor der Philosophie an der Universität Heidelberg. Z w e i t e , durchgesehene Auflage. Erscheint im Sommer 1922.

Der Gegenstand der Psychologie. Eine Einführung in das Wesen
der empirischen Wissenschaft. Von **Paul Häberlin**, ordentlicher Professor an der Universität Bern. 1921. Preis M. 48.—

Psychologie der Zusammenhänge und Beziehungen.
Von Dr. med. **Vera Straßer**, Zürich. 1921.

Preis M. 96.—; gebunden M. 110.—

Der Begriff der Genese in Physik, Biologie und Entwicklungsgeschichte. Eine Untersuchung zur vergleichenden Wissenschaftslehre. Von Dr. **Kurt Lewin**, Privatdozent an der Universität Berlin. Mit 45 zum Teil farbigen Textabbildungen. 1922. Preis M. 136.—

Die Kausalität des psychischen Prozesses und der unbewußten Aktionsregulationen. Von Dr. **Wilhelm Burkamp**,
Göttingen. Mit 3 Textabbildungen. Erscheint im Juni 1922.

Einführung in die Probleme der allgemeinen Psychologie.
Von Dr. med. **Ludwig Binswanger**, Kreuzlingen. Erscheint im Juni 1922.

Körperbau und Charakter. Untersuchungen zum Konstitutionsproblem
und zur Lehre von den Temperamenten. Von Dr. **Ernst Kretschmer**, Privatdozent für Psychiatrie und Neurologie in Tübingen. Mit 32 **Textabbildungen**. Z w e i t e , vermehrte und verbesserte Auflage. 1922.

Preis M. 84.—; gebunden M. 126.—

Intelligenzprüfungen an Menschenaffen. Von Wolfgang Köhler.
Z w e i t e , durchgesehene Auflage der „Intelligenzprüfungen an Anthropoiden I", aus den Abhandlungen der Preuß. Akademie der Wissenschaften. Mit 8 Tafeln und 19 Skizzen. 1921. Preis M. 66.—; gebunden M. 78.—

Hierzu Teuerungszuschläge

Allgemeine Psychopathologie für Studierende, Ärzte und Psychologen. Von Dr. med. **Karl Jaspers**, a. o. Professor der Philosophie an der Universität Heidelberg. Z w e i t e , neubearbeitete Auflage. 1920.

Preis M. 28.—

Psychopathologische Dokumente. Selbstbekenntnisse und Fremdzeugnisse aus dem seelischen Grenzlande. Von Karl Birnbaum. 1920.

Preis M. 42.—; gebunden M. 49.—

Deutsche Irrenärzte. Einzelbilder ihres Lebens und Wirkens. Von Professor Dr. **Theodor Kirchhoff** in Schleswig. Herausgegeben mit Unterstützung der Deutschen Forschungsanstalt für Psychiatrie in München, sowie zahlreicher Mitarbeiter. E r s t e r B a n d : Mit 44 Bildnissen. 1921.

Gebunden Preis M. 96.—

Der Gesichtsausdruck beim Gesunden und Kranken, besonders beim Geisteskranken, und seine Bahnen. Von Prof. Dr. **Theodor Kirchhoff.** Mit 68 Textabbildungen.

Erscheint Ende Frühjahr 1922.

Über die Altersschätzung bei Menschen. Akademische Antrittsrede bei der Übernahme der Professur für innere Medizin in Erlangen, gehalten von **L. R. Müller,** Direktor der Medizinischen Klinik in Erlangen. Mit 87 Textabbildungen. 1922.

Preis M. 33.—

Das Wesen der psychiatrischen Erkenntnis. Beiträge zur allgemeinen Psychiatrie. I. Von Dr. **Arthur Kronfeld.** 1920.

Preis M. 30.—

Hundert Jahre Psychiatrie. Ein Beitrag zur Geschichte menschlicher Gesittung. Von Professor **Emil Kraepelin.** Mit 85 Textbildern. (Sonderabdruck aus „Zeitschrift für die gesamte Neurologie und Psychiatrie".) 1918.

Preis M. 2.80

Ziele und Wege de psychiatrischen Forschung. Von Prof. **Emil Kraepelin.** (Sonderabdruck aus „Zeitschrift für die gesamte Neurologie und Psychiatrie".) 1918.

Preis M. 1.40

Hierzu Teuerungszuschläge

Verlag von Julius Springer in Berlin W 9

PSYCHOLOGISCHE FORSCHUNG
Zeitschrift für Psychologie und ihre Grenzwissenschaften

Herausgegeben von

K. Koffka	W. Köhler	M. Wertheimer	K. Goldstein	H. Gruhle
Gießen	Berlin	Berlin	Frankfurt a. M.	Heidelberg

Erscheint in zwanglosen Heften, die zu Bänden von 20—30 Bogen vereinigt werden

Preis des ersten Bandes M. 86.—

Vom zweiten Bande ab werden die Hefte einzeln berechnet

Inhaltsverzeichnis des I. Bandes.

Originalien.

Köhler, Wolfgang, Zur Psychologie des Schimpansen. (Mit 4 Textabbildungen.)
Wertheimer, Max, Untersuchungen zur Lehre von der Gestalt.
Westermann, Diedrich, Tod und Leben bei den Kpelle in Liberia.
Cermak, P. und K. Koffka, Untersuchungen über Bewegungs- und Verschmel-
    zungsphänomene; Nr. V der Beiträge zur Psychologie der Gestalt, heraus-
    gegeben von K. Koffka. (Mit 6 Textabbildungen.)
v. Hornborstel, Erich M., Über optische Inversion. (Mit 11 Textabbildungen.)
Fuchs, Wilhelm, Eine Pseudofovea bei Hemianopikern. (Mit 17 Textabbildungen.)
Lewin, Kurt, Das Problem der Willensmessung und das Grundgesetz der
    Assoziation. I. (Mit 1 Textabbildung.)
Pick, A., Störung der Orientierung am eigenen Körper. Beitrag zur Lehre vom
    Bewußtsein des eigenen Körpers.
Marzynski, Georg, Sehgröße und Gesichtsfeld. (Mit 1 Textabbildung.)
Wulf, Friedrich, Über die Veränderung von Vorstellungen (Gedächtnis und
    Gestalt); Nr. VI der Beiträge zur Psychologie der Gestalt, herausgegeben
    von K. Koffka. (Mit 1 Textabbildung und 6 Tafeln.)
Borak, Jonas, Über die Empfindlichkeit für Gewichtsunterschiede bei ab-
    nehmender Reizstärke.
Köhler, Wolfgang, Über eine neue Methode zur psychologischen Unter-
    suchung von Menschenaffen. (Mit 2 Textabbildungen.)

Referate.

Rubin, E., Synsoplevede Figurer, Studier i psykologisk Analyse. (Mit 3 Text-
    abbildungen.)
Argelander, Annelies, Beiträge zur Psychologie der Übung. I. Übungs-
    fähigkeit und Anfangsleistung.
Autorenverzeichnis.

Hierzu Teuerungszuschläge